物联网网关设计与实现

刘持标　汪利新 ● 编著

清华大学出版社

北京

内 容 简 介

物联网（Internet of Things，IoT）应用涉及智能交通、环境保护、政府工作、公共安全、平安家居、智能消防、工业监测、老人护理、个人健康等多个领域。物联网的各种应用依赖于所建立的高性能的物联网实时信息系统。在物联网实时信息系统中，物联网网关是一个非常重要的设备，在各种实时数据的收集与传输及设备控制过程中起着至关重要的作用。一方面，物联网网关从与其相连接的物联网节点中获取各种数据，并将这些数据进行初步处理后，发送到物联网数据服务中心；另一方面，物联网网关也从数据服务中心接收各种控制指令，通过执行器或者继电器来完成这些指令的操作，如打开或关闭空调等。

本书包括物联网网关简介、单片机网关简介、C51 单片机网关、意法半导体 32 位处理器（STMicroelectronics 32-bit Processor，STM32）单片机网关、Arduino 单片机网关、混合信号处理器 430（Mixed Signal Processor 430，MSP430）单片机网关、树莓派单片机网关、进阶精简指令集机器（Advanced RISC Machine，ARM）单片机网关、智能手机网关、工控机网关、复合型网关、物联网网关设计趋势等内容。

本书适合应用型本科学校网络工程、物联网工程、传感网工程、人工智能、智能科学与技术、数据科学与大数据技术、电子信息与通信、信息与计算科学等专业的本科生、研究生以及相关专业的研究人员使用。

图书在版编目（CIP）数据

物联网网关设计与实现/刘持标，汪利新编著. —北京：清华大学出版社，2021.6 (2025.1重印)
ISBN 978-7-302-57348-7

I. ①物…　II. ①刘…　②汪…　III. ①物联网　IV. ①TP393.4②TP18

中国版本图书馆 CIP 数据核字（2021）第 017980 号

责任编辑：邓　艳
封面设计：刘　超
版式设计：文森时代
责任校对：马军令
责任印制：宋　林

出版发行：清华大学出版社
　　　　网　　　址：https://www.tup.com.cn, https://www.wqxuetang.com
　　　　地　　　址：北京清华大学学研大厦 A 座　　　　　　　邮　　　编：100084
　　　　社 总 机：010-83470000　　　　　　　　　　　　　邮　　　购：010-62786544
　　　　投稿与读者服务：010-62776969，c-service@tup.tsinghua.edu.cn
　　　　质量反馈：010-62772015，zhiliang@tup.tsinghua.edu.cn
印 装 者：三河市君旺印务有限公司
经　　销：全国新华书店
开　　本：185mm×260mm　　　　印　　张：21.75　　　　字　　数：522 千字
版　　次：2021 年 8 月第 1 版　　　　　　　　　　　　　印　　次：2025 年 1 月第 4 次印刷
定　　价：68.00 元

产品编号：090269-01

前　　言

　　本书对物联网网关相关的理论及实践知识的阐述具有较强的深度、广度。作者基于物联网领域的校企合作、科研及教学成果，对物联网网关所涉及的各种概念及关键技术进行了较为完整的论述，在编写上结合使用大量的图表，使教材的理论内容通俗易懂；同时利用详细的、具有较强操作性的实例，指导学生在学习过程中设计并实现不同类型物联网网关，提高学生的学习兴趣及解决实际问题的能力。本书包括 4 篇内容，分别是物联网网关基础、无操作系统物联网网关、嵌入式操作系统物联网网关和复合型物联网网关及设计趋势。

　　第 1 篇为物联网网关基础，它讲述了物联网实时信息系统，其包括节点、网关、传输网络、数据服务中心、服务接入网络与客户端。物联网网关相关概念包括网关功能和网关设计。物联网网关类型包括单片机网关、智能手机网关、X86 工控机网关和复合型网关。单片机网关是一类重要的物联网网关，其可分为无操作系统网关与嵌入式操作系统网关；单片机物联网网关所使用的嵌入式操作系统包括 PSoS、VRTX、QNX、VxWorks、μC/OS、实时 Linux、Windows CE、Android、iOS、Windows 10 IoT、Google Brillo、华为 LiteOS、Harmony 和 Raspbian。

　　第 2 篇为无操作系统物联网网关，介绍了 C51 单片机网关、STM32 网关、Arduino 单片机网关、MSP430 单片机网关。

　　第 3 篇为嵌入式操作系统物联网网关，介绍了树莓派单片机网关、ARM 单片机网关、智能手机网关与工控机网关设计。

　　第 4 篇为复合型物联网网关及设计趋势，内容包括复合型网关相关的硬件、软件开发环境、数据收集、设备控制和数据上传、物联网网关的挑战、网关面临问题解决方案及网关中间件等。

　　本书的作者刘持标具有丰富的国内外物联网网关设计与实现经历，撰写了本书第 1～5 章、7～11 章、13～14 章、16～19 章、21～25 章的内容。本书的合著者为北京智联友道科技有限公司的汪利新，他撰写了本书第 6 章、第 12 章、第 15 章及第 20 章的内容。通过校企合作编写教材，一方面可进一步深化应用技术型本科教育与企业的深度融合，另一方面可以利用企业方面的优势资源来满足培养高素质物联网应用型人才的需求。

　　感谢三明学院信息工程学院、福建省农业物联网重点实验室、物联网应用福建省高校工程研究中心为本书的顺利完成提供了各方面的大力支持。感谢福建省科技计划引导性项目（2018N0029、2017N0029）、2017 年第二批产学合作协同育人项目——物联网网关设计课程建设（教高司函〔2018〕4 号：201702185015）、2018 年省级本科教学团队——ICT 专业群应用型教学团队（闽教高〔2018〕59 号）、2019 年省级虚拟仿真实验教学项目——智能农业 3D 虚拟仿真实验教学项目（闽教高〔2019〕13 号）的支持。感谢刘持标老师的学生肖毓贤、林丹舒、陈毅、郑志伟、陈金华、严孝元、陈泉成、陈嘉妹、陈勇等，在本书编写过程中所给予的帮助。同时，欢迎广大教师和读者提出宝贵意见。

编者

目　　录

第 1 篇　物联网网关基础

第 2 篇　无操作系统物联网网关

第1篇 物联网网关基础

第 1 章　物联网网关简介

学习要点

- ☐　了解物联网实时信息系统的概念。
- ☐　掌握物联网实时信息系统的组成部分。
- ☐　掌握物联网网关的概念及内涵。
- ☐　了解物联网网关的类型。

1.1　物联网实时信息系统

当前，物联网（Internet of Things，IoT）是一个规模大小及应用种类各不相同的实时信息系统。物联网实时信息系统通过传感器、射频识别（Radio Frequency Identification，RFID）、全球定位系统（Global Positioning System，GPS）、北斗卫星导航系统（BeiDou Navigation Satellite System，BDS）及仪表等收集所监测对象的实时状态信息，并将感兴趣的信息及时传输到数据服务中心。数据中心对各种数据进行智能化处理后可形成各种物联网信息服务体系。人们可以很方便地通过多种智能终端设备（如智能手机等）接入网络并享受物联网所提供的各种实时信息服务。

1.1.1　物联网实时信息系统的组成

物联网工程的任务是建立高效、稳定的物联网实时信息系统。如图 1-1 所示，物联网实时信息系统一般包含节点、网关、传输网络、数据服务中心、物联网服务接入网络和物联网服务客户端 6 个部分。

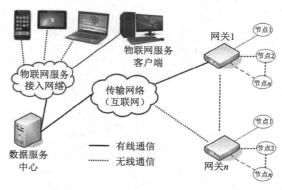

图 1-1　物联网实时信息系统的组成

（1）物联网节点是指 RFID 标签、传感器、各种仪表、继电器、执行器等可产生实时数据及进行实时控制的电子元器件。

（2）物联网网关是一个具有多种接口的嵌入式计算机设备，可以收集并处理来自其所管理的各类节点的数据，并将处理后的数据通过其具有的通信接口（3G/4G/5G、Wi-Fi、以太网等）传输到 IoT 数据服务中心。

（3）物联网传输网络负责网关与数据服务中心之间的数据传送，常见的传输网络包括3G/4G/5G 移动网络、Wi-Fi 无线网络及有线以太网等。

（4）物联网数据服务中心负责存储来自一个或多个 IoT 网关的实时数据，并对数据进行分析、处理及显示。

（5）通过物联网服务接入网络，用户可以接收或使用物联网数据服务中心提供的服务，如实时监测、定位跟踪、警报处理、反向控制和远程维护等。物联网服务接入网络和物联网传输网络可以是同一个网络，也可以是不同的网络。

（6）物联网服务客户端是用户通过物联网服务接入网络接收或使用数据服务中心提供的服务的设备，包括智能手机、平板电脑、笔记本电脑和台式机等。

1.1.2　物联网节点

物联网在传统网络的基础上，从原有网络用户终端向"下"延伸和扩展，扩大通信的对象范围，即通信不仅仅局限于人与人之间的通信，还扩展到人与现实世界的各种物体之间的通信，感知人们所感兴趣的各种物体的状态信息。物联网节点所起的作用就是使人们所感兴趣的物体同网络连接起来，将有关这些物体的各种信息实时地通过物联网网关传输到物联网数据服务中心，并提供各种物联网信息服务。可同网关进行数据交换的节点如图 1-2 所示。

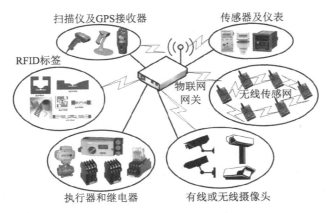

图 1-2　可同物联网网关进行数据交换的各类节点

物联网节点具体来说就是仪表、传感器、RFID、摄像头、GPS 设备、执行器和继电器等。一维码、二维码、RFID 标签等节点的主要作用是识别物体；传感网、传感器及仪表等节点主要用来获取物体的状态及环境信息；执行器和继电器主要用来控制被监控的设备；GPS 等节点主要用来跟踪被监控物体的位置信息；摄像头等节点主要用来监控物体当前的行为状态。物联网节点通过 USB、推荐标准 232（Recommended Standard 232，RS232）、推荐标准 485（Recommended Standard 485，RS485）、蓝牙、红外、ZigBee、Wi-Fi 等短距离有线或无线传输技术进行协同工作或者传递数据到物联网网关。网关进一步将来自不同节点的数据通过传输网络发送到物联网数据服务中心。下面介绍一下主要的物联网节点数据采集和传输技术。

（1）传感器技术：人对外部信息的感知是通过视觉、嗅觉、听觉和触觉将信息输入大脑，经大脑的分析和处理，然后引导人们做出相应的动作，这是人类认识世界和改造世界的最基本的能力。但人们通过感官来感知外部世界的能力是非常有限的，例如，人们无法用触觉感知超过数万甚至数十万摄氏度的高温，而且也不可能区分温度变化大小，这就需要传感器的帮助。传感器是一种检测装置，能感受到被测量的信息，并可以将检测到的信息按一定规律转换成电信号或其他所需形式进行信息输出，以满足信息的传输、处理、存储、显示、记录和控制等要求。在物联网应用中，传感器可以独立存在，也可以与其他设备融合在一起，但无论哪种方式，它都用来感知和收集所需要的环境信息。由无线传感器组成的无线传感网在物联网应用相关数据采集和传输方面发挥重要的作用。

（2）RFID 标签技术：RFID 是一种自动识别技术，它利用射频信号通过空间电磁耦合来实现非接触的目标识别。RFID 电子标签芯片可用于存储待识别物品的标识信息。在 RFID 读写器的读取范围内，具有 RFID 读写器功能的物联网网关可以不用接触 RFID 标签，就可以将存储在标签中的信息读出。由于 RFID 技术具有非接触、自动化程度高、工作可靠、识别速度快、适应工作环境、可实现高速和多标签识别等优点，基于 RFID 射频技术的物联网实时信息系统被广泛应用于不同领域，如物流管理、工业制造原材料供应链管理、门禁安防系统、高速公路自动收费、航空行李自动处理、文档追踪/图书馆管理、电子支付、制造和装配、车辆监控和动物标识等。

（3）二维码标签技术：二维码技术是物联网应用中最基本和最重要的感知层技术之一。二维码也被称为二维条码，是由一个几何图形按照一定的规则在平面上生成的图形，其可用来记录各种信息。通过图像输入设备或光学扫描设备，可以对二维码进行扫描并通过解码获取其所代表的各种信息。二维码可容纳 1850 个字母、数字或 500 多个汉字，且可以用激光和 CCD 相机设备来进行扫描识别，非常方便。与一维条形码相比，二维码具有明显的优势，这包括数据容量大、相对条形码尺寸小、具有抗毁伤能力和较好的保密性等。

（4）ZigBee 物联网节点无线通信技术：ZigBee 是一种短距离无线技术，其能耗低，是 IEEE 802.15.4 协议的代名词。ZigBee 使用分组交换和跳频技术，可以使用的频段为 2.4 GHz、868 MHz 及 915 MHz。ZigBee 技术主要应用在短距离范围各种电子设备之间的数据传输，速率不高。与蓝牙相比，ZigBee 更简单，功耗和成本较低。同时，由于 ZigBee 较低的传输速率和较小的通信范围，决定了 ZigBee 技术只适用于小数据量业务。另外，由于 ZigBee 具有低成本、组网灵活、易于嵌入各种设备等特性，其在物联网中发挥重要的作用。当前，ZigBee 的目标市场主要是个人计算机（Personal Computer，PC）外设、消费电子设备、家庭智能控制设备、玩具、医疗监视设备、各种传感器和无线控制设备等。

（5）蓝牙物联网节点无线通信技术：蓝牙技术应用于物联网的感知层，主要用于物联网节点与物联网网关之间的数据交换。蓝牙（Bluetooth）是用于无线数据与语音通信的一个开放的全球化标准，是一种短距离无线传输技术；它是一种具有蓝牙无线通信接口的固定设备或装置与移动蓝牙设备之间的无线短距离数据通信技术。蓝牙使用时分多址（Time Division Multiple Access，TDMA）通信技术，支持点对点和点对多点通信。蓝牙使用全球公共通用的 2.4GHz 频段的传输带宽，当传输距离小于 10m 时，采用时分双工传输方案实现全双工传输，可以提供的传输速率可达到 1Mb/s。蓝牙可以应用在全球范围内，具有功耗低、成本低、抗干扰能力强等特点。

当前成熟的蓝牙通信标准为蓝牙 5.0，它是 2016 年 6 月 16 日发布的。蓝牙 5.0 的主要优点是提高了速度和具有更大的射程。同蓝牙 4.2 相比，蓝牙 5.0 发射范围扩大到 4 倍，速度增大到 2 倍，广播信息容量增大到 8 倍。蓝牙 5.0 设备支持高达 2Mb/s 的数据传输速度，是蓝牙 4.2 的 2 倍。蓝牙 5.0 设备还可以在 240m 的距离进行通信，这是蓝牙 4.2 设备所允许的 60m 距离的 4 倍。

1.1.3　物联网网关

物联网网关在物联网时代扮演着非常重要的角色，可以实现感知延伸网络与接入网络之间的协议转换，既可以实现广域互联，也可以实现局域互联，它广泛应用于智能家居、智能社区、数字医院和智能交通等各行各业。物联网网关具有广泛的接入能力、协议转换能力和可管理能力，分别叙述如下。

（1）广泛的接入能力：物联网应用领域广泛，应用环境也多种多样，如森林防火监控、水污染监控、智能家居和智能楼宇等。对于不同的应用，物联网网关都需要根据具体的网络环境将实时数据传输到物联网数据服务中心。物联网网关的接入网络技术包括 Wi-Fi、3G/4G/5G、NB-IoT、以太网、非对称数字用户线路（Asymmetric Digital Subscriber Line，ADSL）、Lonworks、Rubee 等。当前，各类技术基本针对某一应用展开，如 Lonworks 主要应用于楼宇自动化，Rubee 用于恶劣环境的无线数据传输。

（2）协议转换能力：物联网网关将来自不同节点的数据进行协议转换，将数据打包成传输控制协议（Transmission Control Protocol，TCP）或用户数据报协议（User Datagram Protocol，UDP）等同一格式，通过传输网络发送到数据服务中心。同时，物联网网关还直接和一些执行器相连。网关将来自数据服务中心的命令转换成执行器可以识别的信令和控制指令，实现关键设备的打开或关闭。

（3）可管理能力：一般情况下，每一个物联网网关都通过有线或无线连接着很多物联网节点。网关需要实现对各种节点的管理，如获取节点的标识、状态、属性和能量，远程唤醒、控制、诊断、升级和维护等。由于物联网节点使用不同的技术标准，物联网网关需要复杂的智能化程序来对这些节点进行有效管理。

1.1.4　物联网传输网络

物联网传输网络主要基于现有的移动通信网络、互联网等网络来完成来自网关的数据的传输。随着物联网应用规模的扩大，海量数据的实时传输，尤其是远程传输，要求物联网传输层的数据传输需要具有较高的可靠性和安全性。当前，现有的网络无法满足物联网的数据传输需求，这意味着物联网需要使用新的技术对现有网络进行融合、扩展和改造，以实现网络互联及数据传输功能。物联网实时信息系统利用现有的互联网和移动通信网进行数据传输。

如图 1-3 所示，物联网网关将综合使用以太网、3G/4G/5G、Wi-Fi 等通信技术，将数据实时传输到数据服务中心。互联网是以相互的信息资源交换为目的，在一些常见的 TCP 或 UDP 协议的基础上，通过许多路由器和公共通信网络，将信息从一台计算机传输到另外一台计算机。互联网是一个为实现各种信息资源共享而建立的大型信息化系统，物联网主要以现有的互联网作为数据传输网络。目前，基于互联网协议第 4 版（Internet Protocol Version 4，IPv4）地址资源已经枯竭，已无法满足当前物联网的 IP 地址需求。这就需要大力进行基于互联网协议第 6 版（Internet Protocol Version 6，IPv6）技术通信网络建设，使每一个与物联网应用相关的设备或物体都有一个 IP 地址。这样物联网实时信息系统就可以将各种设备，如家电、传感器、遥控摄像机、汽车等连接起来，使物联网服务无所不在。

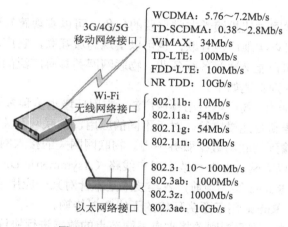

图 1-3　物联网网关接入网络技术

移动通信是移动的个体与移动的个体之间或移动的个体和固定的个体之间的语音或数据通信。移动通信网络就是通过有线或无线介质将这些通信对象连接在一起的语音或数据服务网络。通过与个体之间相关联的无线移动通信网络、核心网和骨干网络可以为物联网网关提供数据传输服务。由于移动通信网络覆盖范围大，而且具有建设成本低和部署方便等特点，移动通信网络可为物联网应用提供节点与节点间的无线通信、节点与网关的数据通信及网关与数据服务中心的数据传输服务。在移动通信网络中，比较流行的无线接入技术包括 3G/4G/5G、Wi-Fi 和窄带物联网（Narrow Band Internet of Things, NB-IoT）。3G 是指第三代蜂窝移动通信技术，支持高速数据传输。目前 3G 移动通信主要的国际标准为 CDMA2000、宽带码分多址（Wideband Code Division Multiple Access，WCDMA）和时分同步码分多址（Time Division-Synchronous Code Division Multiple Access，TD-SCDMA），其中 TD-SCDMA 是第一个由我国提出、具有我国知识产权、且被国际广泛接收和认可的无线通信国际标准。长期演进技术（Long Term Evolution，LTE）是基于 OFDMA 技术、由第三代合作计划（3rd Generation Partnership Project，3GPP）组织制定的全球通用标准，包括频分双工（Frequency Division Duplexing，FDD）和时分（Time-division，TD）两种模式，两种 4G 通信技术分别被称为 FDD-LTE 和 TD-LTE，它们的最高下载速率约为 100Mb/s，上传速率约为 50Mb/s。5G 移动通信技术是最新一代移动通信技术。5G 的主要优点是数据传输速度远高于以前的蜂窝网络，高达 10Gb/s，比今天的有线互联网快，比以前的 4G LTE 蜂窝网络更是快 100 倍；另一个优点是网络延迟较低，小于 1ms。

1.1.5 物联网数据服务中心

物联网所提供的实时信息服务是由物联网数据服务中心来完成的。数据服务中心的主要功能是把感知和接收的信息进行分析和处理，做出正确的控制和决策，实现智能化的管理、应用和服务。用于物联网数据处理的数据服务中心可完成跨行业、跨应用、跨系统的实时信息共享。数据服务中心智能化数据处理所提供的信息化服务可提高很多行业的服务质量，这些行业包括电力企业、医疗单位、交通部门、环境保护、物流管理、银行金融、工业制造、精细农业、城市智能化管理及家居生活等。

物联网数据服务中心同人工智能及云计算有着密切的关系。人工智能使数据中心可以快速地收集和分析数据，并产生高质量的数据报告。物联网数据服务中心涉及的存储及计算可以由传统的用户自己掌握的软硬件资源来完成，也可以由来自外部的云计算服务来完成。根据物联网应用规模的不同，数据服务中心可以分为网关服务器融合型数据服务中心、局域网数据服务中心、广域网数据服务中心和多级数据服务中心。

1. 网关服务器融合型数据服务中心

对于简单的物联网应用，如智能家居（见图 1-4），数据的收集、处理及安全设备的控制都是通过家庭网关来完成的。家庭网关集成了物联网网关和物联网数据服务中心的数据处理、存储、交换和管理功能。在本书中，将家庭网关定义为网关服务器融合型数据服务中心。依靠该数据服务中心，结合计算机技术、通信和先进的控制技术，可建立一个家庭安全监控系统。这个安全监控系统集网络服务和家庭自动化控制于一体，实现对家庭住房全面安全保护，并提供方便的通信网络和舒适的生活环境。

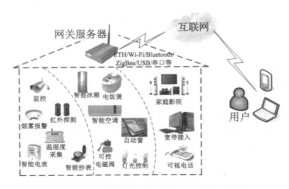

图 1-4 智能家居网关服务器融合型数据服务中心

2. 局域网数据服务中心

对于一些企事业所建立的较大规模物联网应用，需要处理大量的物联网实时数据，一般需要建立基于局域网的物联网数据服务中心来进行数据处理并提供各种物联网信息服务。如图 1-5 所示，基于局域网的物联网数据服务中心一般包括中心路由器、交换机、接入交换机和服务器群。数据服务中心实现物联网应用实时信息的聚合，实现各种物联网应用系统的无缝接入和集成，并提供一个可以满足实现各种物联网应用服务的集成化环境。

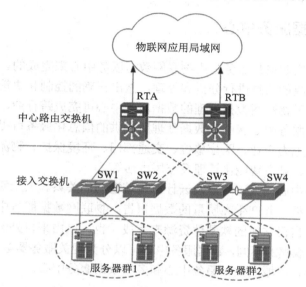

图 1-5　基于局域网的物联网数据服务中心

局域网物联网数据服务中心的空调系统建设对于保障物联网数据中心的正常运行是十分重要的，一般需要由多个空调设备集中制冷来保持温度和湿度的要求。空调设备系统通常使用 $N+1$ 的待机模式，在 N 台空调工作的时候，提供 1 台备用。数据服务中心空调系统的设计应保证一年 365 天，一周 7 天及一天 24 小时的连续运行模式。一般而言，每三或四套空调设备工作时，需要提供至少一台备用。在较重要的数据服务中心，还配备发电系统来满足没有工业供电情况下的各种重要设备的工作需求。数据服务中心的安全地点一般安装有储油罐，可满足额定条件下 24 小时发电机的运行需求。

3. 广域网数据服务中心

对于较大范围的物联网应用，其所设计的物联网数据服务中心为广域网数据服务中心。如图 1-6 所示，分布在大范围内的物联网网关通过广域网将实时数据汇集到数据服务中心。数据中心的各种数据和服务可以提供给分支机构数据用户和移动数据用户。

相比局域网物联网数据服务中心，广域网物联网数据服务中心的带宽较小，这导致信息通信延迟高。很多时候，在局域网数据服务中心运行的很多物联网应用到广域网上运行时，有时会碰到运行效率低下的问题。这需要根据广域网的具体情况，来优化物联网应用程序，使得广域网的延迟不会影响物联网的服务质量。

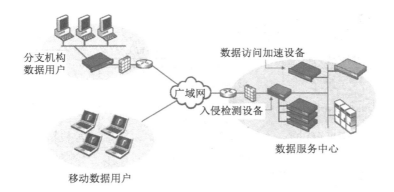

图 1-6　物联网广域网数据服务中心

4. 多级数据服务中心

对于很多大规模、大范围的物联网应用，如全国河流水资源污染实时监控应用系统，可建立多级别数据服务中心来保障物联网实时信息服务的高效稳定运行。如图 1-7 所示，不同级别的数据中心之间通过互联网、移动网络或电信网连接起来。对于多级物联网数据服务中心，可实现对物联网数据的集中与分布式的标准化管理。实施多级别物联网数据服务中心，有利于大范围物联网应用系统的稳定及高效运行。每一个级别的数据服务中心都具有明显的平台性和层次性的特点，如一般都包括物联网应用网络通信平台、物联网基础软件平台、物联网共享数据平台、物联网核心应用平台和物联网实时信息服务平台。

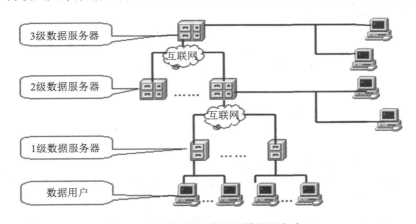

图 1-7　物联网应用多级别数据服务中心

例如，建立一个对全国范围空气质量进行实时监控的物联网应用系统时，所涉及的不同级别的数据服务中心如图 1-8 所示。图 1-8 表明全国空气质量实时监控数据服务中心包括省级数据服务中心、市级数据服务中心和县级数据服务中心。同时，各省、市、县物联网数据服务中心都按照统一的要求和标准来进行建设。使用这个具有多级别数据服务中心的物联网应用系统，可将局部实时空气质量监控和整体实时空气质量监控有机地结合起来，而且该系统可保证数据库运行稳定性高、数据服务中心数据处理能力强等。

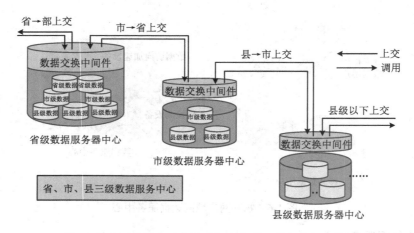

图 1-8　空气质量实时监控多级别物联网数据服务中心

1.1.6　物联网服务接入网络

通过物联网服务接入网络，用户可以接收或使用物联网数据服务中心提供的服务，如实时监测、定位跟踪、警报处理、反向控制和远程维护等。物联网服务接入网络和物联网传输网络可以是同一个网络，也可以是不同的网络。

1.1.7　物联网服务客户端

物联网服务客户端是用户通过物联网服务接入网络接收或使用数据服务中心提供的服务的设备，包括智能手机、平板电脑、笔记本电脑和台式机等。

1.2　物联网网关的概念

在物联网实时信息系统中，物联网网关是一个非常重要的设备，这个设备在各种实时数据的收集、传输和设备控制过程中起着至关重要的作用。一般而言，物联网网关一方面从与其相连接的物联网节点中获取各种数据，在将这些数据进行初步处理后，发送到物联网数据服务中心；另一方面，物联网网关也从数据服务中心接收各种控制指令，网关通过执行器或者继电器来完成这些指令的操作，如打开或关闭空调等。常见的物联网网关包括单片机网关、智能手机、工业通信网关、复合型网关、RFID 读写器和机器到机器（Machine to Machine，M2M）网关等。

1.2.1　物联网网关的功能

物联网网关在物联网应用体系中扮演着非常重要的角色，可以实现感知延伸网络与接入网络之间的协议转换，既可以实现广域互联，也可以实现局域互联，它广泛应用于智能家居、智能社区、数字医院和智能交通等各行各业。物联网网关具有广泛的接入能力、协议转换能力和可管理能力。

1.2.2 物联网网关设计内容

物联网网关在物联网实时信息系统中扮演着非常重要的角色。网关可以实现节点数据与传输网之间的协议转换，既可以实现广域互联，也可以实现局域互联。网关可提供传输网络接入功能，将所收集到的数据可靠地发送到数据服务中心。网关设计主要包括三个部分：网关-节点数据通信接口设计、网关-接入网接口设计和网关数据处理及管理设计。网关-节点数据通信接口设计主要解决网关同物联网节点之间的数据交换问题。网关-接入网接口设计要保障网关将所收集的实时数据及时可靠地传输到物联网数据服务中心。网关可以通过有线接入、Wi-Fi 接入、移动无线网络接入等方式连接到数据传输网络。有线接入主要通过 RJ-45 网络接口来实现，一般可直接接入以太网；移动无线接入可通过 3G/4G/5G/NB-IoT 等移动通信网方式来实现；Wi-Fi 无线接入可以通过 IEEE 802.11a/b/g/n 网卡及无线接入点（Access Point，AP）来实现。

网关数据处理及管理设计实现节点的管理，如获取节点的标识、状态、属性和能量等；也可以对节点实施远程唤醒、控制、诊断、升级和维护等。由于网关所管理的节点的技术标准不同，协议的复杂性不同，所以需要设计不同的网关来管理不同的物联网节点，实现不同的物联网应用。同时，物联网网关可以将数据服务中心下发的数据包解析成节点可以识别的信令和控制指令，实现对被监控设备的控制。

1.3 物联网网关数据收集技术

在各种物联网应用（智能化医院、智能化工业生产等）中，需要用 RFID 标签实现重要设备的自动识别、信息共享、定位及流动性监控；需要用 M2M 仪表获得大型重要设备的多种数据（电、水、气的消耗量等其他运行参数）；同时也需要各种传感器来获取不同环境数据，如温度、湿度、压力、风力、有毒气体（一氧化碳、二氧化硫、二氧化氮、氯气和氨气等）含量、可燃气体（天然气、汽油和煤油等）含量。此时，IoT 网关需要具有同时处理 RFID 信息、M2M 信息及各种传感器信息的能力。采集各种数据的物联网节点包括 RFID 标签、各种传感器、各种仪表和摄像头等。感知层首先通过各种传感器、摄像头等设备采集物理世界的数据，然后网关将收集到的数据进行初步处理并存入嵌入式数据库中。

网关运行的程序需要有足够的功能及标准接口收集来自不同技术标准（RFID、ZigBee、6LoWPAN、Bluetooth、USB、RS232、RS485 等）的物联网节点的数据。在研究不同类型节点所具有共性的基础上，可建立数据收集的标准模块。数据采集端程序运行在网关上，为了能够有效地完成数据采集功能，当网关的串口线接入节点时，程序可对不同的节点进行自动识别。例如，一个物联网网关的实时数据收集实现流程如图 1-9 所示。本网关所涉及的 3 种数据源分别是 GPS、ZigBee 和 GSM，每种数据源发送到串口的数据包协议不同，该程序可识别不同的数据源，并可将收到的来自不同节点的数据进行解析和存储。

图 1-9　网关的实时数据收集实现流程图

1.4　物联网网关的类型

1.4.1　单片机网关

一个典型的 ZigBee 单片机网关如图 1-10 所示。ZigBee 单片机网关兼容 IEEE 802.15.4 载波监听多路访问/冲突避免方法（Carrier Sense Multiple Access/Collision Avoidance, CSMA/CA），可以通过 NB-IoT 将网关数据发送到数据服务中心。ZigBee 单片机网关支持地址解析协议（Address Resolution Protocol，ARP）、互联网控制报文协议（Internet Control Message Protocol，ICMP）、引导程序协议（Bootstrap Protocol，BOOTP）、动态主机分配协议（Dynamic Host Configuration Protocol，DHCP）、IPv4、互联网组管理协议（Internet Group Management Protocol，IGMP）、TCP 和 UDP 等协议。

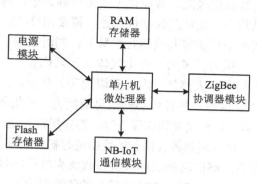

图 1-10　ZigBee 单片机网关

蓝牙单片机网关可以支持多个蓝牙设备快速进行网络连接并实现设备之间的数据交换。蓝牙装置包括蓝牙掌上电脑（Personal Digital Assistant，PDA）、手机和笔记本等。图 1-11 是一个蓝牙单片机网关的结构示意图，这个蓝牙单片机网关所使用的微处理器为

S3C44BOX。图 1-11 所示的蓝牙单片机网关设计架构中的 S3C44BOX 微处理器采用
ARM7TDMI 内核，该网关同时具有丰富的外围设备、液晶显示器（Liquid Crystal Display，
LCD）、控制器、以太网接口、全球移动通信系统（Global System for Mobile Communications，
GSM）模块及蓝牙通信模块。基于蓝牙无线通信技术的传感器、家电设备和通信设备可以
通过蓝牙网关与外部进行实时通信，可实现相关的设备控制及环境安全远程报警等功能。

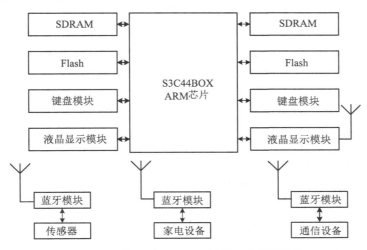

图 1-11　基于 S3C44BOX 的蓝牙单片机网关

1.4.2　智能手机网关

　　一般而言，智能手机就是一个小型的个人计算机，它具有独立的操作系统。除了基本
的通话功能外，用户还可以自己安装应用软件、游戏和第三方服务提供商的扩展程序。智
能手机基于 Wi-Fi 和 3G/4G/5G 移动网络，可以访问互联网上面的各种信息。通常情况下，
智能手机作为物联网应用终端设备，通过访问物联网数据中心来获取各种实时数据服务、
接收警报或进行设备的控制。但在一些特殊的情况下，智能手机可以作为一种移动的物联
网网关，完成实时数据的收集及传输。比如，智能手机可以收集很多物联网节点的数据，
这些节点包括蓝牙传感器、Wi-Fi 传感器、GPS 接收机、一维码标签、二维码标签和 RFID
标签、一维码扫描仪等，然后将收集的数据通过 Wi-Fi 和 3G/4G/5G 移动网络，传输到物联
网数据服务中心。随着移动物联网的快速发展，基于智能手机的物联网网关的应用也会变
得越来越普遍。

1.4.3　X86 工控机网关

　　应用物联网技术可以实现传统工业的升级改造，并为工业的节能减排打下坚实的基础，
工业网关是物联网工业应用的一个极其重要的组成部分。工业通信网关可以实现工业生产
网络通信及网络控制环境下各种网络协议消息的转换。

　　随着物联网在工业领域应用的进一步深入，生产部门和其他部门的企业彼此之间的联系也越来越紧密，工业网关的功能也越来越丰富。实践证明，使用工业网关有很多优点，这包括获得来自其他连接设备和供应链信息的能力，也包括为其他系统生产线提供实时生产数据和实现工业系统远程开发与维护的能力。同时，使用工业通信网关，可以很好地解决工业环境下、各种不同的企业通信标准下异构信息系统及自动化系统之间的通信问题，使得使用不同通信协议的设备具有互操作性。另外，工业通信网关还简化了工业生产中通信网络的实施过程，可以提高工业通信系统的稳定性，这可以缩短网络建设施工时间，节约建设和运营维护成本。随着物联网应用的进一步深入，工业网关可广泛用于智能发电管理、化工生产管理、石油生产管理、机械制造管理和煤炭开采管理等，它在生产自动化和企业管理信息化方面发挥着巨大作用。

　　在物联网工业应用中，常见的工业通信网关包括数据采集接口网关、单向物理隔离网关和工业网络安全防护网关。这里对数据采集接口网关和工业安全网关进行简单介绍。

1. 数据采集接口网关

　　直接用于工业生产数据采集的网关一般具有标准的 RS232 或 RS485 串行端口和 1～2 个 RJ-45 以太网接口。同时，这些网关所使用的操作系统包括 Windows 和 Linux 等。在物联网应用或工业自动化应用中，数据采集接口网关一般位于工业自动化控制系统和实时数据库服务器之间。数据采集接口网关所收集到的实时数据，一般会被即刻发送到与其配套的工业生产监控管理中心，并存储到实时数据库中。在工业应用中，数据采集接口的网关一般使用单向数据传输技术，可以实现对自动化控制系统和实时数据库服务器的安全隔离。另外，数据采集接口网关的操作系统和数据采集程序均具有自修复功能，不可修改。一旦数据采集接口网关被修改，它将被重新启动，自动恢复到初始状态，可以防止病毒和黑客攻击。同时，数据采集接口网关还可以为企业资源计划（Enterprise Resource Planning，ERP）、制造执行系统（Manufacturing Execution Systems，MES）等管理信息系统提供实时生产数据。

2. 工业安全网关

　　在工业生产自动化相关的物联网应用中，另一个工业网关为工业安全网关，它是一个工业通信网络安全隔离设备，可保障与工业生产相关的信息管理系统的数据流向为单一方向，并实现工业生产过程的安全隔离。工业安全网关被广泛地应用在工业自动化程度较高的工业领域，如石油化工、钢铁生产、电力生产及供应和化工生产等行业。因为担心工业化生产领域的网络遭受到攻击，企业往往要求企业信息系统集成商将工业生产控制网络与企业管理网络完全隔离，只允许数据从工业生产控制网络发出，而不允许任何数据从企业管理网络返回到控制网络。

　　工业安全网关用于解决工业生产中数据采集与监视控制系统同企业信息管理系统间数据通信安全管理问题。一方面，工业安全网关可以实现自动化系统和现场设备间的实时通信及生产设备控制；另一方面，工业安全网关也可以将相关数据发送到企业信息化管理中心。一般来说，工业安全网关是由两个独立的主机系统组成，它们是企业数据交换系统和工业安全应用系统，每一个主机系统有独立的 CPU 和存储单元。一个系统负责工业自动化生产系统的管理，另一个系统负责网关同企业信息系统的通信。利用工业安全网关，通过物理隔离、数据加密传输和适当隔离技术，可从根本上杜绝非法数据入侵工业生产控制系统。

1.4.4　复合型网关

对于一些比较复杂的物联网应用，所需要的网关的功能也比较复杂，比如网关需要管理蓝牙节点和 ZigBee 节点等。图 1-12 是一个复合型物联网网关的结构示意图。这个网关主要由高级精简指令集机器（Advanced RISC Machine，ARM）处理器、蓝牙数据采集模块和 ZigBee 数据采集模块、3G 通信模块、存储模块和复位模块等组成。

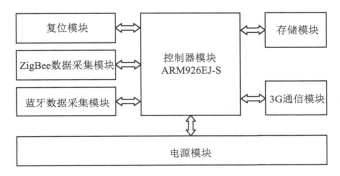

图 1-12　3G/ZigBee/蓝牙网关体系结构示意图

利用这个复合型无线网关，它可以实时采集来自 ZigBee 和蓝牙传感网的数据，并接收来自客户端的控制信息，实现对无线传感网的实时感知与控制。蓝牙/ZigBee 数据采集节点作为网关的重要模块，将传感信息实时上传并保存在存储模块中。网关通过 3G 通信模块拨号连接 3G 移动通信网络，在成功获得 IP 地址后，建立同数据服务中心服务器中数据采集程序的连接。一旦连接建立，即将来自蓝牙/ZigBee 数据模块的信息发送至服务器端。复合型无线网关的软件体系结构如图 1-13 所示。

一般来说，复合型无线网关采用开源的 Linux 操作系统的软件平台，其上可安装各种必要的驱动器，如点对点协议（Point to Point Protocol，PPP）驱动器、3G 通信驱动器、蓝牙驱动器及 ZigBee 驱动器等。为该网关所开发的应用程序包括 Web 服务模块、数据通信模块、物联网节点数据收集模块和网关与节点管理模块。在硬件平台上移植 Linux 操作系统成功后，编写应用软件即可实现网关功能。网关的主要功能有网关信息通知、串口接收和数据转发 3 部分，软件设计采用模块化设计思想，各部分子程序分开编写，供主程序调用。串口接收指实时接收来自传感网的信息，主要涉及对 Linux 串口的配置操作。数据转发部分依赖 Socket 网络编程实现，通过通信模块拨号获得 IP 后，就可以在网关和服务器之间建立 Socket 连接，进行数据传输。在编写服务器 Socket 程序的过程中，一般采用多线程技术，使服务器可以同时处理多个网关的数据发送请求。

复合型无线网关的一个重要功能是数据的传输。复合型无线网关主程序流程图如

图 1-14 所示。当网关操作系统被启动后，首先运行 3G 通信数据程序，然后实施应用程序的初始化。复合型网关上运行的应用程序一般具有两个功能：第一是为监控蓝牙/ZigBee 设备或传感器数据流向，对于所收集的来自蓝牙/ZigBee 设备的数据在进行初步处理后，通过 3G 或 4G 网络发送到物联网数据服务中心；第二是监测来自远程数据服务中心的数据，获得来自数据服务中心的命令并解析后，可以实施对蓝牙或 ZigBee 设备的控制。

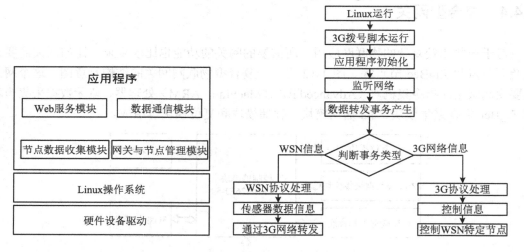

图 1-13　复合型无线网关软件体系结构　　　　图 1-14　复合型无线网关主程序流程图

1.5　小　　结

　　本章首先介绍了物联网实时信息系统，它包括物联网节点、物联网网关、物联网传输网络、物联网数据服务中心、物联网服务接入网络和物联网服务客户端。物联网网关是物联网实时信息系统中最重要的一个组成部分，是物联网应用的技术核心。在众多物联网应用中，所涉及的物联网网关可分为单片机网关、智能手机网关、X86 工控机网关与复合型网关。

思　考　题

　　1. 物联网提供什么服务？
　　2. 物联网服务是由什么系统来提供的？
　　3. 物联网实时系统由哪几个部分组成？

案　　例

图 1-15 为小米米家物联网网关，其内置蓝牙、Wi-Fi 及 4G 模块，它可以控制家庭电器设备、门锁、灯泡等。该网关支持语音和触屏双操作，随时通过语音声纹、手势操作查看全屋设备，支持 89 家 IoT 平台的 2000 多款智能设备。

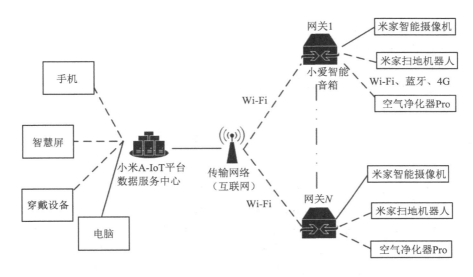

图 1-15　小米米家物联网网关

第 2 章　单片机网关简介

学习要点

❑　了解单片机的组成结构。
❑　掌握单片机的特点。
❑　掌握单片机的类型。
❑　了解主要嵌入式操作系统。

2.1　单片机概述

很多物联网应用中所使用的物联网网关是由单片机所制作的。单片机（Microcontroller Unit，MCU）由中央处理器（Central Processing Unit，CPU）、内存、只读存储器（Read-Only Memory，ROM）、各种各样的输入/输出(Input/Output，I/O)接口、中断系统、定时器/计数器等组成，它是一个小型完美的微机系统，广泛应用于工业控制领域。从单片机诞生之日，出现了 4 位、8 位、16 位、32 位及 64 位单片机。这里的"X 位"是指单片机 CPU 芯片一次处理数据的宽度。例如，C51 单片机属于 8 位机，即它的 CPU 一次能处理的数据宽度为 8 bit。一般来说，单片机位数越大，CPU 一次处理的数据越多，处理速度越快。

2.1.1　单片机简介

单片机是将计算机系统集成到一个个小的设备中，它就像一台微型计算机。基于单片机的物联网应用领域非常广泛，如智能仪表、实时工业控制、导航系统、智能家电等。

2.1.2　单片机的组成结构

如图 2-1 所示，单片机主要由 CPU、ROM、RAM、定时/计算器、并行 I/O 口、串行接口、中断系统、时钟电路等组成。

1. 中央处理器（CPU）

CPU 由一个或几个大型集成电路组成，这些电路执行控制和算术逻辑单元的功能。CPU 可以完成指令提取、指令执行、与外部存储器和逻辑元件交换信息的操作。CPU 可以与存储器和外围电路芯片相结合形成微型计算机。

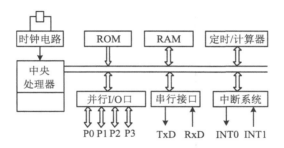

图 2-1　单片机器件组成

2. 内部数据存储器（RAM）

在程序运行时，RAM 用于存储程序和数据；断电后，相关数据丢失。例如，8051 芯片有 256 个 RAM 单元，前 128 个单元可以用作用户寄存器来存储程序和数据，后 128 个单元被专用寄存器占用。

3. 只读存储器（ROM）

程序不运行时，ROM 用于存储程序、原始数据或表单，所以它被称为程序存储器，即使断电，这些程序与数据也不会丢失。

4. 定时/计算器

定时/计算器可以实现定时或计数功能，并通过定时或计数结果控制计算机。定时可通过计数内部时钟频率来实现。当进行计数时，一般通过统计端口的低电平脉冲的个数来实现。

5. 串行接口

串行接口一般指单片机连接输入及输出设备的接口。串口输入设备用于将程序和数据输入单片机，如计算机键盘、扫描仪等。串口输出设备，如显示器、打印机等，用于显示或存储单片机数据计算或处理的结果。

6. 中断系统

一般情况下，如果单片机不具有中断功能，单片机对外部或内部事件的处理只能使用程序查询，即 CPU 不断地查询是否有事件，这会造成 CPU 的负担。在使用中断系统之后，当 CPU 处理主程序中的某件任务时，中断服务程序向 CPU 发出请求，CPU 则暂停其当前主程序工作，来处理中断服务程序任务。在 CPU 处理完事件之后，它将返回到主程序原来被中止的地址并继续其工作。上面描述的这个 CPU 工作过程称为中断，如图 2-2 所示。

单片机程序中，实现中断服务的部分被称为中断系统，单片机产生中断的请求源被称为中断源。中断请求是由中断源向 CPU 发出的处理请求。单片机的硬件除了会自动将断点地址值推入堆栈外，它还需要保护相关的工作寄存器。CPU 执行中断返回指令，该指令自动将断点地址从堆栈弹出到执行主程序，并继续执行被中断的任务，这被称为中断返回。例如，MCS-51 单片机具有很强的中断功能，它有 2 个外部中断源、2 个定时中断源和 1 个串行中断源，这可以满足不同控制应用的需要。

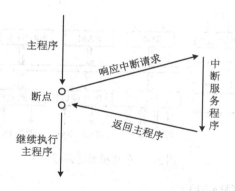

图 2-2 单片机 CPU 中断执行过程

7. 时钟电路

单片机内部由许多触发器等时序电路组成，如果没有时钟信号，触发器的状态就不能改变。单片机中的所有电路在完成一项任务后最终都会达到稳定状态，不能继续进行任何其他工作，只有通过时钟才能使单片机逐步工作。时钟电路是一种像时钟一样产生精确运动的振荡电路。时钟电路一般由晶体振荡器、控制芯片和电容器组成。例如，MCS-51 芯片一般配置 1 个内部时钟电路，它的振荡器的频率为 12MHz。

2.1.3 单片机的发展阶段

一般情况下，单片机发展历程大致分为以下几个阶段。

1. 探索阶段（1976—1978 年）

1976 年，英特尔制造出 MCS-48 微控制器，如图 2-3 所示，它的第一批成员包括 8048、8035 和 8748。MCS-48 系列单片机具有成本低、可用性广、内存效率高、单字节指令集等特点，被广泛应用于大容量的消费电子设备，如电视机、电视遥控器、玩具和其他需要削减成本的小工具。后期，MCS-48 系列单片机被 MCS-51 系列单片机所取代。

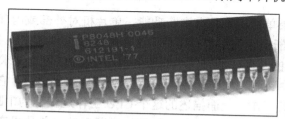

图 2-3 MCS-48 微控制器芯片

2. 完善阶段（1978—1982 年）

在 MCS-48 的基础上，1980 年，英特尔公司推出了功能更加完善的 MCS-51 系列芯片，如图 2-4 所示。MCS-51 指令集是一个复杂指令集计算机的例子，具有独立的程序指令和数据存储（哈佛体系结构）。与其前身 MCS-48 一样，最初的 MCS-51 系列是使用 N 型金属氧化物半导体（N-Metal-Oxide-Semiconductor，NMOS）技术开发的。后来的 MCS-51 系列版本芯片，使用功耗更小的互补金属氧化物半导体（Complementary Metal Oxide Semiconductor，CMOS）技术，它更适用于电池驱动的设备。

3. 巩固和发展阶段（1982—1990 年）

随着 MCS-51 系列单片机的广泛应用，许多电器生产厂家争相以 80C51 芯片为核心，将新的电路技术、接口技术、多通道模数转换器（Analog/Digital，A/D）转换部件等应用于单片机生产。这时的单片机的外围电路功能得以加强，相关的智能控制功能也得以加强。

在这个阶段，英特尔公司推出了 MCS-96 系列单片机，如图 2-5 所示，它包括一些用于测控系统的模数转换器、程序运行监视器和脉宽调制器。MCS-96 系列单片机通常用于硬盘驱动器、调制解调器、打印机、模式识别和电机控制。直到 2007 年，英特尔才宣布停止整个 MCS-96 系列芯片的生产。

图 2-4　MCS-51 微控制器芯片　　　　图 2-5　MCS-96 微控制器芯片

4. 综合发展阶段（1990 年至今）

这是微控制器的综合发展阶段。在这个阶段，8 位、16 位、32 位单片机得以全面发展，单片机在各个领域被全面、深入地开发和应用。在这个阶段，单片机具有强大的寻址范围和强大的计算能力。同时，这个阶段出现了很多小型、廉价的专用单片机，如 Arduino、MSP430、树莓派等。

2015 年 4 月，上海华虹集成电路有限责任公司成功研发出我国第一款超低功耗单片机 SHC16L 系列芯片，该芯片可用来制作智能工业仪表、血糖监测仪、血压监护仪、心电记录监护仪、火警探头、智能门锁等。

2.1.4　单片机的特点

单片机的特点主要包括下述 3 个方面。

（1）单片机具有性价比高、功耗低、电压低等特点，非常适合用于生产移动产品。

（2）单片机具有集成度高、体积小、可靠性高等特点。单片机将所有功能部件集成在一个芯片内，内部总线结构减少了芯片之间的连接，大大提高了单片机的可靠性和抗干扰能力。另外，单片机体积小，易于采取屏蔽措施，适合在恶劣环境下工作。

（3）单片机的命令系统具有丰富的传输指令、I/O 口的逻辑操作和位处理功能，这可以满足工业控制的要求。

2.1.5　8 位单片机

8 位单片机数据总线宽度为 8 位，通常只能直接处理 8 位数据。目前，8 位单片机是品种最丰富、应用最广泛的单片机，主要分为 C51 系列和非 C51 系列单片机。C51 系列单片机为 8 位单片机的典型代表，它具有众多的逻辑位操作功能和丰富的命令系统。一般来说，最常用的 8 位单片机包括 C51、AVR、可编程接口控制器（Programmable Interface Controllers，PIC）三个系列。很多单片机公司以 Intel MCS51 为核心，形成了本公司主打的 C51 单片机产品，比如 Atmel 公司的 AT89S52 单片机、STC 公司的 STC89C52RC 单片机。Atmel 挪威设计中心的 Alf-Egil 先生与 Vegard 先生，于 1997 年设计出一款使用 RISC 指令集的 8 位单片机，起名为 AVR。

2.1.6　16 位单片机

16 位单片机的数据总线宽度为 16 位，运算速度和数据处理能力明显优于 8 位单片机。目前，16 位单片机包括 TI 的 MSP430 系列、凌阳的 SPCE061A 系列、摩托罗拉的 68HC16 系列、英特尔的 MCS-96/196 系列等。比如，TI 公司的 MSP430 单片机具有功耗低、速度快、超小型、稳定性高及接口丰富等特点。

2.1.7　32 位单片机

32 位单片机的数据总线宽度为 32 位，与 8 位及 16 位单片机相比，32 位单片机运行速度和功能都大大提高。32 位单片机主要由 ARM 公司开发，因此，32 位单片机一般指 ARM 单片机。STM32 是由 STMicroelectronics 开发的 32 位单片机，它的开发基于 32 位 RISC ARM Cortex-M7F、Cortex-M4F、Cortex-M3、Cortex-M0+和 Cortex-M0 芯片家族。

2006 年，Atmel 公司推出了由挪威科技大学设计的 AVR 32 位体系结构处理器。AVR32 具有高性能和低功耗的特点，并且每个时钟周期可以处理更多的工作，从而在较低的时钟速率和极低的功耗下实现较多的功能。

2.1.8　64 位单片机

64 位单片机数据总线宽度为 64 位，它具有丰富的外围设备和接口，而且价格低廉，主要应用于一些控制领域。例如，东芝公司 64 位 RISC 微处理器 TX99 系列是基于 MIPS 64 结构开发的，该系列微处理器采用了由 MIPS 和东芝共同开发的 64 位超标量结构。MIPS64TM 具有极高的性能，可以同时处理两个指令，可满足低成本、低功耗及高速数据处理的领域实现应用突破，如汽车电子、家庭服务、数字信息应用等。ARM Cortex-A34 是用于 64 位计算的最小处理器。Cortex-A34 处理器专为承担复杂计算任务的设备设计，例如最小的 64 位 Armv8-A 应用处理器可以托管丰富的操作系统平台和支持多个软件应用程序。

2.2　嵌入式操作系统

嵌入式操作系统是物联网智能设备重要的组成部分。嵌入式操作系统（Embedded Operating Systems，EOS）是指用于嵌入式硬件的操作系统。嵌入式操作系统是一种应用广泛的系统软件，通常包括硬件相关的底层驱动软件、系统内核、设备驱动接口、通信协议、图形接口、标准化浏览器等。嵌入式操作系统负责嵌入式系统所有软硬件资源的分配和任务调度，以及并发活动的控制和协调。目前，广泛应用于物联网智能设备制造的嵌入式操作系统领域的有 C/OS II、嵌入式 Linux、Windows 嵌入式、VxWorks、Android、iOS 等。

用户的应用软件、嵌入式操作系统、微处理器和外围硬件设备构成物联网网关设备，用于实现对其他设备的控制、监控或管理等功能。嵌入式操作系统有一套稳定、安全的软件模块，用于管理内存分配、中断处理、任务间通信、计时器响应和多任务处理。嵌入式操作系统大大提高了嵌入式系统的功能，方便了物联网智能设备应用软件的设计。

嵌入式实时操作系统主要由硬件层、中间层和系统软件层组成。嵌入式实时操作系统所具有的内容是多任务的实时调度和任务的定时同步。

硬件层包括嵌入式微处理器、内存（SDRAM、ROM、闪存等）、通用设备接口和 I/O 接口（A/D、D/A、I/O 等）。在嵌入式处理器的基础上增加电源电路、时钟电路和存储器电路，构成嵌入式核心控制模块。嵌入式操作系统和应用程序可以在 SD 卡、ROM 中固化。

中间层为硬件和软件层之间的一个模块，又称硬件抽象层（Hardware Abstract Layer，HAL）或板支持包（Board Support Package，BSP），它将系统软件（应用程序）开发从底层硬件中分离出来。这使得系统的底层驱动程序开发与上层应用软件开发无关，上层软件开发人员不需要关心底层硬件的具体情况，只需要根据 BSP 层提供的接口就可以进行应用软件开发。

BSP 层通常包括相关底层硬件的初始化、数据的输入/输出操作以及硬件设备的配置。由于嵌入式实时系统的硬件环境具有应用相关性，并且作为上层软硬件平台的接口，BSP 需要为操作系统提供操作和控制特定硬件的方法。实际上，BSP 是操作系统和底层硬件之间的软件层，包括系统中与硬件密切相关的大多数软件模块。设计一个完整的 BSP 需要两个部分：嵌入式系统的硬件初始化和 BSP 功能，以及与硬件相关的设备驱动程序的设计。

系统软件层由实时操作系统（Real Time Operating System，RTOS）、文件系统、图形用户界面（Graphical User Interface，GUI）、网络系统和通用组件组成。RTOS 是嵌入式应用软件的基础和开发平台。

2.3　主要嵌入式操作系统简介

当前，主要的嵌入式操作系统包括 PSoS、VRTX、QNX、VxWorks、μC/OS、实时 Linux、

Windows CE、Android、iOS、Windows 10 IoT、Google Brillo、华为 LiteOS、鸿蒙 Harmony OS、Raspbian 等。

2.3.1　PSoS

硅上便携式软件（Portable Software on Silicon，PSoS）是一个实时操作系统，由 Alfred Chao 于 1982 年创建；当年，基于摩托罗拉 68000 系列架构的 PSoS 迅速成为所有嵌入式系统的首选。PSoS 支持调试、插件设备驱动程序、TCP/IP 堆栈、语言库和磁盘子系统。后来出现了源代码级调试、多处理器支持和进一步的网络扩展。

2.3.2　VRTX

多工即时执行系统（Versatile Real-Time Executive，VRTX）最初是 Hunter&Ready 公司（1980 年由 James Ready 和 Colin Hunter 创建的公司）的产品。Hunter&Ready 公司于 1993 年与 Microtec Research 合并，并于 1994 年上市。这家公司在 1995 年被 Mentor Graphics 收购，VRTX 成为 Mentor Graphics 公司的一个产品。

2.3.3　QNX

QNX 产品最初是由加拿大 Quantum 软件系统公司于 20 世纪 80 年代早期开发的商业化的类 Unix 的实时操作系统。QNX 主要针对嵌入式系统市场，包括保时捷跑车的音乐和媒体功能、核电站的控制系统、美国陆军的破碎机油箱以及 RIM 的黑莓 Playbook 平板电脑。2010 年，黑莓公司收购了 QNX 公司。

2.3.4　VxWorks

VxWorks 在 1987 年由 Wind River Systems 公司发布，它是一个实时操作系统（Real-time Operating System，RTOS）。2010 年，VxWorks 增加支持 64 位处理器；2016 年，针对物联网应用开发了 VxWorks7 操作系统。VxWorks 以其良好的可靠性和优良的实时性能，广泛应用于通信、军事、航空、航天等实时性要求较高的先进技术领域，如卫星通信、军事演习、弹道制导、飞机、航空航天等。VxWorks 已经用于美国的登陆火星表面的火星探测器、F-16 战斗机、FA-18 战斗机、B-2 隐形轰炸机和爱国者导弹。

2.3.5　µC/OS

微控制器操作系统（Micro-Controller Operating Systems：MicroC/OS，标识为 µC/OS），是嵌入式软件开发人员 Jean J.Labrosse 于 1991 年设计的 RTOS。µC/OS 是一种为单片机开发的基于优先级的可剥夺型实时内核，主要用 C 语言编写。µC/OS 操作系统 CPU 硬件相关部分用汇编语言编写，汇编语言程序部分可压缩到最少 200 行，以便于迁移到任何其他类型 CPU 的嵌入式设备。

　　μC/OS 允许使用 C 语言定义多个函数，每个函数都可以作为独立的线程或任务执行。每个任务以不同的优先级运行，低优先级任务可以随时被高优先级任务取代；高优先级任务使用操作系统允许低优先级任务执行，如延迟或事件等。

2.3.6　RTLinux

　　1999 年，Victor Yodaiken, Michael Barabanov, Cort Dougan 开发了 RTLinux 嵌入式操作系统，它是一个硬实时操作系统。硬实时系统有一个严格的、不变的时间限制，不允许任何超过时间限制的错误。超时错误可能导致损坏，甚至系统故障。硬实时和软实时的关键区别在于软实时只能提供统计意义上的实时性。对于软实时系统，有些应用程序要求系统确保在 95% 的情况下在指定时间内完成某个操作，而不是要求 100%。在许多情况下，这样的"软"准确率已经达到了用户预期的水平。例如，用户操作 DVD 播放器时，只要 98% 的情况能正常播放，用户就可以满意。对于硬实时系统，如卫星发射和核反应堆控制应用系统，它的实时性能必须达到 100%，绝对不允许意外发生。

2.3.7　Windows CE

　　Windows CE 是微软嵌入式和移动计算平台的操作系统，它是一个开放的、可升级的 32 位嵌入式操作系统，也是一个基于手持计算机的电子设备操作系统。Windows CE 最初是由微软在 1996 年的 Comdex 博览会上宣布的，并由比尔·盖茨和约翰·麦吉尔在舞台上演示。Windows CE 是一个简化版的 Windows 95，具有良好的图形用户界面。微软将 Windows CE 授权给原始设备制造商（Original Equipment Manufacturer，OEM），它们可以修改和创建自己的用户界面和体验，而 Windows CE 提供了技术基础。2006 年，微软发布 Windows Embedded CE 6.0，它支持带有 BSP 的 x86 和 ARM 处理器。

　　2011 年，微软发布 Windows Embedded Compact 7。2013 年 6 月，微软发布 Windows Embedded Compact 8，它支持具有状态/无状态地址配置的 DHCPV6 客户端，支持基于 IPv6 的 L2TP/IPSec VPN 连接。

　　用于 Pocket PC 和智能手机的 Windows CE 系统被称为 Windows Mobile，最成熟版本为 Windows Phone 8.1。2015 年 2 月，在对 Windows Phone 8.1 更新的基础上，对部分功能的运行模式进行了改进。后期，微软开发的 Windows 10 Mobile 取代了 Windows Phone 8.1。与 Windows Phone 8.1 相比，Windows 10 Mobile 增加了许多新功能并改善了用户体验，同时支持跨平台运行的通用 Windows 平台应用程序。微软于 2019 年 12 月 10 日，停止发布 Windows 10 Mobile 安全和软件更新，并停止为相关设备提供技术支持。

2.3.8　Android

　　Android 有限公司于 2003 年 10 月由 Andy Rubin、Rich Miner、Nick Sears 和 Chris White

在加利福尼亚州 Palo Alto 成立。Andy Rubin 将 Android 项目描述为"开发更智能的移动设备的巨大潜力，更了解其所有者的位置和偏好"。该公司的早期意图是开发先进的数码相机操作系统，这是 2004 年 4 月向投资者推销相机的基础。公司随后决定，相机市场的规模不足以满足其目标，五个月后，公司转变了产品开发策略，并将 Android 作为一个手机操作系统，同 Nokia 的 Symbian 和微软的 Windows Mobile 来竞争移动市场。2005 年 7 月，谷歌以至少 5000 万美元的价格收购了 Android 有限公司。

Android 是基于 Linux 内核和其他开放源码软件的修改版本，主要用于智能手机和平板电脑等触摸屏移动设备。此外，谷歌还进一步开发了用于电视、汽车及手表的 Android 操作系统，每个操作系统都有一个专门的用户界面。Android 的变体也用于游戏机、数码相机、个人计算机和其他电子设备。

2008 年 9 月 23 日发布的第一款商用 Android 智能手机是 HTC Dream，也被称为 T-Mobile G1。Android 10 于 2019 年 9 月 3 日发布，它是第十个主要版本，也是 Android 移动操作系统的第 17 个版本。Android 10 在 5G 方面有一些特别的技巧，新的应用程序接口（Application Programming Interface，API）将使应用程序能够检测用户连接速率和延迟，以及检测连接是否按流量计费。这将使开发人员能够更精确地控制要发送给用户的数据量，尤其是当他们有较差的连接或有数据下载限制时。

2.3.9　iOS

iOS（以前称为 iPhone OS）是苹果公司专门为其硬件开发的移动操作系统。它是目前苹果公司为许多移动设备提供服务的操作系统，包括 iPhone、iPad 和 iPod Touch。它是继 Android 之后全球第二流行的移动操作系统。

iOS 最初于 2007 年为 iPhone 推出，现已扩展到支持其他苹果设备，如 iPod Touch（2007 年 9 月）和 iPad（2010 年 1 月）。截至 2018 年 3 月，苹果应用商店的 iOS 应用程序超过 210 万个，其中 100 万个是 iPad 的原生应用程序。这些移动应用程序的下载量总计超过 1300 亿次。

iOS 的主要版本每年发布一次。iOS 12 于 2018 年 9 月 17 日发布。它适用于所有具有 64 位处理器的 iOS 设备：iPhone 5S 及更高版本的 iPhone 机型、iPad（2017）、iPad Air 及更高版本的 iPad Air 机型、所有 iPad Pro 机型、iPad Mini 2 及更高版本的 iPad Mini 机型以及第六代 iPod Touch。在所有最新的 iOS 设备上，iOS 会定期检查更新，如果有更新，则会提示用户允许自动安装。iOS 13 公开测试版的发布日期是 2019 年 6 月 24 日。iOS 13 应用程序启动速度是 iOS 12 的两倍，而人脸 ID 解锁速度提高了 30%。iOS 13 可使应用程序的下载量变小到 iOS 12 的 60%。2019 年 12 月 10 日，苹果发布 iOS 13.3，它包括改进、错误修复和额外的屏幕时间家长控制。

2.3.10　Windows 10 IoT

2016 年 1 月，微软专门为物联网应用发布了 Windows 10 IoT 嵌入式操作系统，它专为小体积、低成本设备和物联网场景设计。Windows 10 IoT 是微软早期嵌入式操作系统 Windows Embedded 的重新命名版本。对于具有更高安全性、智能性、可管理性和云连接的物联网设备，它们现在可使用 Windows 10 IoT 嵌入式操作系统。

2018 年 10 月 10 日更新的 Windows 10 IoT 核心服务是一项订阅服务，它提供 10 年的操作系统支持、设备更新管理和设备健康评估服务。目前，它可以支持 2/3/4 代树莓派、Dragonboard 410C、Minnow Board Max 和 Intel Joule 等单片机。

2.3.11　Google Brillo

2015 年 5 月 29 日，一年一度的谷歌 I/O 开发者大会在美国旧金山开幕，针对智能家居，谷歌宣布推出新的 Brillo 嵌入式操作系统。Brillo 是物联网的底层操作系统，它源于 Android，是对 Android 底层的一种改进。它得到了 Android 的全面支持，如蓝牙、Wi-Fi 等技术。该操作系统能耗低，安全性高，任何设备制造商都可以直接使用它。

2.3.12　华为 LiteOS

2015 年 5 月 20 日，在华为网络会议上，华为提出了"1+2+1"物联网解决方案，并发布了名为华为 LiteOS 的物联网操作系统。华为 LiteOS 是一个轻量级的实时操作系统，它是一个面向物联网智能终端的开源操作系统。它支持 ARM（M0/3/4/7、A7/17/53、ARM9/11）、x86、RISC-V、不同架构的微控制器，遵循 BSD3 架构，支持 50 多个单片机开发板。华为 LiteOS 已经推出了许多开源开发工具包和行业解决方案，希望 LiteOS 通过开源创建一个类似 Android 的物联网操作系统。

华为 LiteOS 具有轻便、低功耗、快速响应、多传感器协作、多协议互连连接等特点，使物联网终端能够快速接入网络。华为 LiteOS 使智能硬件开发更容易，从而加速实现万物互联。最新版本是 LiteOS V2.1，于 2018 年 5 月发布。LiteOS 主要优点包括轻量、小内核（<10KB）、节能、毫秒内快速启动，它支持 NB-IoT、Wi-Fi、以太网、蓝牙低能耗（Bluetooh Low Energy，BLE）、ZigBee 等不同的 IoT 协议，支持访问不同的云平台。

2.3.13　Harmony OS

2019 年 8 月 9 日，华为发布 Harmony OS（中文：鸿蒙；拼音：Hóngméng）操作系统，它是一款开源、基于微内核的分布式操作系统，也用于物联网（IoT）设备。Harmony OS 能够在各种设备上灵活部署，从而在所有情况下都能轻松开发应用程序。目前，Harmony OS 已经用于华为智慧屏 X65、V65、V55i 系列产品。

2.3.14　Raspbian

Raspbian 是由 Mike Thompson 和 Peter Green 为树莓派创建的独立项目。Raspbian 最初

的构建在 2012 年 6 月完成。Raspbian 是一个基于 Debian 的 Raspberry PI 计算机操作系统，主要包括 Raspbian Stretch 和 Raspbian Jessie 两种版本。2018 年 11 月发布的 Raspbian Stretch 桌面操作系统，其对应 Debian 9，Linux 内核版本为 4.14。2019 年 6 月 24 日发布 Raspbian Buster 版本，其对应 Debian 10。

2.4　小　　结

本章主要介绍了可以用来制作物联网网关的各种单片机。首先，本章介绍了单片机的组成、发展阶段及特点。常见的单片机包括 8 位单片机、16 位单片机、32 位单片机和 64 位单片机。其次，介绍了使用单片机可制作无操作系统物联网网关，也可以制作具有嵌入式操作系统的物联网网关。最后，介绍了能用于制作物联网网关的嵌入式操作系统主要包括 PSoS、VRTX、QNX、VxWorks、μC/OS、RTLinux、Windows CE、Android、iOS、Windows 10 IoT、Google Brillo、华为 LiteOS、Harmony OS 与 Raspbian。

思　考　题

1. 描述单片机的 3 个特点。
2. 简述 8 位单片机的定义。
3. 目前主要的嵌入式操作系统有哪些？
4. 嵌入式操作系统通常有几部分组成？

案　　例

1971 年 11 月，英特尔公司首先设计出集成度为 2000 只晶体管的 4 位微处理器英特尔 4004，并配有 RAM、ROM 和移位寄存器，构成了第一台 MCS4 微处理器。此后，20 世纪 70 年代初，进入低性能单片机发展阶段。此阶段，所生产的 8 位单片机将 8 位 CPU、RAM 和 ROM 等集成于一块半导体芯片上，其功能可满足一般工业控制和智能化仪器、仪表等的需要。2000 年年初，Ivrea 交互设计学院一位意大利科学技术老师 Massimo Banzi 的学生们经常抱怨找不到便宜好用的微控制器。2005 年，一个西班牙籍芯片工程师 David Cuartielles 在这所学校做访问学者，Massimo Banzi 与 David Cuartielles 讨论了这个问题，两人决定设计自己的电路板，并引入学生为电路板设计编程语言。Massimo Banzi 喜欢去一家名叫 di Re Arduino 的酒吧，为了纪念这个地方，Massimo Banzi 将这块电路板命名为 Arduino。这是一款便捷灵活、方便上手的 8 位单片机。

第 2 篇　无操作系统物联网网关

第 3 章　C51 单片机网关

学习要点

- ❑　了解 C51 网关硬件。
- ❑　掌握 C51 数据收集。
- ❑　掌握 C51 设备控制。
- ❑　了解 C51 数据上传。

3.1　C51 简介

针对功能单一、低功耗的物联网应用，可开发基于 C51 单片机的价格便宜、运行稳定的物联网网关。

80C51（简称 C51）是一种低电压、高性能的，使用 CMOS 工艺制作的 8 位微处理器，它带有 4KB 闪烁可编程可擦除只读存储器。虽然目前 C51 单片机的品种很多，但其中最具代表性的当属英特尔公司的 MCS-51 单片机系列。MCS-51（通常称为 8051）是英特尔于 1980 年开发的用于嵌入式系统的单片机系列，它在 20 世纪 80 年代和 90 年代初很流行。MCS-51 是一个复杂指令集计算机的例子，其具有单独的空间来存储程序指令和数据。

英特尔最初的 MCS-51 系列是使用 N 型金属氧化物半导体（NMOS）技术开发的，就像其前身 MCS-48 一样。但后来的版本，使用互补金属氧化物半导体（CMOS）技术来制作，芯片名称中含有 CMOS 的第一个字母 C，例如 80C51，这个系列的芯片比 NMOS 的芯片消耗更少的功率，这使得它们更适用于电池驱动的设备。

以 80C51 为代表的 8 位微控制器的开发受到了许多厂商的重视，如 Philips、Siemens（Infineon）、Dallas、Atmel 等公司。这些公司生产的单片机统称为 80C51 系列。特别是近年来，80C51 系列取得了很大的进步，并推出了一些新产品，主要是为了提高单片机的控制功能，如高速 I/O 口、模/数转换器（Analog-to-Digital Converter，ADC）、脉冲宽度调制(Pulse Width Modulation，PWM)、加权数据发送器（Weight Data Transmitter，WDT）的内部集成，以及低压、微功耗、电磁兼容的性能。

表 3-1 所示的 80C51 单片机系列芯片又分为 51、52、2051 三个系列，并以芯片型号的最末位数字作为标志。表 3-1 列出了 80C51 系列单片机的芯片型号及其技术性能指标，可以对它们的基本情况有一个大致的了解。

51 和 52 微控制器的核心结构完全相同，两者的主要区别在于 RAM 和 ROM。51 子系列为基础系列，52 子系列为性能增强系列。从表 3-1 所示内容可以看出，52 子系列功能增强的具体方面为：片内 ROM 从 4KB（千字节）增加到 8KB；片内 RAM 从 128B 增加到

256B；定时器/计数器从 2 增加到 3；中断源从 5 增加到 6。如果程序可以在 51 设备上运行，它也可以在 52 设备上运行。

表 3-1　80C51 系列单片机分类表

系列	典型芯片	片内 ROM 形式	片内 RAM	并行 I/O 口	定时器/计数器	中断源	串行 I/O
51 子系列	80C31	无	128B	4×8	2×16	5	1
	80C51	4KB 掩膜 ROM	128B	4×8	2×16	5	1
	87C51	4KB EPPROM	128B	4×8	2×16	5	1
	89C51	4KB EEPROM	128B	4×8	2×16	5	1
52 子系列	80C32	无	256B	4×8	3×16	6	1
	80C52	8KB 掩膜 ROM	256B	4×8	3×16	6	1
	87C52	8KB EPPROM	256B	4×8	3×16	6	1
	89C52	8KB EEPROM	256B	4×8	3×16	6	1
2051	89C2051	2KB EEPROM	128B	2×8	2×16	5	1

3.2　C51 网关硬件介绍

目前，有 20 多家独立制造商生产 MCS-51 兼容处理器，这包括 Atmel 的 AT89C2051-24PC（图 3-1）、AT83C5134、Maxim DS89C4 系列、NXP700 系列、NXP900 系列、C8051 系列、CC111X 系列、CC24XX 和 CC25XX 系列的 RF SoC、STC89C51RC 系列等。STC89C51RC 芯片如图 3-2 所示。基于 STC89C51RC 芯片，结合温湿度传感器、Wi-Fi 无线通信模块、电容器、电阻、按钮、LED 灯等电子元件，可制作 Wi-Fi 温湿度采集和报警物联网网关（见图 3-3），其可以采集温度和湿度，并通过 Wi-Fi 模块将数据传输到数据服务中心。

图 3-1　AT89C2051-24PC 芯片　　　图 3-2　STC89C51RC 芯片　　　图 3-3　基于 STC89C51RC 芯片的物联网网关

3.3　C51 软件开发环境

在制作 C51 物联网网关时，采用 Keil Uvision4 集成环境来实现 C51 程序的在线调试和烧录。Keil Uvision4 是一个非常好的单片机（Single Chip Microcomputer，SCM）开发工具，它具有编辑、编译、仿真等功能，并提供了完整的物联网网关软件开发解决方案，包括库管理、宏汇编、C 编译器、连接器和仿真调试器。在安装完成后，可以打开 Keil μVision 4 软件，其开发界面如图 3-4 所示。

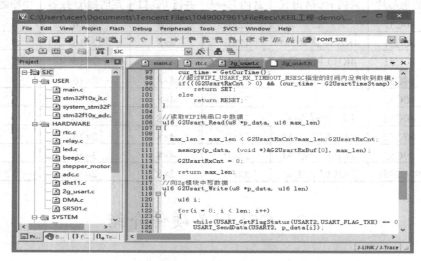

图 3-4　Keil μVision4 主界面

3.4　C51 数据收集

C51 物联网网关数据的收集一般是通过串行通信接口来实现的。网关收集多个传感器信号，并将其转换为数字形式；然后，将传感器数据传送到数据服务中心。如果传感器是数字量，可以直接传送出去；如果传感器是模拟量，需要先进行 AD 转换。STC C51 系列单片机大部分型号都带 AD 功能，不需要额外增加硬件电路，AD 转换完成后将转换值传递给数据服务中心。

在这里，以数字温度传感器为例来说明 C51 物联网网关是如何进行数据收集的。如图 3-5 所示，DS18B20 是单总线数字温度传感器，其测试温度范围为-55～125℃；该传感器具有体积小、硬件开销小、抗干扰能力强、精度高等特点。DS18B20 只有一条通信线，读写数据是通过控制启动时间和采样时间来完成的，因此时序要求非常严格，这也是 DS18B20 驱动程序编程的一个难点。

DS18B20 的内部结构如图 3-6 所示，其主要由两部分组成：64 位 ROM 和 9 字节暂存器。64 位 ROM 内容是 64 位的序列号，它可以看作是 DS18B20 的地址序列码，其作用是使每个 DS18B20 都可以被单独识别出来。9 字节暂存器关联温度传感器、上限触发的高温报警、下限触发的低温报警、高速寄存器和 8 位循环冗余校验（Cyclic Redundancy Check，CRC）发生器。

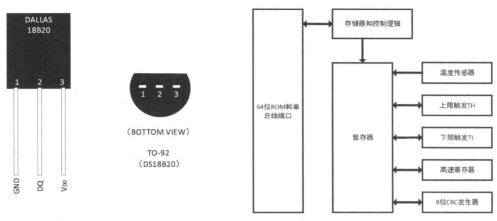

图 3-5　DS18B20 温度传感器引脚图　　　　　　　图 3-6　DS18B20 内部结构图

　　64 位 ROM 结构如图 3-7 所示。8 位 CRC 是单总线系列设备的编码，DS18B20 定义为 28H；48 位序列号是唯一的序列号；8 位系列码由 CRC 发生器产生，用作 ROM 中前 56 位的校验码。

8 位 CRC	48 位序列号	8 位系列码

图 3-7　DS18B20 的 64 位 ROM 结构图

　　9 字节暂存器的结构如图 3-8 所示。字节 0～1 用于温度寄存器；用户通过软件使用字节 2～3，设置最高报警值和最低报警值；字节 4 是配置寄存器；字节 5～7 为保留位；字节 8 为 CRC 校验位。

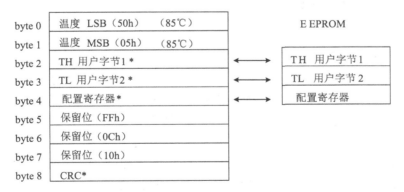

图 3-8　9 字节暂存器结构图

　　温度寄存器结构如图 3-9 所示。温度寄存器由两个字节组成，分为低 8 位和高 8 位，共 16 位。位 0～3 存储温度值的小数部分，位 4～10 存储温度值的整数部分。位 11～15 是符号位，所有 0 意味着正温度，所有 1 都意味着负温度。

	Bit 7	bit 6	bit 5	bit 4	bit 3	bit 2	bit 1	bit 0
LS Byte	2^3	2^2	2^1	2^0	2^{-1}	2^{-2}	2^{-3}	2^{-4}

	bit 15	bit 14	bit13	bit12	bit 11	bit 10	bit 9	bit 8
MS Byte	S	S	S	S	S	2^6	2^5	2^4

图 3-9　温度寄存器结构图

配置寄存器的具体用途如图 3-10 所示。精度值为 9-bit 表示 0.5℃，10-bit 表示 0.25℃，11-bit 表示 0.125℃，12-bit 表示 0.0625℃。

配置寄存器

bit 7	Bit 6	bit 5	bit 4	bit 3	bit 2	bit 1	bit 0
0	R1	R0	1	1	1	1	1

温度计精确度配置

R1	R0	精度	最大转换时间	
0	0	9-bit	93.75 ms	$(t_{conv}/8)$
0	1	10-bit	187.5 ms	$(t_{conv}/4)$
1	0	11-bit	375 ms	$(t_{conv}/2)$
1	1	12-bit	750 ms	(t_{conv})

图 3-10　配置寄存器的具体使用方式

DS18B20 的温度与输出数据关系如图 3-11 所示。如果温度为负，则从读数中减去 1 并将其反转。

温度 ℃	数据输出（二进制）	数据输出（十六进制）
+125	0000 0111 1101 0000	07D0h
+85	0000 0101 0101 0000	0550h
+25.0625	0000 0001 1001 0001	0191h
+10.125	0000 0000 1010 0010	00A2h
+0.5	0000 0000 0000 1000	0008h
0	0000 0000 0000 0000	0000h
−0.5	1111 1111 1111 1000	FFF8h
−10.125	1111 1111 0101 1110	FF5Eh
−25.0625	1111 1110 0110 1111	FE6Eh
−55	1111 1100 1001 0000	FC90h

图 3-11　DS18B20 温度/数据关系

DS18B20 单总线通信初始化过程如图 3-12 所示，其初始化序列包括来自主机的复位脉冲和来自从机的应答脉冲。与 DS18B20 连接的主机通过下拉单总线 480～960μs 产生复位脉冲，主机随后释放总线并进入接收模式。当主机释放总线时，它将产生从低到高的上升沿。当单总线设备检测到上升沿时，延迟时间为 15～60μs，然后单总线设备通过下拉总线 60～240μs 产生响应脉冲。主机收到从机的响应脉冲后，表示有一个单总线设备在线，初始化完成。然后，主机可以在从机上启动 ROM 命令和功能命令操作。

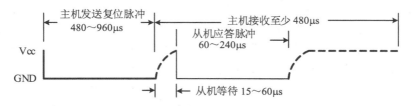

图 3-12　单总线通信初始化过程

　　DS18B20 位写入时序如图 3-13 所示。当主机将数据线从逻辑高拉到逻辑低时，写入时间间隔开始。有两种书写方式：一种用于书写 1，另一种用于书写 0。所有位写入时间间隔必须至少持续 60μs，包括两个写入周之间的至少 1μs 恢复时间。DS18B20 在 DQ 引脚上的电平降低后，在 15～60μs 的时间窗口中对 DQ 引脚进行采样。如果 DQ 管脚电平高，写 1；如果 DQ 管脚电平低，写 0。要产生写入 1 间隙，主机必须将电缆拉到较低的水平，然后释放电缆，以便在写入时间间隙开始后，将电缆拉到较高的水平并保持 15μs。要生成一个写 0 间隔，主机必须将数据线拉低并保持 60μs。

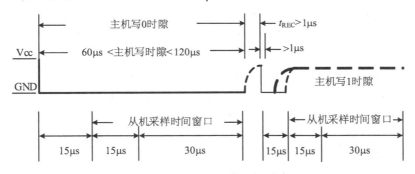

图 3-13　DS18B20 位写入时序

　　DS18B20 的位读取时序如图 3-14 所示。主机将总线从高电压水平拉下来，并在释放总线前保持至少 1μs；在 15μs 内读取 DS18B20 的输出数据。

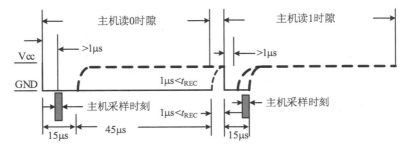

图 3-14　DS18B20 位读取时序

DS18B20 主要有 5 个单总线相关的 ROM 操作命令：① 读取只读存储器数据指令，识别代码为 33H，用于读取 DS18B20 的序列号。② 匹配 ROM 指令，识别代码为 55H，用于识别（或选择）特定 DS18B20 传感器来进行信息交互。③ 搜索 ROM 指令，识别代码为 F0H，用以确定单总线上的传感器节点数和所有传感器节点的序列号。④ 跳过 ROM 指令，识别代码为 CCH，当总线只有一个 DS18B20 时，不需要匹配。⑤ 报警搜索指令，识别代码为 ECH，主要用于识别和定位系统中超过程序设定的报警温度限制的节点。

DS18B20 传感器数据读取涉及延时函数、初始化函数。DS18B20 传感器写字节函数 write_byte(uchar dat) 完成一个字节的数据写入，每写入一位数据之前先把总线拉低 1μs。DS18B20 传感器读字节函数 read_byte() 从最低位开始读取一个字节数据，读取完之后等待 48μs 再接着读取下一个数据。DS18B20 传感器读温度函数 read_temper() 首先发送启动温度转换命令，然后发送读温度寄存器命令。当函数读取温度数据时，先读低 8 位，再读高 8 位。DS18B20 传感器温度转换函数 temper_change() 考虑正负温度的情况，将 16 位温度转换成 10 进制的温度，保留两位小数。在主函数中调用 temper_change() 函数返回的 temper 即为温度值。

3.5　C51 设备控制

本节以蜂鸣器和继电器为例，说明 C51 物联网网关如何实现设备的控制功能。所使用的蜂鸣器的电路原理如图 3-15 所示。蜂鸣器按驱动模式分为主动蜂鸣器和被动蜂鸣器。主动蜂鸣器有一个内部振荡器，当连接到低电平时，该振荡器将发出声音。被动蜂鸣器没有振荡器，因此在 500Hz 和 4.5kHz 之间的脉冲信号驱动之前，它不会响。C51 的引脚与蜂鸣器的引脚相连，通过编程可以控制蜂鸣器，分别以 4kHz 和 1kHz 的频率发送声音。

继电器的电路原理如图 3-16 所示。通过不同电平的输出，可以控制继电器的开关量，实现对电路的控制。当电路未通电时，闭合至常开引脚，当电路通电时，闭合至常闭引脚。继电器相关的参数包括额定工作电压、额定工作电流、接触负荷等。继电器通过 J2 同 C51 芯片的 P1.4 引脚连接。编译继电器驱动源代码以启动继电器的工作。

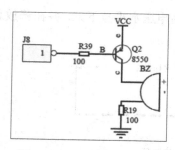

图 3-15　蜂鸣器电路原理图

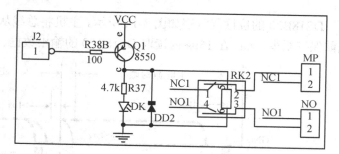

图 3-16　继电器电路原理图

3.6　C51 数据上传

C51 物联网网关可通过传感器技术采集外部环境状态信息，也可以接收用户远程控制命令。网关可以利用 Wi-Fi 通信模块将采集到的数据传输到数据服务中心，也可以接收控制命令，实现设备控制。如图 3-17 所示，Wi-Fi 模块 ESP8266 和 C51 单片机可实现 LED 灯的无线控制。制作 STC12C560S2 C51 物联网网关时，无线 Wi-Fi 模块的接收数据（Receive Data，RXD）、发送数据（Transmit Data，TXD）、地线（Ground，GND）插脚与 C51 单片机的 TXD、RXD、GND 插脚连接良好，模块的其他插脚均为高电平，电源供电电压（Volt Current Condenser，VCC）约为 3.3V（2 节 1.5V 干电池）。在测试过程中，可以使用应用程序网络调试助手发送数字 1 指示灯亮，0 指示灯熄灭。

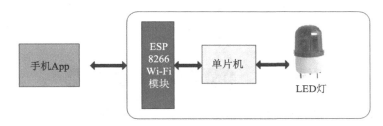

图 3-17　Wi-Fi 模块 ESP8266 和 C51 单片机实现 LED 灯控制

通过 C51 物联网网关 Wi-Fi 模块控制的 LED 灯驱动源代码头文件及延时功能，Wi-Fi 模块控制的 LED 灯驱动源代码可实现毫秒延迟功能，等待数据发送和接收完成。通过 Wi-Fi 模块控制的 LED 灯驱动源代码波特率发生器功能，波特率发生器可以通过 TR1 定时器实现。一般情况下，设备可使用定时器 1 作为波特率发生器。通过 Wi-Fi 模块控制的 LED 灯驱动源代码的串行端口发送功能，单片机将数据发送到已连接的 Wi-Fi 模块 ESP8266 设备。通过 Wi-Fi 模块控制 LED 灯驱动源代码的 Wi-Fi 模块设置功能，实现无线接入和控制。通过 ESP8266 Wi-Fi 模块发送数据功能控制 LED 灯的驱动源代码，向连接到 Wi-Fi 模块的终端发送数据。通过 Wi-Fi 模块控制 LED 灯的驱动源代码的主函数，实现程序的执行。通过 Wi-Fi 模块控制的 LED 灯驱动源代码的串行通信中断功能，在数据发送或接收结束后，进入该功能，清除相应的标志位软件，实现模块正常发送和接收数据。

3.7　小　　　结

对于简单的物联网应用，所涉及的物联网网关的功能比较单一，可以利用 C51 单片机制作这些网关。本章首先介绍了 C51 单片机，然后介绍了基于 C51 的物联网网关的软件开发环境、数据收集、设备控制及数据上传等方面的内容。

思 考 题

1. 简介 C51 芯片。
2. 简述 C51 和 C52 微控制器的联系与区别。
3. 在制作 C51 物联网网关时，应该使用什么工具来进行编程、调试与烧录？

案 例

如图 3-18 所示，C51 健康监控网关是由 C51 单片机和超声波传感器、气压传感器、称重传感器、温度传感器、蓝牙模块组成的嵌入式设备。智能手机通过蓝牙模块可以和 C51 健康监控网关进行数据通信，网关处理传感器数据后，用户能够通过手机查看身高体重、血压等健康参数。

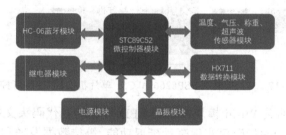

图 3-18　C51 健康监控网关

第 3 章　源代码

第 4 章　C51 健康监控网关

学习要点

- ❑ 了解 C51 健康监控网关设计。
- ❑ 掌握 C51 健康监控网关设计与制作方法。
- ❑ 掌握 C51 健康监控网关系统程序设计。
- ❑ 了解 C51 健康监控网关 App 客户端。

4.1　C51 健康监控网关简介

伴随着社会生活水平的一步步提高,现在越来越多的人群关心自身的健康。老人容易忽视自身的健康状况,导致健康的问题层出不穷,如心血管疾病等。本章所开发的基于 C51 健康监控网关的居家养老健康管理系统,可以使不同的人群在不同的地方对自己的身体健康进行检验,对疾病的预防会有一定的帮助。

居家养老健康管理系统的 C51 网关是由超声波传感器、气压传感器、称重传感器、温度传感器与单片机组成的嵌入式设备。该系统采用的是高精度的传感器,不仅数据测量准确,而且测量方便。同时,网关所收集的健康相关数据通过无线蓝牙传输到用户的手机,方便用户及时查看。

4.2　智能设备设计

4.2.1　简介

C51 健康监控网关的制作从印制电路板(Printed Circuit Board,PCB)开始,将单片机、传感器及各种电子元器件集成在一起。电路板上面使用的蓝牙模块,可以让数据在单片机和客户端之间交互,支持手机端健康网关的控制与实时数据查看。该设备除了能够测量人的身高、体重、血压等人体健康参数外,还具有测量当前外界温度的功能。C51 健康监控网关是一个 12.5cm×8.5cm 的长方形设备,所使用的主要电子元器件包括 STC89C52 芯片、无线蓝牙通信模块、AD 转换模块、气压传感器、继电器、晶振模块等。另外 C51 健康监控网关上还加载了按键、LED 灯、温度传感器和 USB 电源等一些外部元器件。

4.2.2　设备组成

1. 微控制器

制作物联网网关的芯片 STC89C52 是一个具有低功耗、高性能的 CMOS 8 位微控制器。它的工作电压一般在 5.5~3.3V，工作频率可达 48MHz。STC89C52 具有 8KB Flash 存储以及 512B 的数据存储，其外形如图 4-1 所示。

2. HC-06 蓝牙模块

C51 健康监控网关含有一块蓝牙 HC-06 模块，它常用的引脚包括 VCC、GND、TXD 和 RXD。LED 为状态预留输出脚，通过该脚状态判断蓝牙是否已经成功连接。若蓝牙连接成功，该 LED 则是常亮；如果 LED 灯一直闪烁，则表示蓝牙未完全配对及连接成功。蓝牙 HC-06 外形如图 4-2 所示。

图 4-1　STC89C52 实物图　　　　　　　图 4-2　蓝牙 HC-06

3. 温度传感器

DS18B20 是常见的温度传感器，它具有体积小、成本低、高精度的特点。每一个温度传感器具有唯一的 64 位序列号，可用来识别每个温度传感器的身份，其外形如图 4-3 所示。

4. 气压传感器

如图 4-4 所示，MPS20N0040D-S 是一种高可靠性的气压传感器，它的工作环境主要是非腐蚀性、非导电气压和液压状态等，主要使用在医用设备中，如血压计。

图 4-3　温度传感器 DS18B20　　　　图 4-4　MPS20N0040D-S 型气压传感器

5. 称重传感器

如图 4-5 所示，YZC-1B 称重传感器可满足 5~200kg 量程范围内的测量。该称重传感器使用铝合金材料，采用平行梁结构，利用硅橡胶密封，具有耐腐蚀性、安装使用方便的特点。

6. 超声波传感器

HC-SR04 超声波模块是一种非接触式距离测量电子元器件，测量范围在 2～450cm，它的测距精度可高达 3mm，主要由超声波发射器、接收器和控制电路组成。如图 4-6 所示，该模块主要的工作原理是发射器朝着某一方向发送超声波，接收器则等待在空气中阻碍返回的超声波，如果信号返回，就通过 I/O 口回响信号输出一

图 4-5　YZC-1B 称重传感器

个高电平。总的来说，超声波从发射到返回的时间是高电平持续的时间。根据超声波返回时间计算出被测物体的距离。

7. 数模转换模块

如图 4-7 所示，数模转换模块采用的是 24 位高精度的 A/D 转换器芯片 HX711，它具有两路模拟通道输入。它的输入电路可以配置为提供桥压的电桥式电路，如来自压力传感器或称重传感器的电路。

图 4-6　HC-SR04 超声波模块

图 4-7　HX711 转换模块

8. 晶振模块与继电器模块

如图 4-8 所示，晶振模块具有小型化、片式化、高精度、高稳定度、快速启动等特点。如图 4-9 所示，智能健康网关所使用的控制电子元件为创星 CHANSIN JQC-3F 12VDC-1ZS 继电器，该器件可以实现血压计电机的打开与关闭。

图 4-8　晶振模块

图 4-9　继电器模块

4.3　硬件设计与制作

4.3.1　原理设计图

使用软件 Protel 99se，C51 健康监控网关的整体电路设计如图 4-10 所示。在设计电路图

的过程中，一定要心思缜密，要时刻注意避免造成各种可能的问题；否则，在对电子元器件焊接与测试时，将会遇到各种困难。电路图设计的品质高低会影响到后期电路板成品的安全性。

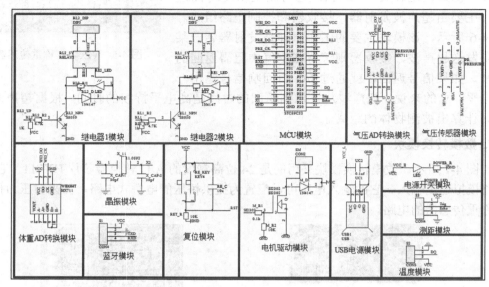

图 4-10　健康监控网关整体电路设计

STC89C52 具有 8KB Flash、512B RAM。STC89C52 在不同工作模式下采取不一样的工作方式。当单片机处于掉电保护的情况下，单片机 RAM 的内容被保存。单片机一切工作停止时，振荡器会被冻结，直到下一个中断或硬件复位为止。晶振的作用主要是为系统提供最基本的时钟信号。一般来说一个系统用同一个晶振，有利于各部分保持同步。蓝牙模块电路如图 4-11 所示。该模块具有 VCC、RX、TX、GND 四个引脚；VCC 连接电源，GND 接地。按键电路如图 4-12 所示，所用到的元器件有 10kΩ 电阻、10μF 电容和四引脚的按键。在网关的主板上搭载的这个按键可便于网关的重新启动。

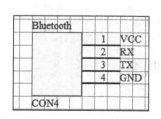

图 4-11　蓝牙模块电路

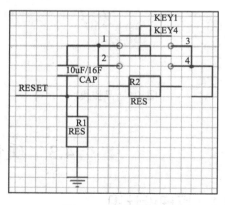

图 4-12　按键电路

发光二极管（Light Emitting Diode，LED）电路原理如图 4-13 所示。在网关上配备 LED

灯可方便用户了解网关的工作状态。当用户利用网关开始测量血压时，依据启动血压测量与结束血压测量的电子元器件信号，LED 灯会进行不同规律的闪烁，其电路原理图如图 4-14 所示。

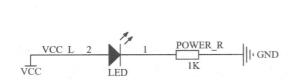

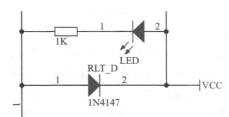

图 4-13　LED 电路原理图　　　　图 4-14　测量气压时 LED 灯闪烁电路原理图

网关上使用继电器来控制血压测量操作，其电路原理如图 4-15 所示。继电器具有输入回路和输出回路的互动关系；输入回路又被称为控制回路，输出回路又被称为被控制回路。

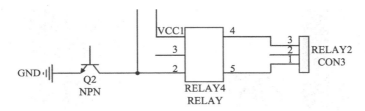

图 4-15　继电器电路原理图

为了监测用户使用健康网关时的环境温度，网关上面搭载了一个 DS18B20 温度传感器模块，其电路如图 4-16 所示。为了测量用户的身高，网关使用了超声波测距传感器，其电路原理如图 4-17 所示。

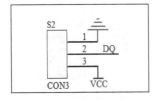

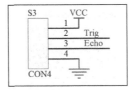

图 4-16　DS18B20 温度传感器电路图　　图 4-17　超声波测距传感器电路原理图

C51 健康监控网关中使用的气压模块量程为 0～40kPa，工作温度为−40～125℃，适用于医疗方面，其电路原理如图 4-18 所示。网关的供电电路如图 4-19 所示。USB 电源模块提供 5V 直流电压、400mA 电流，该部分电容器则选择 0.1μf 以及 10μf。

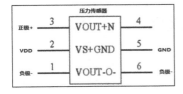

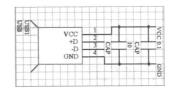

图 4-18　气压模块电路原理图　　　　图 4-19　USB 供电电路

4.3.2　PCB 制作

网关的电路原理图设计之后，接着就是根据设计好的原理图，使用 Protel 99se 软件将原理图转化成 PCB 电路图。然后，经过布局、走线和铺铜等流程生成 PCB。在布线时需要考虑各个组件的外观尺寸和其特有的电气特性。

在布局的过程中一定要认真看清每个元器件的要求，不能任意放置，否则会影响到后期产品的稳定性。在 PCB 布完局之后，接着就是布线的工作了，此时要注意布线尽量简单、便于后期调试。如图 4-20 所示，PCB 的底层是红色的线，主要是焊接电阻、电容和三极管等；蓝色的线是在板的顶层，主要是焊接气压传感器、温度传感器和继电器等。在布完线之后，接下来就是给 PCB 铺铜了，在此过程中，应适当地增大接地线的面积，这样做有利于 PCB 的散热。铺完铜的 PCB 如图 4-21 所示。

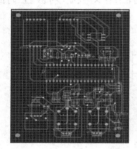

图 4-20　布线后的 PCB　　　　　　　　　　图 4-21　铺完铜的 PCB

PCB 完成后，将 PCB 文件发给专业的 PCB 工厂制板。C51 健康监控网关的 PCB 成品的正面与反面，如图 4-22 和图 4-23 所示。

图 4-22　PCB 成品正面示意图　　　　　　　图 4-23　PCB 成品反面示意图

4.4　系统程序设计

4.4.1　血压值代码

血压值测量功能是通过手臂式测法，当手机上的蓝牙装置与网关上的蓝牙装置配对成功之后，可启动血压测量功能。通过电机充气和放气，单片机将收集到的血压值信号经过 AD 转换模块转换为数字信号；然后，再通过蓝牙通信将数字信号发送给手机客户端，用户就可以在手机上方便地查看血压数据。

4.4.2　体重数据的部分代码

当测量体重时，网关通过称重传感器收集体重数据，再把数据发给手机客户端，以数字信息的形式在 Android 客户端界面上显示。

4.4.3　身高测量代码

网关通过超声波传感器收集到的相关距离来计算用户的身高，同时，完成环境温度的检测。

4.4.4　网关连接蓝牙主要代码

在手机上打开蓝牙装置，开启蓝牙功能，搜寻蓝牙设备及配对，手机连接健康监控网关蓝牙即可。然后，健康监控网关就可以将收集到的血压、身高及温度数据通过蓝牙无线通信发送到手机客户端。同时，手机客户端可以将收到的数据通过 Wi-Fi 或 3G/4G/5G 网络发送到数据服务中心。

4.5　健康网关 App 客户端

手机客户端应用程序（Application，App）主要功能包括登录功能、用户操作功能和数据操作功能三个模块，主界面、身高体重测量和血压测量界面如图 4-24 所示。

图 4-24　主界面、体重身高测量和血压测量界面

4.6　健康网关 Web 服务端

Web 服务端的功能主要包括用户登录、用户信息的修改、用户历史数据的查询。Web
端登录界面含有注册登录功能，如图 4-25 所示。

图 4-25　Web 服务端登录界面

用户登录后，进入主界面，可以查看自己的历史健康数据，如图 4-26 所示。

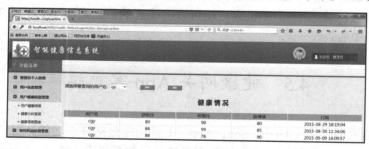

图 4-26　健康情况查询界面

4.7　小　　结

本章介绍了一种 C51 健康网关的制作。利用 Android 技术实现的手机客户端及 C51 网
关，用户可以方便地测量并存储血压、体重及身高等健康数据。

思　考　题

1. 居家养老健康管理系统的 C51 网关主要由几部分组成？
2. C51 健康监控网关所使用的 C51 芯片使用了多少个引脚来同其他电子元器件进行数

据交互？

3. RF-BM-S02 蓝牙模块的接收 RX 引脚和输出 TX 引脚分别同 C51 芯片的哪个引脚相连？

案　　例

华为智能体脂秤 Wi-Fi 版（图 4-27）是一个智能健康网关，它可测量体重、水分率、骨盐量、基础代谢率、骨骼肌量、脂肪率、内脏脂肪等级、静态心率以及压力指数等 17 项身体指标。华为智能体脂秤 Wi-Fi 版被纳入华为运动健康 App 中，打开华为运动健康→添加设备华为智能体脂秤 Wi-Fi 版→输入手机连接的 Wi-Fi 密码之后就能智能连接。华为智能体脂秤 Wi-Fi 版搭载了全新高精测脂技术以及配备 4 颗高精度压力传感器，有很好的可靠性。

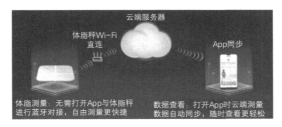

图 4-27　华为智能体脂秤 Wi-Fi 版

第 5 章 STM32 单片机网关

学习要点

- ❑ 了解 STM32 芯片。
- ❑ 掌握 STM32 数据收集。
- ❑ 掌握 STM32 设备控制。
- ❑ 了解 STM32 数据上传。

5.1 STM32 简介

基于 STM32 的物联网网关性价比较高，其被应用于很多物联网领域。一种基于 STM32 的智能家居的网关如图 5-1 所示，它由微控制器单元、ZigBee 模块、Wi-Fi 模块、电源模块、可编程逻辑控制器（Programmable Logic Controller，PLC）模块组成。使用该网关可以实现家庭安全设备与电器设备的远程监控。

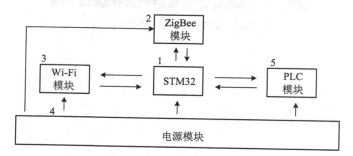

图 5-1　一种基于 STM32 的智能家居的网关

STM32 的功耗为 36mA，是市场上 32 位功耗最低的产品，相当于 0.5mA/MHz。STM32 系列芯片由 STMicroelectronics 公司生产。STMicroelectronics 集团于 1987 年 6 月由意大利的 SGS Microelectronics 和法国的汤姆森半导体合并成立。1998 年 5 月，SGS-Thomson 微电子公司更名为 STMicroelectronics，它是世界上最大的半导体公司之一。自成立以来，STMicroelectronics 的增长速度超过了整个半导体行业。

5.2 STM32 芯片介绍

STM32 系列芯片基于 ARM Cortex-M3 内核，非常适合需要高性能、低成本和低功耗的物联网网关设计。根据性能，STM32 系列芯片分为两个不同系列：STM32F103"增强"系列和 STM32F101"基本"系列。STM32F103 的时钟频率达到 72MHz，是同类产品中性能最高的产品，代码可以从闪存执行；STM32F101 的时钟频率为 36MHz；两个系列都内置 32～128KB 闪存。STM32L 系列产品以超低功耗 ARM Cortex-M4 处理器为核心，采用 STMicroelectronics 独有的两种节能技术：130nm 特殊低漏电流制造工艺和优化的节能架构，提供业界领先的节能性能。

如图 5-2 所示，STM32 新系列主要采用 LQFP64 封装，不同的包装保持插针排列的一致性。结合 STM32 平台的设计理念，开发人员可以通过选择不同系列的 STM32 芯片来满足物联网网关个性化的应用需求。

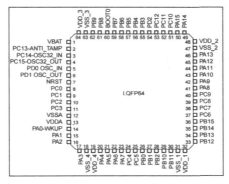

图 5-2　STM32 芯片 LQFP64 封装

以 STM32F103RBT6 芯片为例，其名称由七部分组成，命名规则如下：① STM32 表示 ARM Cortex-M3 内核的 32 位微控制器；② F 代表芯片子系列；③ 103 代表增强型系列；④ R 代表管脚数量，其中 T 代表 36 个管脚，C 代表 48 个管脚，R 代表 64 个管脚，V 代表 100 个管脚；⑤ B 项为嵌入式闪存容量，其中 6 表示 32KB 闪存，8 表示 64KB 闪存，B 表示 128KB 闪存；⑥ T 表示包装，其中 H 表示 BGA 包装，T 表示 LQFP 包装，U 表示 VFQFPN 包装；⑦ 6 表示工作温度范围，其中 6 代表温度范围为-40～85℃，7 代表温度范围-40～105℃。

5.3　STM32 软件开发环境

支持 SRM32 的软件开发平台包括 IAR EWARM、Keil μVision3/4/5、Raisonance RIDE、Rowley CrossWorks 及 ST RLINK-STX 等。STM32 Keil 开发环境如图 5-3 所示，其使用 Keil mdk5、STM32F10X_stdlib_v3.5.0 库和 jLink 驱动程序软件，首先建文件夹 Project_STM32，然后在此文件夹中新建下述几个子文件夹。

（1）Hardware：含有外围模块驱动程序；

（2）Libraries：含有相关硬件驱动库文件；

（3）Listing：编译过程中产生的文件；

（4）Output：编译后输出文件，hex/bin 等可执行属性的文件将保存在该目录下；

（5）Startup：启动文件，STM32F103ZET6，Flash 是 512KB，可选 startup_stm32f10x_hd.s 这个文件；

（6）System：中断文件和配置文件；

（7）User：main.c 和工程文件。

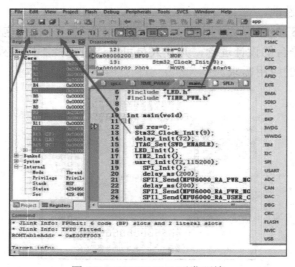

图 5-3　STM32 Keil 开发环境

5.4　STM32 数据收集

本节以 DHT11 温湿度传感器为例，说明 STM32 网关是如何实现数据采集的。如图 5-4 所示，DHT11 是一种集成了温度和湿度的数字传感器。该传感器包括负温度系数（Negative Temperature Coefficient，NTC）温度测量元件和电阻式水分测量元件。通过连接 STM32 微处理器电路，可以实时采集局部温度和湿度。DHT11 和单片机可以使用单总线通信，只需要一个 I/O 端口。传感器内部湿度和温度的 40 位数据一次送入单片机，并通过 CRC 进行校验，有效地保证了数据传输的准确性。

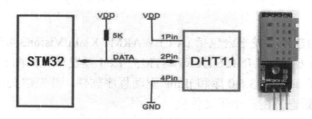

图 5-4　DHT11 温湿度传感器及电路连接

DHT11 数字温湿度传感器采用单总线数据格式，即单数据插针端口，完成双向输入输出传输。数据包由 5 字节（40 位）组成，数据可以分为小数部分和整数部分。一个完整的数据传输是 40 位，高阶优先。DHT11 的数据格式为：8 位湿度整数数据+8 位湿度小数数据+8 位温度整数数据+8 位温度小数数据+8 位校验和。其中校验和数据是前四个字节的总和。传感器数据输出未编码的二进制数据。

DHT11 数字温湿度传感器驱动程序代码包含复位功能函数 DHT11_Rst(void)。DHT11 驱动代码的检测函数 DHT11_Check(void)等待 DHT11 传感器的回应，返回 1 表示未检测到 DHT11 的存在，返回 0 表示 DHT11 传感器存在。DHT11 驱动代码的读取一个位函数 DHT11_Read_Bit(void)从 DHT11 传感器读取一个位，其返回值为 1 或 0。DHT11 驱动代码的读取一个字节函数 DHT11_Read_Byte(void)从 DHT11 传感器读取一个字节，其返回值为读到的数据。DHT11 驱动代码的读取数据函数 DHT11_Read_Data(u8 *temp,u8 *humi)如从 DHT11 传感器读数据，temp 温度值的范围为 0~50℃，humi 湿度值的范围为 20%~90%。该函数的返回值为 0，表示读取正常；返回值为 1，表示读取失败。DHT11 驱动代码的初始化函数 DHT11_Init(void)初始化 DHT11 的 IO 口 DQ，同时检测 DHT11 传感器是否存在。该函数的返回值为 0，表示传感器存在；返回值为 1，表示传感器不存在。

5.5　STM32 设备控制

本节以继电器为例说明 STM32 物联网网关如何实现设备控制。继电器通常用于自动控制电路中，它实际上是一个"自动开关"，使用小电流来控制大电流。STM32 控制继电器的电路如图 5-5 所示。通过 STM32 控制继电器引脚 7 的电平来控制电路。引脚 7 被设置为高电平打开继电器；引脚 7 被设置为低电平来关闭继电器。当继电器打开时，会发出"哒"声。

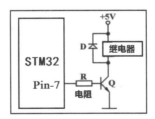

图 5-5　STM32 控制继电器电路示意图

STM32 控制继电器源代码主要包括函数 relay_init(void)、relay_on(void)、relay_off(void)。

5.6　STM32 数据上传

如图 5-6 所示，以 STM32-Wi-Fi 物联网网关来说明 STM32 网关是如何将传感器数据发送到物联网数据服务中心的。

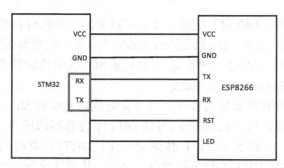

图 5-6　STM32-Wi-Fi ESP8266 电路连接

　　STM32-Wi-Fi 物联网网关数据上传源代码的头文件主要涉及 STM32 库、Wi-Fi 串口数据库及相关 Wi-Fi 数据传输参数定义。STM32-Wi-Fi 物联网网关数据发送 Wi-Fi 串口初始化函数 Wi-FiUsart_Init(u32 BaudRate)对 Wi-Fi 串口相关的参数及函数进行初始化。STM32-Wi-Fi 物联网网关数据发送函数 Wi-Fi_Sent(u8 *str)调用了串口写入函数 Wi-FiUsart_Write(at_order, strlen(at_order))。STM32-Wi-Fi 物联网网关在将数据发送到远程服务器之前，先通过 Wi-Fi_Init()函数来对 Wi-Fi 通信模块进行通信参数、账号及密码等的配置。STM32-Wi-Fi 物联网网关数据传输时，涉及从 Wi-Fi 模块读取来自远程服务器的数据，读取函数为 Wi-FiUsart_ Read(u8 *p_data, u16 max_len)。STM32-Wi-Fi 物联网网关数据传输时，涉及向 Wi-Fi 模块写入数据，这些数据将被发送到远程服务器，写入数据函数为 Wi-FiUsart_Write(u8 *p_data, u16 len)。

5.7　小　　结

　　本章主要介绍了基于 STM32 单片机的物联网网关，首先介绍了 STM32 芯片，然后介绍了 STM32 网关的软件开发环境、传感器数据收集、设备控制与数据上传远程服务器。

思　考　题

1. STM32 超低功耗芯片主要包括哪几种？
2. DHT11 温湿度传感器主要包括哪两个测量元件？
3. 本章中 STM32 单片机网关是如何实现继电器控制的？

案　　例

　　STM32-LoRa 物联网网关如图 5-7 所示。该网关采用 ST 的 STM32L0 单片机和 LoRa 射频芯片，自带 LoRaWAN 1.0 协议栈，可以自动跳频及速率功率自适应调节。该网关配合

LoRa 基站，支持 48 路 LoRa 接收和一路 LoRa 发送，全双工通信。使用该网关，LoRa 物联网节点可自动申请加入，组成星型网络，节点容量可达五万个以上。该网关多应用于智能抄表、智能安防与智慧农业领域。

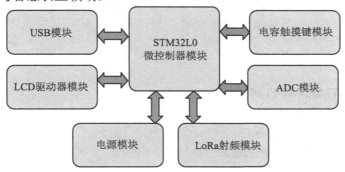

图 5-7　STM32-LoRa 物联网网关

第 6 章　STM32 网关实验

学习要点

- ❑ 了解 STM32-Wi-Fi 网关。
- ❑ 掌握无线通信实验方法。
- ❑ 掌握 485 通信实验原理。
- ❑ 了解 CAN 通信实验机理。

6.1　STM32-Wi-Fi 网关概述

STM32 物联网网关相关实验的实施，对设计高性能的 STM32 网关具有良好的指导意义。用作实验的 STM32-Wi-Fi 物联网网关的网络拓扑图如图 6-1 所示。STM32-Wi-Fi 网关载 STM32 微控制器与核心板模块串口通信，同时集成多种接口：RS485 接口、CAN 接口、MicroUSB 接口、程序下载接口、电源供电接口等。STM32-Wi-Fi 网关支持 Wi-Fi 协议，用户只需对其进行简单串口配置，即可将物理设备连接到 Wi-Fi 网络上，从而实现物联网的控制与管理。模块实现了串口数据到网络数据的完全透传功能，让没有联网功能的设备增加网络连接功能。STM32-Wi-Fi 网关出厂时默认配置为 AP 组网方式，IP 地址为 192.168.1.1；工作模式为 TCP Client，与服务器进行 Socket 通信，服务器 IP 地址为 192.168.1.121，端口为 7777。

图 6-1　基于 STM32-Wi-Fi 网关的实验拓扑图

6.1.1　核心板资源

STM32-Wi-Fi 物联网网关核心板资源包括：① STM32F103C8T6 CPU 芯片，它采用 LQFP48 封装模式，Flash 为 128KB，静态随机存取存储器（Static Random-Access Memory，

SRAM）为 20KB。② 如图 6-2 所示，USR-C210 Wi-Fi 模块集成媒体存取控制位址（Media Access Control Address，MAC）、基频芯片、射频收发等单元，该 Wi-Fi 单元有 3 个状态指示灯。其中 USR1 核心板工作状态指示灯，显示核心板是否正常工作；NET1 Wi-Fi 模块工作指示灯，Wi-Fi 模块正常工作时常亮；Link1 Wi-Fi 联网指示灯，连接到 Wi-Fi 网络后常亮。

图 6-2　USR-C210 Wi-Fi 模块

6.1.2　STM32-Wi-Fi 底板资源

如图 6-3 所示，STM32-Wi-Fi 网关的底板资源包括：① 1 路 485 接口，采用 RSM3485 隔离收发模块；② 1 路 CAN 接口，采用 CTM1051 隔离收发模块；③ 1 个下载接口，此接口只支持 SW 模式；④ 1 路 TTL 串口，可与板载 STM32 微控制器串口通信；⑤ 1 路 MicroUSB 串口，用于串口通信，同时也可以用于网关供电；⑥ 1 个复位按键；⑦ 1 个电源拨动开关；⑧ DC24V 电源接口，用于板子供电。

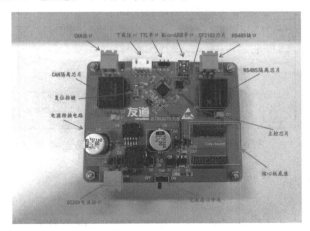

图 6-3　STM32-Wi-Fi 网关的底板资源

6.2　无线通信实验

STM32-Wi-Fi 网关可实现主板与电脑端网络调试助手对话；STM32-Wi-Fi 网关在收到

网络调试助手发过来的数据后，可原原本本地将所收到的数据返回给计算机上的网络调试助手。下面主要阐明网关的 STM32 微控制器如何实现串口通信。

6.2.1　STM32 串口简介

STM32 的串口资源相当丰富，功能也相当强劲。板载 STM32F103C8T6 微控制器拥有 3 路串口，其中与核心板串口通信使用的是串口 2；串口 1 用于外部 USB 通信，串口 3 用于外部 485 通信。接下来主要从库函数操作层面，结合寄存器描述如何设置串口 2，以达到基本的通信功能。利用板载串口 2，通过网关接收服务器发送的数据原原本本地上传给服务器。

串口设置一般包括如下几个步骤：① 串口时钟使能，GPIO 时钟使能；② 串口复位；③ GPIO 端口模式设置；④ 串口参数初始化；⑤ 开启中断并且初始化 NVIC；⑥ 使能串口；⑦ 编写中断处理函数。

6.2.2　硬件设计

如图 6-4 所示，Core-board1 元器件是核心板插座，核心板的串口引脚与插座引脚 10 和引脚 12 相连，插座的引脚 10、12 与 STM32 网关的串口 2 相连。

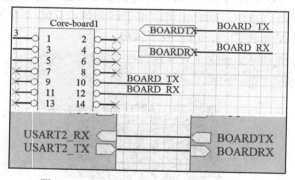

图 6-4　Core-board1 核心板插座电路连接

6.2.3　程序设计

由于核心板出厂时已经配置完成，核心板串口与 Wi-Fi 网络已经实现完全的数据透传，所以只需配置底板上的 STM32 微控制器与核心板的串口通信就可以实现 STM32-Wi-Fi 网关与网络数据交互。打开无线通信实验工程，在 HARDWARE 文件夹下双击 Wi-Fi.c，可以对串口的初始化函数 uart2_init(u32 bound)进行编辑。接下来介绍串口 2 的中断服务函数 USART2_IRQHandler(void)。把串口 2 收到的所有数据都存放在 USART2_RX_BUF 数组中。串口 2 中断函数收到数据后需要进行数据处理；串口 2 的数据处理函数为 uart2_data_R(void)。串口 2 接收到数据后，再通过串口 2 发送函数 Uart2_send_buf 把接收到的数据发送出去；Uart2_send_buf 完成数据发送后，把 USART2_RX_BUF 数组清空，接收的数据个数也被清空，等待下次数据接收。STM32-Wi-Fi 网关串口数据处理主函数为 main.c，该函数设置的中断分组号为 2，也就是 2 位抢占优先级和 2 位子优先级。uart2_init(115200)函数初始化串口 2，波特率设置为 115200。接下来进入 while 函数，不断地执行 uart2_data_R() 函数处理串口 2 接收到的数据，并把接收的数据不断地返回。

6.2.4　硬件资源介绍

在代码编译成功之后，通过 J-link 下载器下载到网关上，网关只支持 SWD 下载，所以在 Keil5 中需要把下载方式改为 SW，如图 6-5 所示。

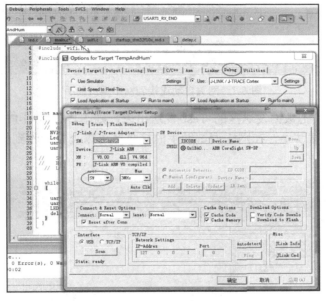

图 6-5　J-link 下载器下载到网关上

如图 6-6 所示，代码下载完成后，打开计算机连接到 STM32-Wi-Fi 网关建立起来的 Wi-Fi 网络，并将计算机的 IP 地址修改为 192.168.1.121。

图 6-6　计算机连接到 STM32-Wi-Fi 网关

如图 6-7 所示，互联网协议（Internet Protocol，IP）配置完成后，打开网络调试助手，选择 TCP Server，端口号设置为 7777，点击启动，则计算机网络调试助手连接到 STM32-Wi-Fi 网关（192.168.1.1）。

图 6-7　网关自动连接到网络调试助手

点击发送按钮，把数据发送区的 Test 发送出去，则 STM32-Wi-Fi 网关收到数据后把 Test 返回给网络调试助手，在网络调试助手的接收区可以查看接收到的数据"Test"，如图 6-8 所示。

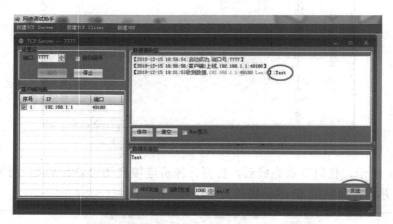

图 6-8　STM32-Wi-Fi 网关数据通信测试

6.3　485 通信实验

本节将向大家介绍如何利用板载 STM32-Wi-Fi 网关的串口实现 485 通信（半双工）。在本节中，将利用网关通过 USB 转 485 模块实现上位机串口助手与网关通信；网关把上位机串口助手发送数据原原本本地返回给上位机串口助手。

6.3.1　485 简介

RS485/EIA-485 隶属于开放式系统互联（Open System Interconnect，OSI）模型物理层的电气特性规定为 2 线，半双工，多点通信的标准。它的电气特性和 RS232 区别很大，它用缆线两端的电压差值来表示传递信号。RS485 仅仅规定了接收端和发送端的电气特性，它没有规定或推荐任何数据协议。RS485 包括如下几个特点。

（1）接口电平低，不易损坏芯片。RS485 接口信号电平比 RS232 降低了，不易损坏接口电路的芯片，且该电平与晶体管–晶体管逻辑（Transistor-Transistor Logic，TTL）电平兼容，可方便与 TTL 电路连接。RS485 逻辑 "1" 以两线间的电压差为+(2～6)V 来表示；逻辑 "0" 以两线间的电压差为-(2～6)V 表示。

（2）传输速率高。10 米时，RS485 的数据最高传输速率可达 35Mb/s；在 1200 米时，传输速度可达 100Mb/s。

（3）抗干扰能力强。RS485 接口是采用平衡驱动器和差分接收器的组合，抗共模干扰能力增强，即抗噪声干扰性好。

（4）传输距离远，支持节点多。RS485 总线最长可以传输 1200m 以上（速率≤100Mb/s）；一般最大支持 32 个节点，如果使用特制的 485 芯片，可以支持 128 个或者 256 个节点，最大可以支持 400 个节点。

如图 6-9 所示，RS485 推荐使用在点对点、线型或总线型网络中，但不能使用星型或环型网络。理想情况下 RS485 需要 2 个匹配电阻，其阻值要求等于传输电缆的特性阻抗（一般为 120Ω）；没有终接电阻的话，会使得较快速的发送端产生多个数据信号的边缘，导致数据传输出错。

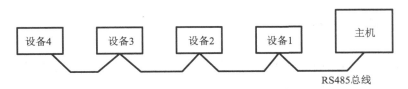

图 6-9　RS485 使用在点对点、线型或总线型网络

在图 6-9 中的连接中，如果需要添加匹配电阻，一般在总线的起止端加入，也就是主机和设备 4 上面各加一个 120Ω 的匹配电阻。由于 RS485 具有传输距离远、传输速度快、支持节点多和抗干扰能力更强等特点，所以 RS485 有很广泛的应用。

如图 6-10 所示，网关采用增强型隔离 RS485 收发器 RSM485ECHT，该芯片采用 3.3V 电源，最高传输速率 500Kb/s，最大可连接 256 个节点，电磁辐射（Electromagnetic Emission，EME）极低，电磁抗干扰（Electro Magnetic Susceptibility，EMS）能力极高，带总线短路或断路失效保护功能，集隔离与 ESD 总线保护功能于一身。这里使用的是 RS485ECHT 硬件信息，如图 6-10 所示。

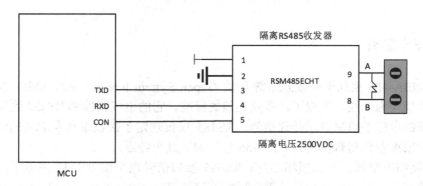

图 6-10　增强型隔离 RS485 收发器

　　图 6-10 中，A、B 为总线接口，用于连接 RS485 总线。CON 为控制引脚，当 CON 为低电平使能发送，为高电平使能接收。RS485 总线硬件信息如表 6-1 所示。

表 6-1　RS485 总线硬件信息

引　　脚	名　　称	功　　能
1	VCC	输入电源正
2	GND	输入电源地
3	TXD	发送脚
4	RXD	接收脚
5	CON	控制脚
8	B	B 引脚
9	A	A 引脚
10	RGND	隔离输出电源地

6.3.2　RSM3485 硬件设计

　　如图 6-11 所示，RSM3485 隔离芯片的控制引脚 5 与主控芯片的 PB3 脚连接；接收引脚 4 与主控芯片的 PB11 脚连接；发送引脚 3 与主控芯片的 PB10 引脚连接。

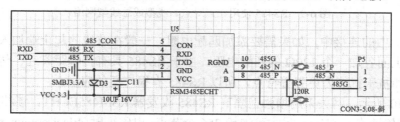

图 6-11　STM32 与 RSM3485 连接电路

6.3.3　RSM3485 软件设计

　　在 RS485 实验例程文件夹内，在 HARDWARE 文件夹下可以发现里面有一个 rs485.c

文件，以及其头文件 rs485.h 文件。同时，485 通信调用的库函数和定义分布在 stm32f10x_usart.c 文件和头文件 stm32f10x_usart.h 文件中。打开 rs485.c 文件，查看串口 3 接收中断函数。此部分代码总共 4 个函数。RS485_Init 函数为 485 通信初始化函数，其配置串口 3 与主控芯片的 PB3 引脚，用于控制 RSM3485 的收发。同时，如果使能中断接收的话，会执行串口 3 的中断接收配置。USART3_IRQHandler 函数用于中断接收来自 485 总线的数据，将其存放在 RS485_RX_BUF 里面。最后 RS485_Send_Data 和 RS485_Receive_Data 这两个函数用来发送数据到 485 总线和读取从 485 总线收到的数据。初始化 IO 串口 3 的函数 void RS485_Init(u32 bound)，其所传递参数 bound 为波特率。RS485 串口发送函数 RS485_Send_Data(u8 *buf, u8 len)，其传递参数 buf 为发送区首地址，len 为发送的字节数。RS485 串口模块通过 RS485_Receive_Data(u8 *buf, u8 *len) 函数来进行数据的查询接收，buf 为接收缓存首地址，len 为读到的数据长度。头文件 rs485.h 中代码比较简单，在其中开启了串口 3 的中断接收，该部分代码主要对 rs485.c 文件中的函数进行声明。

　　RS485 串口模块数据收集与传输主函数 main.c 初始化 RS485，设置波特率为 9600，如果接收到数据，则将所收到的数据发送出去。此部分代码表示网关一直处于接收串口数据的状态，当串口有数据时，通过 RS485_Receive_Data 函数接收数据，同时把接收到的数据个数给 key。当 key 不为零，即串口接收到数据，则执行发送函数 RS485_Send_Data，数据发送完成后把 key 清零，等待接收下次数据。

6.3.4　下载验证

　　在 RS485 代码编译成功之后，通过仿真器将代码下载到 STM32-Wi-Fi 网关上。在计算机上，打开上位机串口调试助手，波特率设置为 9600，在发送区随意填写一串数据，点击发送，则在接收区接收到此数据，如图 6-12 所示。

图 6-12　RS485 数据通信测试

6.4　CAN 通信实验

　　使用 STM32-Wi-Fi 网关微控制器自带的 CAN 控制器，通过 USB 转 CAN 模块，可实现网关与上位机服务器的串口助手通信，网关可以把上位机串口助手发送的数据返回给上位机串口助手。

6.4.1　CAN 简介

控制器局域网络（Controller Area Network：CAN）是 ISO 国际标准化的串行通信协议。在当前的汽车产业中，出于对安全性、舒适性、方便性、低公害、低成本的要求，各种各样的电子控制系统被开发了出来。由于这些系统之间通信所用的数据类型及对可靠性的要求不尽相同，由多条总线构成的情况很多，线束的数量也随之增加。为适应"减少线束的数量""通过多个 LAN，进行大量数据的高速通信"的需要，1986 年德国电气商博世公司开发出面向汽车的 CAN 通信协议。此后，CAN 通过 ISO11898 及 ISO11519 进行了标准化，现在 CAN 的高性能和可靠性已被认同，并被广泛地应用于工业自动化、船舶、医疗设备、工业设备等方面。现场总线是当今自动化领域技术发展的热点之一，被誉为自动化领域的计算机局域网。它的出现为分布式控制系统实现各节点之间实时、可靠的数据通信提供了强有力的技术支持。CAN 控制器根据两根线上的电位差来判断总线电平。总线电平分为显性电平和隐性电平，二者必居其一。发送方通过使总线电平发生变化，将消息发送给接收方。

CAN 协议具有的特点包括多主控制、系统的柔软性、通信速度较快、通信距离远，具有错误检测、错误通知、错误恢复、故障封闭、连接节点多等功能。正是因为 CAN 协议的这些特点和功能，使得 CAN 特别适用于工业过程监控设备的互连。

6.4.2　CAN 协议

CAN 协议经过 ISO 标准化后，有 ISO11898 和 ISO11519-2 两个标准。其中 ISO11898 是针对通信速率为 125kb/s～1Mb/s 的高速通信标准，ISO11519-2 针对的通信速率为 125Kb/s。STM32-Wi-Fi 网关的 CAN 采用 ISO11898 标准，使用 500Kb/s 通信速率，其物理层特征如图 6-13 所示。

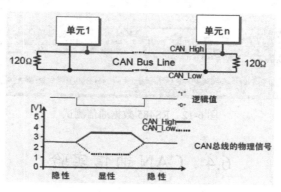

图 6-13　CAN 标准的物理层特征

如图 6-13 所示，显性电平对应逻辑 0，CAN_High 和 CAN_Low 之差为 2.5V 左右；隐性电平对应逻辑 1，CAN_H 和 CAN_L 之差为 0V。在总线上显性电平具有优先权，只要有一个单元输出显性电平，总线上即为显性电平。而隐性电平则具有包容的意味，只有所有的单元都输出隐性电平，总线上才为隐性电平。另外，在 CAN 总线的起止端都有一个 120Ω 的终端电阻来做阻抗匹配，以减少回波反射。CAN 数据通信是通过数据帧、遥控帧、错误帧、过载帧、间隔帧 5 种类型的帧进行的。另外，数据帧和遥控帧有标准格式和扩展格式两种格式。标准格式有 11 个位的标识符（ID），扩展格式有 29 个位的 ID。CAN 协议 5 种类型帧的用途如表 6-2 所示。

表 6-2　CAN 协议各种帧的用途

帧　类　型	帧　用　途
数据帧	用于发送单元向接收单元传送数据的帧
遥控帧	用于接收单元向具有相同 ID 的发送单元请求数据的帧
错误帧	用于当检测出错误时向其他单元通知错误的帧
过载帧	用于接收单元通知其尚未做好接收准备的帧
间隔帧	用于将数据帧及遥控帧与前面的帧分离开来的帧

如图 6-14 所示，这里以数据帧为例，来介绍 CAN 帧的组成。数据帧由 7 个段构成：① 帧起始：表示数据帧开始的段；② 仲裁段：表示该帧优先级的段；③ 控制段：表示数据的字节数及保留位的段；④ 数据段：数据的内容，一帧可发送 0~8 个字节的数据；⑤ CRC 段：检查帧的传输错误的段；⑥ 确认（Acknowledge，ACK）段：表示确认正常接收的段；⑦ 帧结束：表示数据帧结束的段。

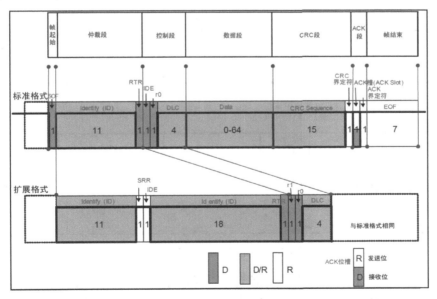

图 6-14　CAN 数据帧的构成

图中 D 表示显性电平，R 表示隐性电平。帧起始，这个比较简单，标准帧和扩展帧都是由 1 个位的显性电平表示帧起始。仲裁段，表示数据优先级的段，标准帧和扩展帧格式在本段有所区别，如图 6-15 所示。

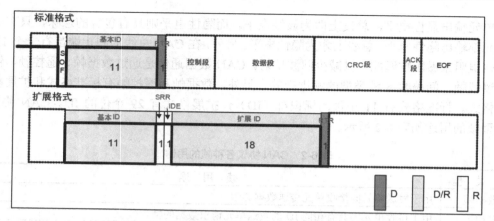

图 6-15　CAN 标准格式与扩展格式数据帧仲裁段构成

标准格式的 ID 有 11 个位，从 ID28 到 ID18 被依次发送，禁止高 7 位都为隐性（禁止设定：ID=1111111XXXX）。扩展格式的 ID 有 29 个位。基本 ID 从 ID28 到 ID18，扩展 ID 由 ID17 到 ID0 表示。基本 ID 和标准格式的 ID 相同，禁止高 7 位都为隐性（禁止设定：基本 ID=1111111XXXX）。其中 RTR 位用于标识是否是远程帧（0，数据帧；1，远程帧），IDE 位为标识符选择位（0，使用标准标识符；1，使用扩展标识符），SRR 位为代替远程请求位，为隐性位，它代替了标准帧中的 RTR 位。控制段，由 6 个位构成，表示数据段的字节数。标准帧和扩展帧的控制段稍有不同，如图 6-16 所示。

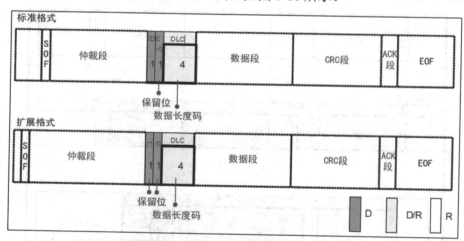

图 6-16　标准帧和扩展帧的控制段

图 6-16 中，r0 和 r1 为保留位，必须全部以显性电平发送，但是接收端可以接收显性、隐性及任意组合的电平。DLC 段为数据长度表示段，高位在前，DLC 段有效值为 0～8，但是接收方接收到 9～15 的时候并不认为是错误。如图 6-17 所示，数据段可包含 0～64 位的数据；从最高位（MSB）开始输出，标准帧和扩展帧在这个段的定义都是一样的。

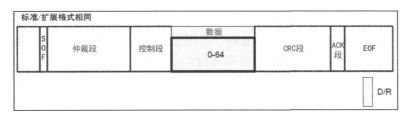

图 6-17　标准帧和扩展帧

如图 6-18 所示，CRC 段用于检查帧传输错误。由 15 个位的 CRC 顺序和 1 个位的 CRC 界定符（用于分隔的位）组成，标准帧和扩展帧在这个段的格式也是相同的。

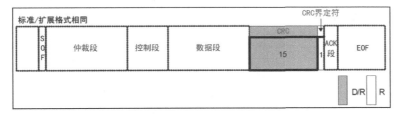

图 6-18　数据帧 CRC 段构成

此段 CRC 的值计算范围包括帧起始、仲裁段、控制段、数据段。接收方以同样的算法计算 CRC 值并进行比较，不一致时会通报错误。

如图 6-19 所示，ACK 段用来确认是否正常接收；由 ACK 槽（ACK Slot）和 ACK 界定符 2 个位组成，标准帧和扩展帧在这个段的格式也是相同的。

图 6-19　ACK 槽（ACK Slot）和 ACK 界定符

发送单元的 ACK，发送 2 个位的隐性位，而接收到正确消息的单元在 ACK 槽（ACK Slot）发送显性位，通知发送单元正常接收结束，这个过程叫发送 ACK/返回 ACK。发送 ACK 的是在既不处于总线关闭态也不处于休眠态的所有接收单元中，接收到正常消息的单元（发送单元不发送 ACK）。所谓正常消息是指不含填充错误、格式错误、CRC 错误的消息。帧结束，这个段也比较简单，标准帧和扩展帧在这个段格式一样，由 7 个位的隐性位组成。

6.4.3　CAN 的位时序

由发送单元在非同步的情况下发送的每秒钟的位数称为位速率。一个位可分为 4 段：

同步段（Synchronization Segment，SS）、传播时间段（Propagation Time Segment，PTS）、相位缓冲段（Phase Buffer Segment，PBS）1、相位缓冲段 2（PBS2）。这些段又由可称为 Time Quantum（以下称为 Tq）的最小时间单位构成。1 位分为 4 个段，每个段又由若干个 Tq 构成，这称为位时序。时序可以任意设定位。通过设定位时序，多个单元可同时采样，也可任意设定采样点。

　　当利用 CAN 通信协议进行数据传输时，1 位的 Tq 构成如图 6-20 所示。图中的采样点，是指读取总线电平，并将读到的电平作为位值的点，位置在 PBS1 结束处。根据这个位时序，就可以计算 CAN 通信的波特率了。在总线空闲态，最先开始发送消息的单元获得发送权。当多个单元同时开始发送时，各发送单元从仲裁段的第一位开始进行仲裁，连续输出显性电平最多的单元可继续发送。

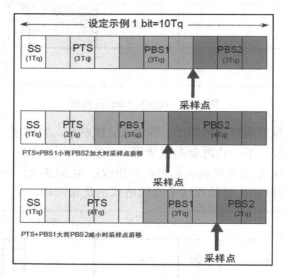

图 6-20　1 位的 Tq 构成

6.4.4　STM32 相关 bxCAN

　　STM32 自带的是 bxCAN，即基本扩展 CAN，它支持 CAN 协议 2.0A 和 2.0B。它的设计目标是以最小的 CPU 负荷来高效处理大量收到的报文。它也支持报文发送的优先级要求（优先级特性可软件配置）。对于安全紧要的应用，bxCAN 提供所有支持时间触发通信模式所需的硬件功能。STM32 的 bxCAN 的主要特点有：① 支持 CAN 协议 2.0A 和 2.0B 主动模式；② 波特率最高达 1Mb/s；③ 支持时间触发通信；④ 具有 3 个发送邮箱；⑤ 具有 3 级深度的 2 个接收 FIFO；⑥ 可变的过滤器组（最多 28 个）；⑦ 使用的 STM32F103C8T6 有 1 个 CAN 控制器。

　　STM32 自带的两个 CAN 都分别拥有自己的发送邮箱和接收先进先出（First Input First Output，FIFO），但是它们共用 28 个滤波器。通过 CAN_FMR 寄存器的设置，可以设置滤波器的分配方式。STM32 的标识符过滤是一个比较复杂的过程，它的存在减少了 CPU

处理 CAN 通信的开销。STM32 的过滤器组最多有 28 个（互联型）。STM32F103C8T6 只有 14 个（增强型），每个滤波器组 x 由两个 32 位寄存器 CAN_FxR1 和 CAN_FxR2 组成。

在屏蔽位模式下，标识符寄存器和屏蔽寄存器一起，指定报文标识符的任何一位，应该按照"必须匹配"或"不用关心"处理。而在标识符列表模式下，屏蔽寄存器也被当作标识符寄存器用。因此，不是采用一个标识符加一个屏蔽位的方式，而是使用 2 个标识符寄存器。接收报文标识符的每一位都必须跟过滤器标识符相同。通过 CAN_FMR 寄存器，可以配置过滤器组的位宽和工作模式。

STM32 bxCAN 为了过滤出一组标识符，设置过滤器组工作在屏蔽位模式。应用程序不用的过滤器组，应该保持在禁用状态。过滤器组中的每个过滤器，都被从 0 开始编号，到某个最大数值，这取决于过滤器组的模式和位宽的设置。举个简单的例子，设置过滤器组 0 工作在 1 个 32 位过滤器-标识符屏蔽模式，然后设置 CAN_F0R1=0XFFFF0000，CAN_F0R2=0XFF00FF00。其中存放到 CAN_F0R1 的值就是期望收到的 ID，即希望收到的映像（STID + EXTID + IDE + RTR）最好是 0XFFFF0000。而 0XFF00FF00 就是需要设置的 ID，表示收到的映像，其位[31:24]和位[15:8]这 16 个位必须和 CAN_F0R1 中对应的位一模一样。

6.4.5　STM32 的 CAN 发送和接收的流程

CAN 的发送流程为：程序选择 1 个空置的邮箱（TME=1），设置标识符（ID），设置数据长度和发送数据，设置 CAN_TIxR 的 TXRQ 位为 1，请求发送邮箱挂号（等待成为最高优先级），预定发送（等待总线空闲），发送，邮箱空置。

如图 6-21 所示，这包含了很多其他处理，不强制退出发送（ABRQ=1）和发送失败处理等。通过这个流程图，可了解 CAN 的发送流程；后面的数据发送，基本就是按照此流程来执行。CAN 接收到的有效报文，被存储在 3 级邮箱深度的 FIFO 中。FIFO 完全由硬件来管理，从而节省了 CPU 的处理负荷，简化了软件并保证了数据的一致性。

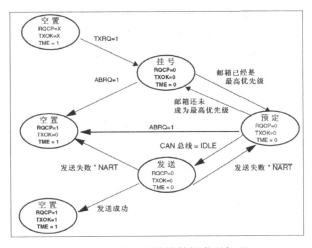

图 6-21　基于邮箱的数据发送机理

CAN 的接收流程为：FIFO 空收到有效报文"挂号_1"（存入 FIFO 的一个邮箱，这个由硬件控制）、收到有效报文"挂号_2"、收到有效报文"挂号_3"及收到有效报文"溢出"。必须在 FIFO 溢出之前，读出至少 1 个报文，否则下个报文到来，将导致 FIFO 溢出，从而出现报文丢失。每读出 1 个报文，相应的挂号就减 1，直到 FIFO 空。STM32 把传播时间段和相位缓冲段 1（STM32 称为时间段 1）合并了，所以 STM32 的 CAN 一个位只有 3 段，即同步段（SYNC_SEG）、时间段 1（BS1）和时间段 2（BS2）。STM32 的 BS1 段可以设置为 1~16 个时间单元。FIFO 接收到的报文数，可以通过查询 CAN_RFxR 的 FMP 寄存器来得到。

只需要知道 BS1 和 BS2 的设置，以及 APB1 的时钟频率（一般为 36MHz），就可以方便地计算出波特率。比如设置 TS1=7、TS2=8 和 BRP=3，在 APB1 频率为 36MHz 的条件下，即可得到 CAN 通信的波特率为 36000/[(8+9+1)*4]=500Kb/s。

6.4.6　CAN 配置过程及相关固件库函数

CAN 相关的固件库函数和定义分布在文件 stm32f10x_can.c 和头文件 stm32f10x_can.h 中。CAN 的配置主要包括下述 5 个步骤。

1. 配置相关引脚的复用功能，使能 CAN 时钟

要用 CAN，首先就要使能 CAN 的时钟，其次要设置 CAN 的相关引脚为复用输出。设置 PB8 为上拉输入（CAN_RX 引脚）、PB9 为复用输出（CAN_TX 引脚），并使能 PB 口的时钟。因为 PB8、PB9 是端口重映射到 CAN_RX、CAN_TX，所以要开启端口重映射。

2. 设置 CAN 工作模式及波特率

通过先设置 CAN_MCR 寄存器的 INRQ 位，让 CAN 进入初始化模式，然后设置 CAN_MCR 的其他相关控制位；再通过 CAN_BTR 设置波特率和工作模式（正常模式/环回模式）等信息；最后设置 INRQ 为 0，退出初始化模式。

在库函数中，提供了函数 CAN_Init()用来初始化 CAN 的工作模式以及波特率。CAN_Init()函数体中，在初始化之前，会设置 CAN_MCR 寄存器的 INRQ 为 1，让其进入初始化模式。初始化 CAN_MCR 寄存器和 CRN_BTR 寄存器之后，会设置 CAN_MCR 寄存器的 INRQ 为 0，让其退出初始化模式。

3. 设置滤波器

将使用滤波器组 0，并工作在 32 位标识符屏蔽位模式下。先设置 CAN_FMR 的 FINIT 位，让过滤器组工作在初始化模式下；然后设置滤波器组 0 的工作模式以及标识符 ID 和屏蔽位；最后激活滤波器，并退出滤波器初始化模式。在库函数中，提供了函数 CAN_FilterInit()用来初始化 CAN 的滤波器相关参数；CAN_Init()函数体中，在初始化之前，会设置 CAN_FMR 寄存器的 INRQ 为 INIT，让其进入初始化模式。然后，初始化 CAN 滤波器相关的寄存器之后，会设置 CAN_FMR 寄存器的 FINIT 为 0，让其退出初始化模式。

4. 发送接收消息

在初始化 CAN 相关参数以及过滤器之后，接下来就是发送和接收消息了。库函数中提供了发送和接收消息的函数。发送消息的函数是 uint8_t CAN_Transmit(CAN_TypeDef* CANx, CanTxMsg* TxMessage)；这个函数的第一个参数是 CAN 标号，第二个参数是指针类型的相关消息结构体 CanTxMsg，结构体的成员变量用来设置标准标识符、扩展标识符、消息类型和消息帧长度等信息。接收消息的函数是 void CAN_Receive(CAN_TypeDef* CANx, uint8_t FIFONumber, CanRxMsg* RxMessage)；本函数的前面两个参数为 CAN 标号和 FIFO 号；第三个参数为 RxMessage，用来存放接收到的消息信息。

5. CAN 状态获取

对于 CAN 发送消息的状态、挂起消息数目等之类的传输状态信息，库函数提供了一系列的函数，包括 CAN_TransmitStatus()函数、CAN_MessagePending()函数、CAN_GetFlagStatus()函数等。

6.4.7　CAN 硬件设计

如图 6-22 所示，CAN 芯片是 CTM1050T，芯片的 4 脚 CAN_RX 连接到主控制器的 PB8 引脚，芯片的 3 脚 CAN_TX 连接到主控芯片的 PB9 引脚。

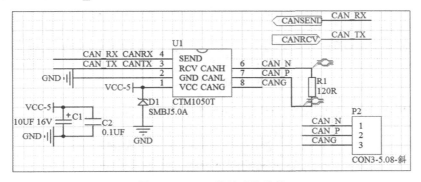

图 6-22　CAN 芯片引脚连接

6.4.8　CAN 软件设计

打开 CAN 通信实验的工程可以看到，增加了文件 can.c 以及头文件 can.h；同时，CAN 相关的固件库函数和定义分布在文件 stm32f10x_can.c 和头文件 stm32f10x_can.h 中。在和 CAN 数据通信相关的主函数 main.c 中，CAN_Mode_Init(CAN_SJW_1tq,CAN_BS2_8tq, CAN_BS1_9tq,4,CAN_Mode_Normal)是 main 程序所调用的一个主要函数，该函数用于设置波特率和 CAN 的模式。这里的波特率被初始化为 500Kb/s；Mode 参数用于设置 CAN 的工作模式（正常模式/环回模式），这里设置为正常模式。在 while 循环中，当通过 Can_Receive_Msg(canbuf)函数接收到数据时，就通过 Can_Send_Msg(canbuf,8)函数把接收的数据发送出去。Can_Receive_Msg(canbuf,8)用来接收数据并且将接收到的数据存放到 buf 中，函数参数 canbuf 为数据缓存区，8 为数据长度。Can_Send_Msg 函数用于 CAN 报文的发送，主要功能包括设置标识符 ID 等信息、写入数据长度和数据并请求发送、实现一次报文的发送。

6.4.9　CAN 通信测试

CAN 通信代码编译成功之后，可以通过仿真器将代码下载到 STM32-Wi-Fi 网关。如图 6-23 所示，利用 USB 转 CAN 模块连接到计算机与 STM32-Wi-Fi 网关，打开计算机上运行的串口调试助手，在发送区填写十六进制数"aa 00 00 05 00 00 00 12 ee bb 11 22 33 44 55 66"，点击发送，则在接收区可以接收到"AA 00 00 08 00 00 00 12 EE BB 11 22 33 44 55 66"。

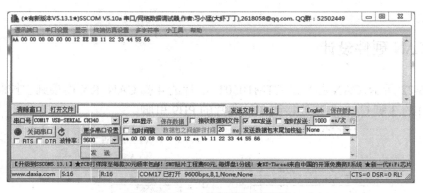

图 6-23　CAN 通信测试效果图

STM32-Wi-Fi 网关所使用的 USB 转 CAN 模块如图 6-24 所示。

图 6-24　USB/CAN 转换器

USB/CAN 转换器所使用的数据格式如图 6-25 所示。

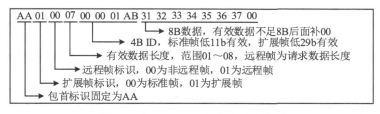

图 6-25 USB/CAN 转换器数据格式

6.5 STM32-Wi-Fi 网关数据采集与控制

本节介绍 STM32-Wi-Fi 网关如何通过 485 把采集的光照数据上传给服务器；同时，服务器如何下发命令给 STM32-Wi-Fi 网关控制继电器开合。

6.5.1 硬件环境搭建

如图 6-26 所示，本节需要的硬件有 STM32-Wi-Fi 网关、1 个光照传感器模块、1 个继电器模块和 1 个 USB 转 485 模块。光照传感器通过 485 周期性（1.5s）把采集到的光照数据发送给 STM32-Wi-Fi 网关，网关把接收到的数据上传给服务器。同时，服务器也可以下发命令给网关，网关通过 485 下发给继电器模块，控制继电器的吸合。

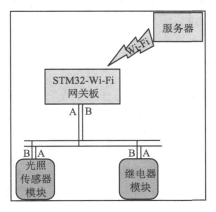

图 6-26 STM32-Wi-Fi 网关数据采集与控制网络拓扑图

6.5.2 STM32-Wi-Fi 软件设计

在前面各章节的基础上，设计本节需要的程序。第 1 步，如图 6-27 所示，复制一份前面的项目，命名为"数据采集与控制实验"；把前面项目中 HARDWARE 文件夹下的 RS485 文件复制到"数据采集与控制实验"项目中的 HARDWARE 文件夹下。

图 6-27　数据采集与控制实验

第 2 步，如图 6-28 所示，打开工程，把 RS485 下的 rs485.c、rs485.h 添加到工程项目中。在 KEIL 中选中工程，右键选择 Manage Project Items，打开 Manage Project Items 窗体，如图 6-29 所示。

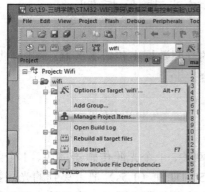

图 6-28　选择 Manage Project Items

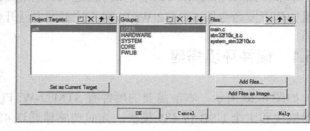

图 6-29　Manage Project Items 窗体

第 3 步，如图 6-30 所示，选中 HARDWARE，在右下角点击 Add Files 选择项目中 rs485.c 文件，添加到 Files 中，点击 OK。

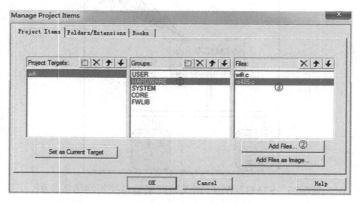

图 6-30　Add Files 选择项目中的 rs485.c 文件

第 4 步，如图 6-31 所示，在 C/C++下面的 Include Paths 中添加 rs485 头文件路径。

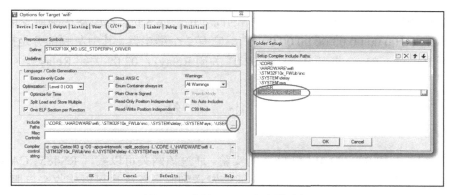

图 6-31　添加 rs485 头文件路径

第 5 步，在 main.c 文件中添加头文件#include "rs485.h"，在主函数 main 中初始化 RS485，波特率设置为 115200，然后在 while 循环中添加 485 接收函数 RS485_Receive_Data(rs485buf,&rs485_len)，接收到数据就利用串口 2 发送函数 Uart2_send_buf (rs485buf, rs485_len)，把数据发送给网关，网关把接收到的光照数据发送给网络服务器。

第 6 步，添加 RS485_Send_Data(USART2_RX_BUF,USART2_RX_INDEX)函数到 uart2_data_R(void)函数中，通过修改的代码实现继电器控制。

6.5.3　STM32-Wi-Fi 运行测试

在代码编译成功之后，通过仿真器，将代码下载到 STM32-Wi-Fi 网关。按前面章节描述，连接好网络，打开计算机上的网络调试助手。如图 6-32 所示，可以看到接收区接收到光照数据，在数据发送区填写继电器控制命令，点击发送可以控制继电器吸合。

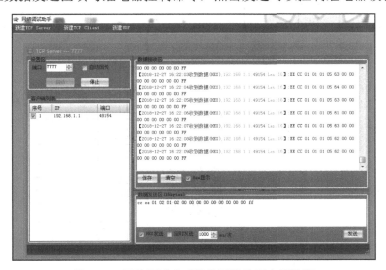

图 6-32　网络调试助手接收区接收到光照数据

光照传感器模块每隔 1.5 秒上传一组数据，数据格式为 "EE CC 01 01 01 05 62 00 00 00

00 00 00 00 00 FF"，其中 05 62 是光照数据的高 8 位与低 8 位。继电器控制命令格式为"cc ee 01 02 01 02 00 00 00 00 00 00 00 00 00 ff"，它有 2 个继电器，其中灰底部分是控制命令，01 01 打开 Relay1，01 02 打开 Relay2；02 01 关闭 Relay1，02 02 关闭 Relay2。

6.6　小　　结

本章介绍了一款 STM32-Wi-Fi 网关的实验。通过该网关可以实现 RS485、CAN 传感器数据的采集，并将收集的数据通过 Wi-Fi 通信发送到服务器；也可以接收来自服务器的命令，实现 STM32-Wi-Fi 网关对继电器的控制。

思　考　题

STM32 网关实验案例的主要内容包括哪些？

案　　例

如图 6-33 所示，STM32-Wi-Fi 音乐播放网关使用 STM32F103 作为微处理器，结合 WM-G-MR-08 模块和 VS1003B 音频解码器来实现 MPS 音乐播放。

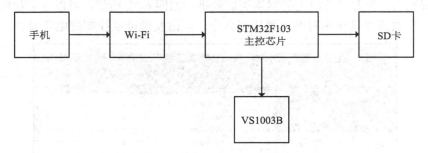

图 6-33　STM32-Wi-Fi 音乐播放网关

第 6 章　源代码

第 7 章　STM32 车辆安全监测网关

学习要点

- ❑ 了解 STM32 车辆安全监测网关相关知识。
- ❑ 掌握系统设计方法。
- ❑ 掌握设备设计与制作方法。
- ❑ 了解车辆安全监测网关功能实现。

7.1　STM32 车辆安全监测网关简介

针对私家车内部空气质量难以监测以及因疏忽导致无行为能力的老人及小孩被困在车内等问题，本案例开发了一个完整的 STM32 私家车安全监测物联网网关。所开发的网关主要由 STM32 微处理器、温湿度传感器、烟雾传感器、红外感应传感器、通用无线分组业务（General Packet Radio Service，GPRS）传输模块等组成。使用该网关，收集车内各种环境数据后，通过 GPRS 模块将数据传送到云服务器上。该网关使用方便，用户通过扫描二维码注册登录并绑定网关后，就可以实时监测车内环境数据并获取安全警报。

私家车内的空气质量不良对车主及相关人员的健康有着严重的影响，如导致无行为能力的老人及小孩被困在车内，在短时间里对其产生无法弥补的伤害。为解决这个问题，本章阐述了 STM32 车辆安全监测网关的制作与应用。如图 7-1 所示为基于 STM32 网关的私家车安全监测网络拓扑图。系统主要通过私家车安全监测设备实时收集传感器的数据，通过 GPRS 将数据发送到云服务器上，设备使用者直接在 Android 客户端查看数据。私家车安全监测系统的 Web 后台直接进行后台数据管理，移动端可以实时查看数据。当收集到的数据出现异常时，立刻弹窗报警。

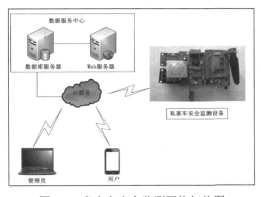

图 7-1　私家车安全监测网络拓扑图

私家车安全监测硬件设备主要是由控制部分和数据采集部分组成。控制部分采用STM32 微处理器为核心的控制器，采用多种环境传感器构建数据采集系统，并配以全球移动通信系统（Global System for Mobile Communication，GSM）模块，把数据以及报警信息及时发送到云服务中心。控制部分的主要工作是对数据进行分析并和阈值相比较，从而实现车内环境数据的智能监测、危险预警的目的。数据采集部分的工作主要由传感器来完成。通过温湿度传感器采集车内的温度与湿度，MQ135 传感器采集车内是否存在有毒气体，人体红外传感器探测车内是否有人，GPS 实时采集小车位置。从车内可充电及用户方面考虑，STM32 安全网关采用 USB 直接供电，简单易用，方便快捷。

7.2　开发环境及硬件介绍

使用 Windows 8 /Windows 10 64 操作系统开发私家车安全监测系统，并借助 Java 跨平台的特点，将服务器部署在阿里云计算平台上，使用 Tomcat7 + MySQL + CentOS7 架构。STM32 车辆安全监测网关制作主要使用 Altium Designer Release 10 绘制硬件 PCB；用 Keil μVision4 软件及 C/C++语言来进行硬件驱动开发及代码编译。Web 后台管理系统开发使用 Eclipse 作为主要的集成开发工具，使用 SSM 框架进行搭建。手机移动端 App 开发是用 APICloud-Studio2 软件来实现的。

1. GPRS 模块

私家车安全监测系统网关摒弃了蓝牙网络和有线以太网，利用 GPRS 网络+服务器的方式提高传输效率和多终端远程控制。GPRS 网络服务快捷便利，可实现车内环境数据的实时传输。如图 7-2 所示，SIM900A 芯片无线模块结构紧凑，可靠性高，造价较低，性能稳定，能适应车载环境的要求。通过 AT 指令可以设定对应的波特率等串口参数和远程服务器的 IP 地址。

2. MQ-2 烟雾传感器

如图 7-3 所示，MQ-2 烟雾传感器在私家车安全监测设备的作用是负责监测车里是否存在过量的二氧化碳。当车里的二氧化碳浓度过高时，会导致设备报警。

图 7-2　SIM900A 芯片无线模块图　　　　　图 7-3　MQ-2 烟雾传感器

3. MQ-135 传感器与人体红外传感器

如图 7-4 所示，MQ-135 传感器可用于监测有毒气体 CO 的浓度是否过高，对有害气体监测具有较好的灵敏度。人体红外传感器的实物如图 7-5 所示，它用于监测车内是否有人。

图 7-4　MQ-135 传感器

图 7-5　人体红外传感器

4. GPS 模块与 DHT11 数字温湿度传感器

如图 7-6 所示，GPS 模块可以实时定位并且获取当前所在位置的经纬度，带有 EEPROM，可掉电记忆波特率帧数据等设置信息，带有 SMA 和 IPEX 双重天线接口，连接天线可以更加精准地进行定位。如图 7-7 所示，DHT11 数字温湿度传感器是作为私家车安全监测设备的温湿度采集模块，该传感器具备抗干扰能力强、性价比高、响应快、可靠性高、功耗低、稳定性强等特点。

图 7-6　GPS 模块

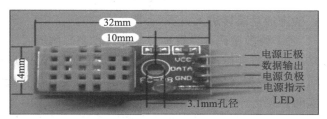

图 7-7　DHT11 数字温湿度传感器

7.3　系统需求分析

1. 功能需求分析

STM32 车辆安全监测网关主要作用是实时获取车内环境数据及小车位置，并将这些数据传输到云服务平台上。网关主要用到的传感器模块有人体红外传感器、DHT11 空气温湿度传感器、MQ-135 传感器、MQ-2 烟雾传感器及 GPS 定位模块。将传感器采集到的数据进行处理和打包，然后将数据通过 GPRS 模块发送到云服务中心。

2. 系统功能需求分析

1）客户端功能需求

一个用户可以对应一个 STM32 车辆安全监测网关或者多个网关，实现多用户多设备管理。用户通过扫描设备二维码下载客户端 App，安装后进行用户注册/登录、添加设备、设备列表、设备控制等，详细情况阐述如下。

（1）用户注册/登录：用户可以在注册页面来利用手机号进行注册，注册成功之后便可跳转到登录页面。

（2）添加设备：在主界面上点击添加设备，通过扫描设备底部的二维码，进行设备一键绑定。

（3）设备监测：该设备实时监测车内环境数据，在页面上可直观地查看温度、湿度、空气质量和实时位置。

（4）反馈问题：通过该页面，设备使用者可将使用过程中出现的问题编辑并发送给管理员。

（5）历史数据查看：通过该页面，设备使用者可查看历史温度的折线图以及历史湿度的柱状图。

（6）新闻资讯：通过该页面用户可查看实时的天气状况、热点新闻和道路状况等。

（7）个人中心：用户个人中心页面包括用户的个人信息（密码修改）、版本更新、帮助中心和清除缓存的功能。

2）Web 后台管理功能需求

私家车安全监测 Web 后台管理页面主要供管理员登录查看，后台管理的主要功能如下。

（1）管理员登录：通过这个登录界面，使用者输入注册过的对应账号和密码，进行验证，验证成功跳转进入主页面。

（2）修改密码：当管理员需要进行密码修改时，在该页面上，通过手机号验证，验证成功后即可直接修改密码。修改密码页面可使 Web 后台管理员修改当前登录密码。

（3）数据管理：设备数据管理模块可使管理员查看 STM32 车辆安全监测网关收集到的实时数据。

（4）公告详情：私家车安全监测系统的公告界面可以使管理员公布和直接看设备使用者发布的系统公告详情。

7.4　系　统　设　计

1. 管理系统功能模块设计

如图 7-8 所示，基于 STM32 车辆安全监测网关的管理系统主要包含两大部分，其一是 Android 客户端，其二是 Web 管理后台。私家车安全监测的管理后台包含注册/登录、用户反馈、修改密码、数据管理等模块。Android 客户端包含用户注册/登录、设备管理、设备添加、个人设置等模块。

2. 管理系统核心功能流程设计

管理系统核心功能包括设备添加与设备监控。通过设备添加模块，用户扫描设备二维码，可实现设备序列号录入。

3. 数据库设计

注册登录表保存着设备使用者注册时所需信息，包括使用者 Id、使用者注册的昵称、密码、电话号码以及一系列的详细信息，其中序号和用户 Id 为主键。用户信息表存储着私

家车安全监测系统的使用者注册的全部信息，主要的信息包括设备使用者 Id、设备使用者
账号、设备使用者昵称、密码、注册的电子邮箱、时间等，其中 Id 和序号作为主键。

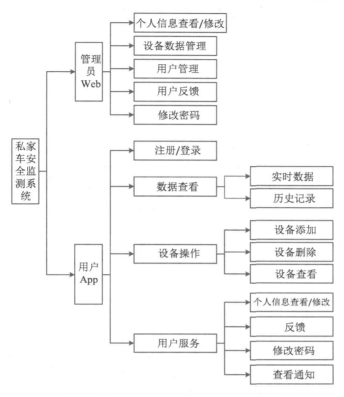

图 7-8　私家车安全监测系统功能模块图

用户反馈表（表 7-1）存储着使用者对该系统的一些反馈信息和建议，反馈信息主要包
括：Id、用户账号、用户的反馈内容、用户反馈时间，其中 Id 是主键。

表 7-1　用户反馈表（comment）

中 文 名	字 段	类 型	长 度	允 许 空 值	备 注
Id	id	int	20	否	主键
用户账号	uphone	varchar	50		
用户的反馈内容	discuss	varchar	100		
用户反馈时间	time	varchar	20		

设备数据表（见表 7-2）存储设备收集的数据，这包括 Id、用户号、设备号、时间、
各种传感器数据等，其中 Id 是主键。

表 7-2　设备数据表（DeviceData）

中 文 名	字 段	类 型	长 度	允 许 空 值	备 注
Id	id	int	20	否	主键
用户号	uid	int	255		
设备号	did	varchar	255		

续表

中 文 名	字 段	类 型	长 度	允 许 空 值	备 注
设备IP	dip	varchar	255		
时间	time	varchar	255		
烟雾	Mq2	double	255		
Mq135	Mq135	double	255		
温度	temperature	double	255		
湿度	humidity	double	255		
纬度	latitude	double	255		
经度	longitude	double	255		
是否有人	sr501	int	255		

设备表（见表 7-3）存储着私家车安全监测设备的信息，该表包括 Id、用户号、设备号、标记、时间，其中 Id、用户号、设备号是主键。

表 7-3　设备表（Device）

中 文 名	字 段	类 型	长 度	允 许 空 值	备 注
Id	id	int	11	否	主键
用户号	uid	varchar	20	否	主键
设备号	did	int	10	否	主键
标记	donline	int	10		
时间	dregtime	varchar	10		

设备信息表（见表 7-4）存储着用户对设备设置的信息，该表包括 Id、设备号、用户号、用户账号、时间、标记、密码，其中 Id、用户号、设备号是主键。

表 7-4　设备信息表（DeviceInfo）

中 文 名	字 段	类 型	长 度	允 许 空 值	备 注
Id	id	int	11	否	主键
用户号	uid	varchar	20	否	主键
设备号	did	int	10	否	主键
用户账号	phone	varchar	20		
标记	donline	int	10		
时间	dregtime	varchar	10		
密码	password	varchar	10		

7.5　设备设计与制作

1. 原理图设计

STM32 车辆安全监测网关采用 Altium desinger 软件进行原理图和 PCB 设计，该软件主要运行在 Windows 操作系统。在进行布线和 PCB 布局过程中要注意遵循 PCB 设计规则的同时兼顾系统实际需求。

　　PCB 设计过程包括：新建 PCB 文件、原理图导出 PCB、PCB 相关设置、布局、布线、设计规则检查等。为使所制作的设备 PCB 具备良好的稳定性及抗干扰能力，要注意在 PCB 设计过程中以核心元器件、单元电路为中心进行布局。PCB 的设计主要包括原理图设计（见图 7-9）和 PCB 设计（见图 7-10）两个主要过程。

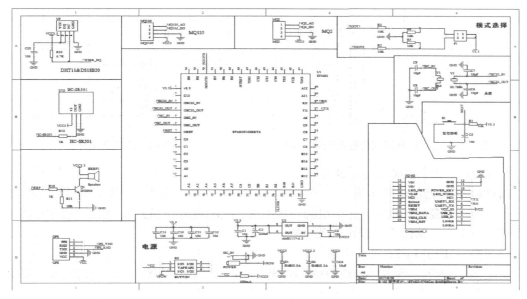

图 7-9　硬件原理图

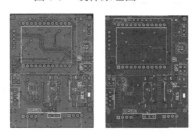

图 7-10　硬件 PCB 设计图

1）MQ-2 与 MQ-135 气体传感器电路

　　如图 7-11 所示，MQ-2 气体传感器主要检测私家车安全监测设备所处的空间是否有可燃气体。该传感器的电路图有四只引脚，其中 4 脚接电源，3 脚接地。如图 7-12 所示，MQ-135 气体传感器的电路图有四个引脚，其中 3 脚接地，4 脚接电源。

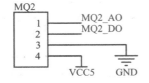　　　　　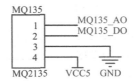

图 7-11　MQ-2 气体传感器电路　　　　图 7-12　MQ-135 气体传感器电路

2）人体红外感应传感器与蜂鸣器电路

如图 7-13 所示，HC-SR501 人体红外感应传感器模块对人体温度的敏感较高，且价格适中，适合用于私家车安全监测设备中。蜂鸣器的电路图如图 7-14 所示，在成功接通电源后，通过使电磁线圈产生磁场的方式，让其能够进行周期性地振动发声。

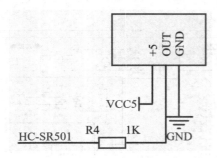

图 7-13　人体红外感应传感器电路

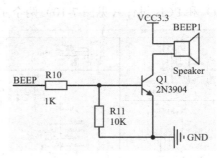

图 7-14　蜂鸣器电路图

3）DHT11 数字温湿度传感器电路

DHT11 传感器的电路如图 7-15 所示。DHT11 数字温湿度传感器主要是有四个引脚，第一个引脚接电源的正极；第二个引脚为数据端，控制芯片的 I/O 口；第三个引脚为空脚，此管脚悬空不用；第四个引脚接电源地端。

4）STM32F103RET6 芯片电路

如图 7-16 所示，为 STM32F103RET6 电路图，由 54 个引脚组成，根据私家车安全监测设备的需求，每个引脚的功能不同，根据元器件的性质来设计与之连接的引脚。

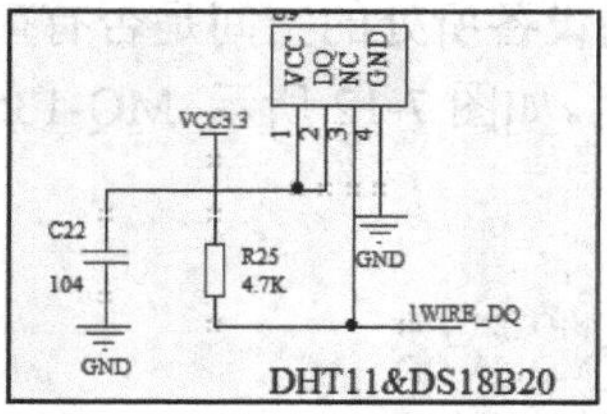

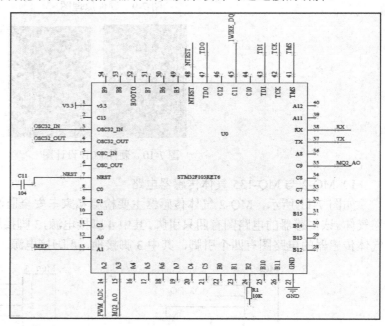

图 7-15　DHT11 数字温湿度
传感器电路

图 7-16　STM32F103RET6 芯片电路

2. PCB 线路图制作

1）元件封装

STM32 车辆安全监测网关的封装主要作用于器件焊盘、引脚间距及边框尺寸等。其中手工制作元件封装流程如下：收集元件的精确数据、新建元件的封装库文件、设置图纸区域工作参数、新建元件、绘制元件、放置元件、安排焊盘间距、保留元件。电阻电容利用 0805 封装，其外形尺寸为 2.0mm × 1.6mm。STM32 车辆安全监测网关采用的 GPS 模块封装尺寸为 22.8 mm×16.8 mm×2.5mm，支持标准 GSM07.07,07.05 AT 命令及 Ai Thinker 扩展命令，AT 命令支持标准 AT 和 TCP/IP 命令接口。

2）PCB 打样成品

将设计好的私家车安全监测的 PCB 图进行打包，并联系正规厂家，将打包好的文件发送给厂家，制成 PCB（见图 7-17）。利用电表测试电路板是否出现短路的现象，若一切正常，则将电子元器件焊到电路板上，制成设备成品（见图 7-18）。

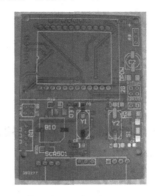

图 7-17　网关 PCB 成品正面（左）与反面（右）

图 7-18　焊接后的私家车安全网关

3. 设备程序设计

综上所述，STM32 车辆安全监测网关的设计与制作已完成。为了使设备能进行多传感器的数据收集、传输以及连接服务器，接下来进行硬件程序的编写、烧录。本设备主要使用 Keil μVision4 进行代码的编写，烧录使用 FlyMcu 软件。

　　STM32 车辆安全监测网关主要采用的是 STM32 核心控制模块，使用串口进行烧录，当其 BOOT0 被置高电平且 STM32 与串口连接时便可以进入程序烧录模式。

　　如图 7-19 所示，安装完成之后即可打开 Keil μVision4 软件。

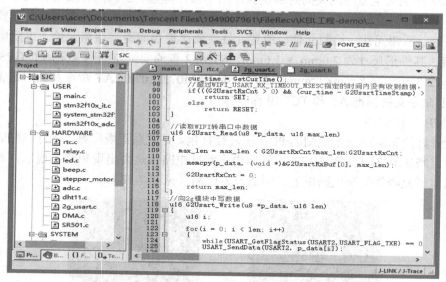

图 7-19　Keil μVision4 主界面

　　如图 7-20 所示，FlyMcu 是一款仿真软件，它是 STM32 在线烧录程序的工具，开发者使用该软件可以快速入门，使用方法简单。下载软件可直接点开使用，连接好硬件后，就可以将程序编译生成的.hex 文件导入硬件，这个过程也称为代码烧录。

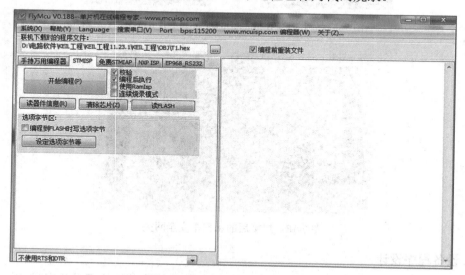

图 7-20　烧录软件 FlyMcu 界面

　　串口调试助手有多个版本，其中 SSCOM V5.13.1 串口调试助手如图 7-21 所示。

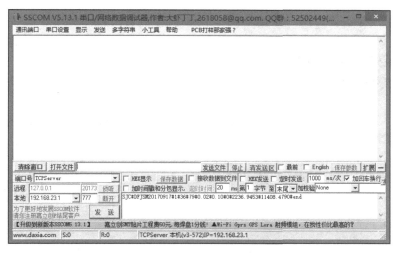

图 7-21 串口调试助手界面

要进行网关程序编写，首先使用 Keil μVision4 启用需要的头文件或者自定义头文件库，这样更加有利于编写程序。从网关发送到服务器的主要数据包括：设备识别码、温度值、湿度值、是否有人、烟雾值、有毒气体值、经度、纬度。网关主程序包含几个重要函数，分别阐述如下。

LED_Init 函数主要是对 LED 的引脚（A5）进行配置，当 PA.5 输出为低的时候，LED 灯显示为亮，反之则为不亮。温湿度传感器等模块使用的是 Adc 数字模拟通道，需要对模块使用的 I/O 进行初始化即为模拟通道输入引脚。Adc 配置完成开放信道数、常规信道等相关参数的配置。DHT11 传感器引脚函数对 DHT11 进行复位，进行 PG11 端口的配置，使能 PC 端口时钟。人体红外传感器的初始化是由 SR501_Init 函数完成的。其他函数还包括 BEEP_Init()、BEEP_Off() 及 BEEP_On() 函数。

4. 云服务器

基于 STM32 网关的私家车安全监测系统的 Web 服务器及数据库安装在阿里云服务器上。

7.6 功 能 实 现

1. Web 后台界面实现

私家车安全监测系统主要为管理员开发了 Web 后台管理系统。该系统主要使用 SSM 框架进行搭建，后台管理系统主要包括注册/登录、用户反馈、修改密码、设备数据管理等模块。管理员登录验证成功之后，即可进入后台管理系统的主页面。

当用户第一次登录时，需要点击注册页面，输入手机号以及密码，通过短信获取验证码验证之后，点击注册即可注册成功。后台管理员可以直接点击菜单栏进入页面。数据监测界面如图 7-22 所示，显示当前收集到的私家车安全监测设备传感器数据。

图 7-22 私家车环境数据监测列表

如 7-23 所示，通过定位模块界面，可实时定位小车当前所处的位置。

图 7-23 私家车定位界面

2. 客户端实现

用户通过扫描二维码下载安全宝 App 之后，需要先注册账号。一般使用手机号进行注册，填写手机号码和密码之后，获取发送到手机上的验证码，进行注册。如图 7-24 所示，STM32 车辆安全监测网关使用者可通过点击按钮扫描网关设备二维码进行网关的添加。如图 7-25 所示，添加设备主要通过设备 uid 写入设备表，点击添加可以直接绑定设备。

添加设备成功之后，在"我的设备"界面便可以看见用户所管理的设备，如图 7-26 所示，支持一个用户多个设备操作。在页面上点击即可删除设备，下拉刷新页面（见图 7-27）。

图 7-24　扫描网关设备二维码

图 7-25　添加网关设备

图 7-26　查看所管理设备

图 7-27　查看及删除设备

如图 7-28 所示，在主页面用户可直观地查看车内的实时温度、湿度、空气质量状况、车内是否有人以及设备实时位置。如图 7-29 所示，通过切换设备的操作可以查看当前设备数、切换设备、跳转到添加设备按钮以及查看、管理设备。

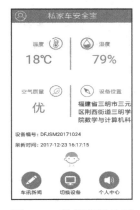

图 7-28　数据监测界面

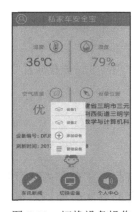

图 7-29　切换设备操作

如图 7-30 所示，点击主页面上的温度，即可跳转到通过折线图显示的温度历史数据界面。点击图表，即可显示历史温度以及时间，同时可向右拖动查看更多数据。如图 7-31 所示，点击主页面上的湿度，即可跳转到通过柱状图显示的湿度历史数据界面。

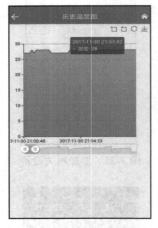

图 7-30　温度历史数据界面

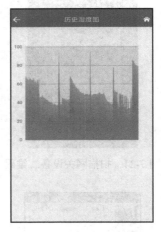

图 7-31　湿度历史数据界面

如图 7-32 所示，在该页面上可查看设备位置，并进行定位。如图 7-33 所示，当数据异常时，便会立即弹出提示框提醒用户车内环境状况异常，防止意外发生。

图 7-32　定位界面

图 7-33　警报提示界面

7.7　小　　结

为实时监测私家车车内环境数据，开发了一个 STM32 车辆安全监测网关。同时，为用户设计了一套能够实时监测、显示、定位、报警、传送车内环境各要素指标的私家车安全监测系统，实现智能监测以及危险报警的目的。只需要在车里安放该设备，用户通过扫描二维码注册登录后绑定设备，就可以实时监测车内环境数据。

思　考　题

1. STM32 私家车安全监测网关的主要功能有哪些？
2. 本章中 MQ-2 烟雾传感器的主要功能是什么？
3. 本章中 MQ-135 传感器的主要功能是什么？

案　　例

　　"爱车宝"是中国移动和北京万特锐科技公司共同开发的智能车辆安防系统，为车主提供车辆防盗、防抢、定位、追踪等全方位服务。爱车宝汽车智能控制器从根本上解决了汽车被盗时车主不知情、更不能控制的这一关键问题。真正实现了在任何时候只要有人偷盗汽车，车主就能在第一时间内了解到情况、及时控制汽车。该产品改变了传统汽车防盗器的作用与意义，它给越来越多的汽车用户带来了极大的方便与安全感。

第 7 章　源代码

第 8 章 Arduino 单片机网关

学习要点

- ❑ 了解 Arduino 单片机的基本功能和用法。
- ❑ 掌握 Arduino 数据收集方法。
- ❑ 掌握 Arduino 设备控制原理。
- ❑ 了解 Arduino 数据上传机理。

8.1 Arduino 简介

Arduino 的开源、开放、廉价、简单、跨平台等特点使其快速发展起来，成为制作相关物联网应用网关的首选。使用 Arduino 单片机所制作的物联网网关可以获取各种传感器数据，也可以通过继电器及执行器完成各种控制操作。

Arduino 项目始于 2003 年，是意大利 Ivrea 交互设计学院的学生项目，旨在为新手和专业人士提供一种低成本、简单的智能软硬件测试环境，通过传感器、继电器和执行器建立智能设备。对于初学者来说，这类设备的常见例子包括简单的机器人、恒温器和运动检测器。

Arduino 这个名字来自意大利 Ivrea 的一家酒吧，该项目的一些创始人曾经在那里见过面。酒吧的名字是以意大利国王 Arduin of Ivrea 来命名的，他是 1002—1014 年的意大利国王。最初的 Arduino 核心团队由 Massimo Banzi、David Cuartielles、Tom Igoe、Gianluca Martino和 David Mellis 组成。

Arduino 是一家开放源码的硬件和软件公司、项目和用户社区；它设计和制造单板微控制器和微控制器套件，用于构建可感知、可控制物体的智能设备。Arduino 产品根据 GNU General Public License（GPL）获得生产许可，允许任何人制造 Arduino 板和软件分发。

Arduino 板设计使用各种微处理器和控制器。这些电路板配有一组数字和模拟输入/输出（I/O）插脚，这些插脚可与各种扩展板或电路板和其他电路连接。该板具有串行通信接口，包括一些型号的通用串行总线（USB），也用于从个人计算机加载程序。Arduino 通常使用与 C 和 C++类似的语言进行编程。除了使用传统的编译器工具之外，Arduino 项目还提供了一个集成开发环境 Arduino IDE。

据估计，2011 年商业化生产了超过 30 万个官方 Arduino 单片机，2013 年用户手中拥有 70 万个官方生产的 Arduino 板。2017 年 10 月，Arduino 宣布与 ARM Holdings（ARM）建立合作关系，声明部分说，"ARM 承认独立是 Arduino 的核心价值。Arduino 打算继续与所有技术供应商和芯片架构合作"。

Arduino 官方网址是 www.arduino.cc。在创意共享（Creative Common：CC）许可下，任何人都可以制作电路板的副本，重新设计它们，甚至出售原始设计的副本。你不需要支付版税，甚至不需要得到 Arduino 团队的许可。但是，如果您重新发布参考设计，则必须说明原始 Arduino 团队的贡献。如果调整或修改电路板，最新设计必须使用相同或类似的创意共享许可证，以确保新版本的 Arduino 是一样免费和开放的。唯一保留的知识产权是 Arduino 的名字，它被注册为商标。如果有人想用这个名字卖单片机，就必须付一点儿钱给 Arduino。根据 Cuartielles 和 Banzi 的说法，这是为了保护品牌不受低质量仿冒品的影响。

8.2　Arduino 网关硬件介绍

Arduino 是一个开源硬件。大多数 Arduino 板都拥有一个 ATMEL 的 8 位 AVR 微控制器（ATmega8、ATmega168、ATmega328、ATmega1280、ATmega2560），和不同的内存、引脚与特征。通用 ATmega168 微控制器的布局如图 8-1 所示。它是一种基于增强型 AVR RISC 结构的低功耗 8 位 CMOS 微控制器。ATmega168 具有先进的指令集和单时钟周期指令执行时间，数据吞吐量可达 1MIPS/MHz，可以减少系统功耗与处理速度之间的矛盾。

目前基于 Atmel 芯片的 Arduino 硬件主要包括 Arduino Uno、Arduino Duemilanove、Arduino Nano、Arduino Mega、Arduino Leonardo、Arduino Micro、Arduino Mini 和 Arduino Ethernet 等。如图 8-2 所示，Arduino IDE 软件开发平台可以满足不同类型 Arduino 硬件编程、调试与烧录，主要的 Arduino 产品介绍如下。

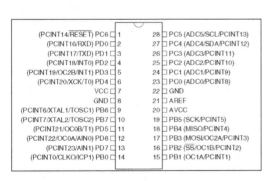

图 8-1　ATmega168 微控制器布局

图 8-2　Arduino IDE 软件开发平台

1. Arduino Duemilanove

Duemilanove 是有史以来最受欢迎的 Arduino 单片机之一，取代了其前身 Arduino Diecimila。Duemilanove 具有自动电源切换电路，可自动选择是从 USB 还是外部电源供电。Arduino Duemilanove 微控制器核心为 AVRmega168-20PU，其处理速度可达 20MIPS。外部输入电压在+7V 与+12V 之间，其工作电压为+5V。该单片机具有 14 个数字信号 I/O 接口，其中 6 个为 PWM 输出接口；其具有 6 个模拟信号输入接口、16 KB Flash 容量、1KB SRAM

静态存储容量、512 byte EEPROM 存储容量、16MHz 时钟频率。

2. Arduino Nano

Arduino Nano 是 Arduino 单片机的微型版本，它没有电源插座，USB 接口为 mini-b 插座。Arduino Nano 非常小，可以直接在面包板上使用。它的处理器核心是 ATmega168（nano2.x）和 ATmega328（nano3.0）。它还具有 14 个数字输入/输出通道（6 个通道可作为脉宽调制输出）、8 个模拟输入通道、16MHz 晶体振荡器、mini-b USB 端口、icsp 头和复位按钮。如图 8-3 所示，将 Arduino Nano 单片机组装在一起，可制作功能丰富的 Arduino 物联网网关。

图 8-3　Arduino Nano 组装物联网网关

3. Arduino Mini

Arduino Mini 是 Arduino 最紧凑、最迷你的版本，可以插在面包板上，适用于有严格尺寸要求的场合。Arduino Mini 的处理器核心是 ATmega328，具有 14 个数字输入/输出通道（6 个通道可用作 PWM 输出）和 8 个模拟输入通道。正常情况下，开发者需要将 Arduino Mini 插入附加组件才能下载程序。ATmega328 芯片上包含 32KB 闪存，其中 2KB 用于引导加载程序，另外还有 2KB SRAM 和 1 KB EEPROM。

4. Arduino BT

Arduino BT 是 Arduino 蓝牙接口的一个版本，板上有蓝牙模块 bluegiga wt11。Arduino BT 处理器核心为 ATmega328，具有 14 个数字输入/输出通道（6 个通道可作为 PWM 输出，其中第一个通道可用于蓝牙模块复位信号）、6 个模拟输入通道、16MHz 晶体振荡器、电源输入固定螺钉、ICSP 头和一个复位按钮。蓝牙模块 bluegiga wt11 为 Arduino BT 提供蓝牙通信能力，wt11 和 ATmega328 通过串行端口进行信号连接，通信波特率为 115200。当连接到计算机的蓝牙设备时，该模块将提供一个虚拟串行端口。

5. Arduino LilyPad

Arduino Lilypad 是 Arduino 的一个特殊版本，为可穿戴设备和电子纺织品开发。Arduino Lilypad 的处理器核心是 ATmega168 或 ATmega328，它有 14 个数字输入/输出通道（6 个通道可作为脉宽调制输出，其中第一个通道可用于蓝牙模块复位信号）、6 个模拟输入通道、16MHz 晶体振荡器、电源输入固定可控硅。它还有一个 icsp 头和一个重置按钮。基于 Arduino Lilypad 的智能手套如图 8-4 所示。

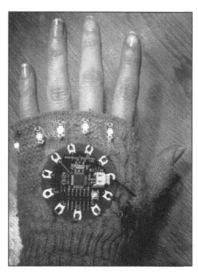

图 8-4　Arduino LilyPad 智能手套

6. Arduino Esplora

Arduino Esplora 是从 Arduino Leonardo 衍生而来的 Arduino 单片机。Arduino Esplora 与之前所有的 Arduino 板的不同之处在于，它提供了许多内置的、随时可用的板载传感器组进行交互。Arduino Esplora 具有板载声音和光输出，以及多个输入传感器，包括一个操纵杆、一个滑块、一个温度传感器、一个加速度计、一个麦克风和一个光传感器。它还可以通过两个 TinkerKit 输入和输出连接器以及一个彩色 TFT 液晶屏插座来扩展其功能。与 Leonardo 板一样，Esplora 使用一个带有 16 MHz 晶体振荡器的 ATmega32U4 AVR 微控制器和一个能够充当 USB 客户机设备（如鼠标或键盘）的 micro USB 连接。

7. Arduino Due

Arduino Due 是一款基于 Atmel Sam3x8e ARM Cortex-M3 CPU 的单片机。它是第一个基于 32 位 ARM 核心微控制器的 Arduino 板。它有 54 个数字输入/输出引脚（其中 12 个可作为脉宽调制输出）。与大多数 Arduino 板不同，Due 板的运行电压为 3.3V。I/O 插脚可承受的最大电压为 3.3V，向任何 I/O 插脚施加高于 3.3V 的电压都会损坏电路板。只需用一根 micro-usb 电缆将其连接到计算机上，或者用一个交流-直流适配器或电池为其供电即可。

8. Arduino Fio

Arduino Fio 是为无线通信开发的 Arduino 版本。Arduino Fio 的处理器核心是 ATmega328p，工作电压为 3.3V 和 8MHz 晶体振荡器。它还具有 14 个数字输入/输出通道（6 个通道可用作脉宽调制输出）、8 个模拟输入通道、一个谐振器、一个复位按钮和一个扩展功能的通孔。一些功能板具有锂电池接口电路和 USB 充电电路。印刷电路板背面有一个 XBEE 插座。

Arduino Fio 可以使用 ISP 下载电缆将新的程序刻录到单片机中。它体积小，直接支持 XBEE 无线模块，可与传感器、各种电子元件（如红外、超声波、热敏电阻、光敏电阻、伺服电机等）轻松连接。XBEE 模块是美国 Digi 的 ZigBee 模块。XBEE 只是一个型号，它是一个长距离低功耗数字传输模块。XBEE 模块共有 2.4G、900M、868M 三种频段，同时兼容 802.15.4 协议。

9. Arduino Uno

Arduino Uno 是 Arduino USB 接口系列的最新版本，它是 Arduino 平台的参考标准模板。Arduino Uno 单片机的 CPU 是 ATmega328，它具有 14 个数字输入/输出通道（6 个通道可用作 PWM 输出）、6 个模拟输入通道、16MHz 晶体振荡器、USB 端口、电源插座、ICSP 头和复位按钮。Arduino Uno R3 提供三种供电方式，满足不同场合的需要：USB 电源、电源插座和 VIN 脚。

10. Arduino Ethernet

Arduino Ethernet 是 Arduino 单片机的一个以太网版本，它的处理器核心是 ATmega328，其中有 14 个数字输入/输出信道（6 个信道可以用作 PWM 输出）、6 个模拟输入信道、16MHZ 晶体振荡器、RJ45 端口、微卡、电源插座。

11. Arduino Mega2560

Arduino Mega2560 也是具有 USB 界面的核心电路板。Arduino Mega2560 的特征在于它在 54 个数字输入和输出信道上，特别适合于需要大量 I/O 接口的物联网网关制作。Mega 2560 单片机处理器核心是 ATmega2560。它具有 54 个数字输入/输出信道（包括 16 个 PWM 输出信道）、16 个模拟输入信道、4 个 UART 接口信道、16MHz 晶体振荡器、USB 端口、一个电源插座、一个在线串行编程（In-Circuit Serial Programming，ICSP）头。使用 ATMEGA2560 单芯片微机，存储容量为原来 ATmega1280 的 2 倍，而其闪存为 256KB。

8.3　Arduino 软件开发环境

1. Arduino 软件开发平台安装

双击 Arduino-1.8.13.exe 文件开始安装，进入如图 8-5 所示的安装界面。

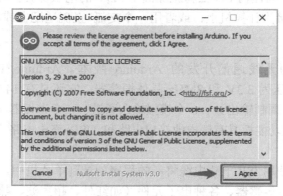

图 8-5　Arduino-1.8.13 初始安装界面

在图 8-5 中点击 I Agree 按钮，进入安装配置界面，如图 8-6 所示，选择所有选项。

在图 8-6 中点击 Next 按钮后，进入安装路径选择界面，可以选择默认的安装路径，也可以变换安装路径。在 Arduino 软件开发平台安装完成后，可出现如图 8-7 所示的 Arduino USB 驱动器安装界面。点击安装按钮进行驱动器安装。在完成安装后，点击 close 按钮完成 Arduino 软件开发平台及相关驱动器的安装。

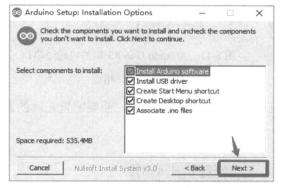

图 8-6　Arduino 安装选项　　　　　　　图 8-7　Arduino USB 驱动器安装

2. 启动和配置 Arduino 软件开发平台

在完成 Arduino 1.8.13 版本安装后，可以按照如图 8-8 所示的方式打开 Arduino 开发平台。

如图 8-9 所示，启动 Arduino 软件开发平台后，进入默认的软件开发界面。

图 8-8　启动 Arduino 软件开发平台　　　　图 8-9　启动 Arduino 后的界面

此时，Arduino Uno R3 微控制器通过 USB 电缆连接到 PC，微控制器上的 LED 灯将发射绿光（见图 8-10）。计算机将自动识别单片 USB 串行端口。如图 8-11 所示，Arduino Uno R3 微控制器通过设备管理器的串行端口 COM3 连接到 PC。

图 8-10　连接 PC 后的 Arduino 单片机

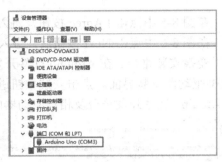

图 8-11　Arduino Uno R3 单片机通过串口

COM3 与 PC 相连

同时，再利用 Arduino 开发平台对单片机进行编程及在线调试时，需要配置正确的通信串口。实现串口配置的过程如图 8-12 所示。

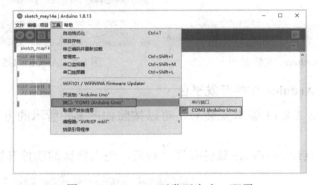

图 8-12　Arduino 开发平台串口配置

3. Arduino 软件开发平台导入已有 LedBlink 项目

如图 8-13 所示，在 Arduino 开发平台的 UI 界面，点击文件下拉菜单，然后选择"打开"，可以导入已有的 LedBlink 项目。

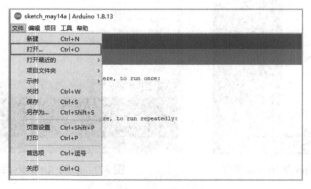

图 8-13　利用 Arduino 开发平台打开已有 Arduino 项目

如图 8-14 所示，点击 IDE 界面的箭头，将 LedBlink Arduino 项目代码编译，即可上传（烧录）到单片机（见图 8-15）。编译后的 LedBlink Arduino 项目上传单片机成功后即可看到单片机上的 LED 灯已被点亮。

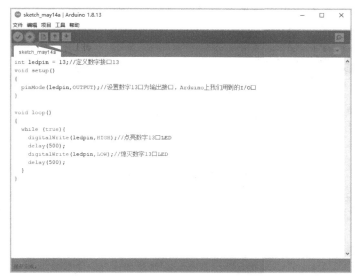

图 8-14　将 LedBlink Arduino 项目代码编译并上传（烧录）到单片机

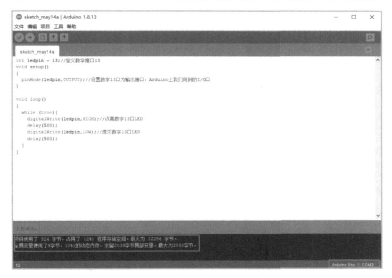

图 8-15　编译后的 LedBlink Arduino 项目上传单片机成功

4. Arduino 软件开发平台导入已有 Random Number Output 项目

Arduino Uno R3 单片机可以作为一个简单的物联网网关。利用 Arduino-1.8.13-r2-windows 单片机开发平台，可以进行 Arduino 编程、调试并往 Arduino Uno R3 单片机烧录程序。Arduino Uno R3 单片机可以通过 USB 串口线往 PC 发送温度传感器数据，PC 可以通过串口工具显示来自 Arduino Uno R3 单片机网关的数据。

如果程序上传 Arduino 单片机存在错误，关闭所有串口工具，可将 USB 从 Arduino 开发板拔掉，然后再重新插回，基本上可以解决所出现的问题。如果程序烧录成功，打开

Arduino IDE 串口监视器（见图 8-16），通过串口监视器发送数据读取指令（见图 8-17）"R"，然后串口监视器就可以读取来自 Arduino 单片机的数据（图 8-18）。

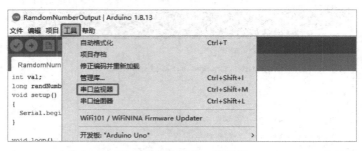

图 8-16　打开串口监视器

图 8-17　通过串口监视器发送数据读取指令

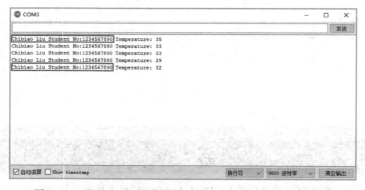

图 8-18　通过串口监视器读取来自 Arduino 单片机的数据

5. Arduino 编程小结

Arduino IDE 支持 C 语言和 C++语言中代码构造的特殊规则。Arduino IDE 软件库提供了许多常见的输入和输出功能。Arduino 编程和烧写过程如图 8-19 所示。

Arduino 微控制器闪烁的编程示例可实现 Arduino 功能验证。大多数 Arduino 板都包含一个发光二极管（LED），这可以方便测试编程功能。典型的初学者程序包括"Hello World!""Ledblink"等程序。"Ledblink"程序可以让 Arduino 板上的 LED 反复闪烁。闪烁编程"Ledblink"由 IDE 内部库提供的 pinmode()、digitalwrite()和 delay()函数实现。如图 8-20 所示，程序运行时，Arduino LED 灯"闪烁"。

Arduino 开发语言类似于 C 语言，封装库提供了丰富的功能，可以直接在数字或模拟管脚上操作。例如，pin mode(pin, mode)函数将数字引脚模式设置为输入或输出，pin 0 设置为 13，mode 设置为输入或输出。对于 digitalWrite(pin，value)函数，设置数字 pin 的输出值，pin 为 0~13，值高或低；digitalRead（pin）函数读取数字 pin 的输入值，值高或低，pin 为 0~13。

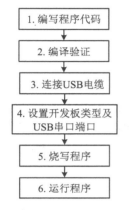

图 8-19　Arduino 编程及烧写过程　　　　　图 8-20　Arduino 板 LED 灯"闪烁"实物

8.4　Arduino 数据收集

DHT11 数字温湿度传感器是一种具有校准数字信号输出的温湿度复合传感器。通过杜邦线，将 DTH11 温湿度传感器的 VCC 与 Arduino 的 3.3V 或 5V 连接，DTH11 的 GND 与 Arduino 的 GND 连接，DTH11 的 OUT 与 Arduino 的数字引脚 2 连接。将 DTH11 温湿度传感器制造商 DHT11.zip 包解压缩后，放入/usr/share/arduino/libraries/directory。要实现温度传感器数据的收集，Arduino 网关源代码使用 DHT11 库。

8.5　Arduino 设备控制

这里用继电器来说明 Arduino 是如何实现设备控制的。继电器是一种用小电流（低压）来控制大电流（高压）开闭的电控开关装置。继电器有输入电路，一般接低压电源，输出电路，一般接高压电源。例如，用单片机来"打开/关闭"一个电压为 220V 的灯，因为单片机工作电压为 5V，而灯是 220V，所以需要控制一个单片机继电器，通过控制该继电器来"打开/关闭"灯泡。

实际继电器如图 8-21 所示，该继电器模块有三个插脚，构成输入电路。'-'插脚接地（GND），标有"+"的插脚连接 5V 电源，标有"S"的插脚连接信号电路。图 8-21 的继电器的上端有三个连接端口（0、1、2）构成输出电路。

图 8-21 所示的继电器型号为 SRD-05VDC-SLC-C，
表示输入电压为直流 5V，根据继电器上的标记，输出为
10A 250VAC，表示支持最高交流电压 250V，电流 10A。
用三根杜邦线将继电器模块的三个插脚连接到 Arduino 微
控制器，其中 "-" 插脚连接到 Arduino GND， "+" 插脚
连接到 Arduino 5V， "S" 插脚连接到 Arduino D3 引脚。

图 8-21　SRD-05VDC-SLC-C 继电器

通过在 Arduino IDE 中编写一个 Arduino 程序，可以控制继电器模块。

8.6　Arduino 数据上传

使用 Arduino 和 ESP8266 Wi-Fi 模块（见图 8-22）采集和上传 DHT11 的温湿度数据。
如图 8-23 所示，将 ESP8266 无线模块连接到 Arduino 电路。DHT11 的 pin1 连接到 Arduino
微控制器的 pin+5V，pin2 连接到 Arduino 微控制器数字端口的 pin4，pin3 未连接即挂起，
pin4 接地。同时，当 PIN2 与 5K 欧姆电阻连接后，VCC 将作为上拉电阻连接。

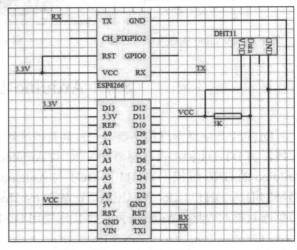

图 8-22　ESP8266 无线模块及引脚　　　　图 8-23　ESP8266 无线模块与 Arduino 的电路连接

Arduino 数据上传源代码包括头文件、初始化函数、主循环函数、温湿度数据更新函数
与 Wi-Fi 连接函数。

8.7　小　　结

本章主要介绍了基于 Arduino 单片机的物联网网关。首先介绍了 Arduino 单片机，然后对
基于 Arduino 物联网网关的软件开发环境、数据收集、设备控制及数据上传等进行了阐述。

思　考　题

1. 简介 Arduino 项目。
2. 简介 Arduino 所使用的 ATMEL 的 8 位 AVR 微控制器的特性。
3. 简介 Arduino Esplora 单片机的特性。
4. 简述 Arduino 编程和烧写过程所包含的 6 个步骤。

案　　例

图 8-24 为一个 Arduino 宠物监控网关，主要功能是利用声音传感器获取宠物的叫声。当宠物发出叫声时，用户可以收到提醒，打开摄像头查看宠物的状态，利用温度传感器监测宠物所处环境的温度，当温度过高或过低时，用户收到提醒，并且可以通过手机控制温度。

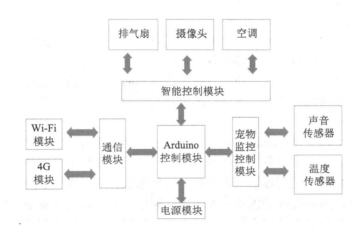

图 8-24　Arduino 宠物监控网关

第 8 章　源代码

第 9 章　Arduino 气象服务网关

学习要点

- ❑　了解 Arduino 气象服务网关功能。
- ❑　掌握 Arduino 气象服务网关设计与制作方法。
- ❑　掌握气象服务网关 Web 服务器设计原理。
- ❑　了解气象服务网关客户端 App 开发方法。

9.1　Arduino 气象服务网关简介

为了解决当前农业气象灾害无法精准预警的问题，本章基于 Arduino 气象服务网关设计了农田小区域气象服务网关与管理系统。使用该系统，用户可通过移动 App 客户端或者 PC 端对所监测的小区域进行环境监测。

在多山及多丘陵的区域，地形变化多端，适合农业生产的区域面积较小，且分布范围较广，这也导致各个小区域的天气环境各不相同。如今，随着通信及自动化技术的发展，精准农业也越来越受到山区及丘陵地带农业生产用户的重视。精准农业实施的前提是可对农业生产环境进行实时远程监测。当前，还没有既高效节能又可实现小区域农业生产环境远程实时监测的设备。

本章开发了一个基于 Arduino 的多功能在线农田气象服务网关，以解决小区域农田气象实时监测的难题。该气象服务网关使用了多种传感器完成对小区域环境信息的收集，通过无线通信技术将数据发送到数据服务中心。该气象服务网关属于小型物联网设备，它有着体积小、能耗低、精确度高等优点，安装操作简单，只需将该设备安装到需要监测的区域即可进行监测。该设备的推广将很好地减少农业气象灾害所带来的损失，也能帮助农民更好地进行科学种植。

9.2　系统需求分析

经过多方面的资料积累和市场调研，对基于 Arduino 气象服务网关的农田小区域气象管理系统进行需求分析。本项目涉及 Arduino 气象服务网关的制作、气象服务网关 Web 后台管理系统、移动客户端 App 三个方面。Arduino 气象服务网关的制作包括网关核心板的选取、传感器的选取以及传输模块的选取，设计并制作合适的 PCB 板，完成硬件设备的整合连接。通过 Arduino IDE 软件，自主编程与烧录代码使得 Arduino 网关能够收集并传输传感器数据至后台服务器。

使用 Eclipes EE 软件及 Spring MVC 框架设计并搭建气象服务网关 Web 后台管理系统。在气象服务网关获取农田环境数据并传输到后台服务器之后，用户通过网页可以对数据进行查看，而不需要亲自到农田获取数据。管理员还能够对不同区域的气象服务网关进行管理，实现一人管理多个区域的目的。

同时，设计并开发对应的移动客户端 App，用户能够通过手机实时获取目标区域的气象环境信息。在暴雨、洪涝等气象异常发生时，系统能够通过手机向用户发出警告，达到及时预警气象灾害来减少损失的目的。

9.3　Arduino 气象服务网关设计与制作

Arduino 气象服务网关的电路设计如图 9-1 所示。通过组合连接传感器及通信模块，可制作一个功能完善的物联网智能设备。

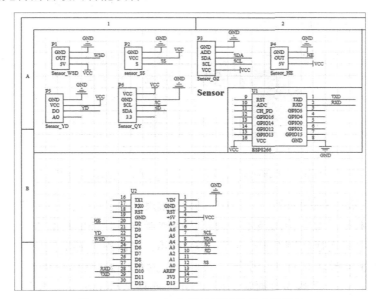

图 9-1　Arduino 气象服务网关整体电路设计

Arduino Nano 核心板实物及电路引脚连接如图 9-2（a）、（b）所示。Arduino Nano 是 Arduino 单片机的微型版本，它没有电源插座，USB 接口为 mini-b 插座。Arduino Nano 非常小，可以直接在 PCB 板上使用。它的处理器核心是 Atmega168（nano2.x）和 Atmega328（nano3.0）。Arduino Nano 模块共 30 个引脚，本设备共使用其中数据接口 8 个，加上其电源的 VCC、GND 的 2 个引脚共 10 个。在图 9-2（b）中，28、29 引脚同 Wi-Fi 模块的 RXD 与 TXD 引脚相连接；D2 引脚同霍尔传感器的数据输入引脚相连接；D4 引脚同雨滴传感器数据输入引脚相连接；D5 引脚同温湿度传感器数据输入引脚相连接；A4 与 A5 引脚同光照及气压传感器的数据输入引脚相连接；A0 引脚同水深传感器数据输入引脚相连接。

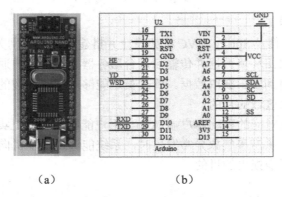

（a）　　　　　　　　　　（b）

图 9-2　Arduino Nano 核心板实物及电路引脚连接图

　　Arduino 气象服务网关集成了一块 ESP8266 Wi-Fi 模块，其高度集成了天线开关及电源管理转换器。ESP8266 Wi-Fi 通信模块实物及电路原理图如图 9-3（a）、（b）所示。ESP8266模块共有 16 个引脚，本设备使用引脚 1 与 2 进行数据的传输与接收，引脚 8 与 16 给模块接地及通电。ESP8266 模块的 RXD 引脚连接 Arduino Nano 核心板的引脚 28，TXD 引脚连接 Arduino Nano 核心板的引脚 29。

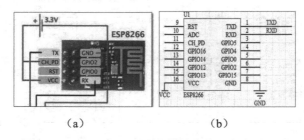

（a）　　　　　　　　　　（b）

图 9-3　ESP8266 Wi-Fi 通信模块实物及电路原理图

　　Arduino 气象服务网关搭载了一个 DHT11 温湿度传感器。该传感器模块使用了专用的数字模块采集技术和温湿度传感技术，使得该传感器具备很高的可靠性及稳定性。温湿度监测模块实物及电路连接如图 9-4（a）、（b）所示。温湿度传感器完成气象服务网关温湿度的监测，该传感器模块共有 3 个引脚，其中一个为数据输出引脚 OUT，其他 2 个为电源引脚 GND 与 5V。该传感器的数据输出引脚 OUT 连接 Arduino Nano 核心板的 D5 引脚。

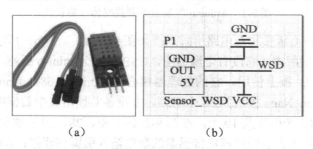

（a）　　　　　　　　　　（b）

图 9-4　温湿度监测模块实物及电路连接

Arduino 气象服务网关采用了 BH1750FVI 光照强度传感器，它的内置 AD 转换器能够将采集的光照强度用数字形式输出，提高了数据采集的精度。光照强度传感器实物及电路连接如图 9-5（a）、（b）所示。光强传感器模块共有 5 个引脚，其中有 2 个数据引脚 SCL 与 SDA，1 个 IIC 设备地址引脚 ADD，其他 2 个为电源引脚 VCC 与 GND。光强传感器模块的数据引脚 SDA 与 SCL 分别连接 Arduino Nano 核心板的 A4 与 A5 引脚。

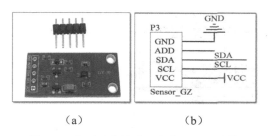

（a）　　　　　　　　　　　（b）

图 9-5　光照强度传感器实物及电路连接

Arduino 气象服务网关选用的气压传感器 BMP180 是一款精度高、体积小、能耗低的压力传感器。BMP180 采用 8-pin 陶瓷无引线芯片承载超薄封装，可以通过 I2C 总线直接与该设备的核心板连接并传输数据。气压传感器实物（a）及电路连接（b）如图 9-6 所示。气压传感器模块共有 5 个引脚，其中 SC 与 SD 引脚为数据交换引脚，VCC 与 GND 为电源相关引脚。该传感器的数据引脚 SC 与 SD 同 Arduino Nano 核心板的 A3 与 A2 引脚相连接。

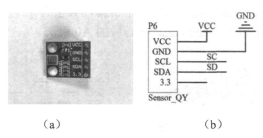

（a）　　　　　　　　　　　（b）

图 9-6　气压传感器实物及电路连接

Arduino 气象服务网关使用霍尔传感器来测风速，它是根据霍尔效应制作的一种磁场传感器。在该项目设计中，用一个小风车测试风速，扇叶的转动带动绑于扇叶上的小磁块，通过霍尔传感器获取数据，再通过公式计算出风速。霍尔传感器实物（a）及电路连接（b）如图 9-7 所示。霍尔传感器有 3 个引脚，其中 OUT 为数据引脚，其他 2 个为电源引脚，数据引脚 OUT 连接 Arduino Nano 核心板的 D2 引脚。

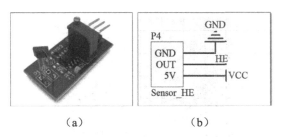

（a）　　　　　　　　　　　（b）

图 9-7　霍尔传感器实物及电路连接

Arduino 气象服务网关使用雨滴传感器来监测雨量。该雨滴传感器接通电后，电源指示灯亮表示传感器完好。在没有雨时输出为高电平，在感应到雨滴时，则输出低电平。雨滴传感器实物（a）及电路连接（b）如图 9-8 所示。雨滴传感器有 4 个引脚，其中 AO 与 DO 为数据引脚，其他 2 个为电源引脚。设备制作时，传感器的数据引脚 DO 连接 Arduino Nano 核心板的 D4 引脚。如图 9-8（a）所示，雨滴板和控制板是分开的，方便将线引出并防止雨水浸湿受潮。雨滴板的面积较大，这有利于更好地检测到雨水。

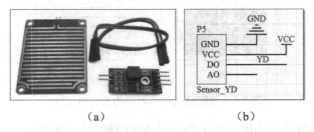

（a）　　　　　　　　　　　　　　（b）

图 9-8　雨滴传感器实物及电路连接

Arduino 气象服务网关使用水深传感器来测量降雨量。水深传感器是一种水位/水滴识别检测传感器。相较于雨滴传感器，水深传感器通过一系列的暴露的平行导线测量其水滴/水量大小，从而判断水位数值，进而实现对降雨量的监测。水深传感器实物（a）及电路连接（b）如图 9-9 所示。该传感器模块共有 3 个引脚，其中有 1 个数据引脚 S，其他 2 个为电源引脚。数据引脚 S 连接 Arduino Nano 核心板的 A0 引脚。

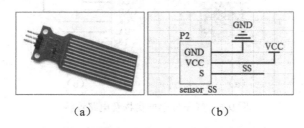

（a）　　　　　　　　　　　　　　（b）

图 9-9　水深传感器实物及电路连接

如图 9-10 所示，利用 Altium Designer 软件生成 PCB，在生成 PCB 的同时软件会自动检测各元器件之间的连线是否正常连接。PCB 测试完成后，就可以将 PCB 文档发给工厂打样。Arduino 气象服务网关 PCB 经过打样，并焊接各种电子元器件后就可以获得成品（见图 9-11）。

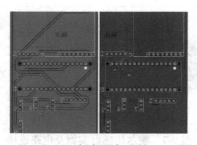

图 9-10　Arduino 气象服务网关 PCB 设计图

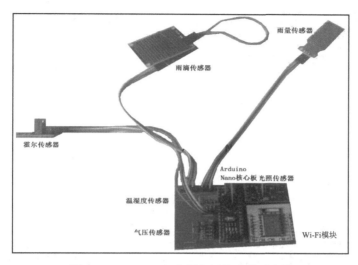

图 9-11　Arduino 气象服务网关成品示意图

9.4　气象服务网关 Web 服务器设计

气象服务网关管理系统所涉及的软件包括网关驱动及传输程序、后台 Web 服务平台及 App。所开发的 Web 服务器的登录界面如图 9-12 所示。

图 9-12　Web 服务器用户登录界面

系统通过登录检测区别普通用户及各级管理员。管理员拥有更多权限，便于对系统进行日常维护与操作。普通用户的权限仅限于对所使用的设备的数据进行查看。如图 9-13 与图 9-14 所示，本系统提供列表查看与图表展示两种农田实时数据查看方式。

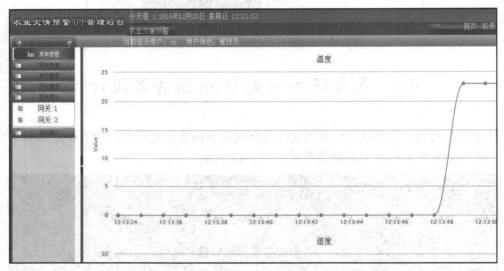

图 9-13　列表查看数据

图 9-14　图表展示数据

由于农田气象服务网关的小区域特性，有时在某个区域内可能同时使用到多个设备，所以本管理系统能够对不同设备进行查看与操作，具体如图 9-15 所示。

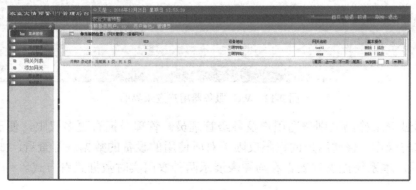

图 9-15　网关设备列表查看

如图 9-16 所示，管理员可以通过管理界面添加新的气象服务网关，所需要的信息包括用户 UID、网关名称及网关地址。

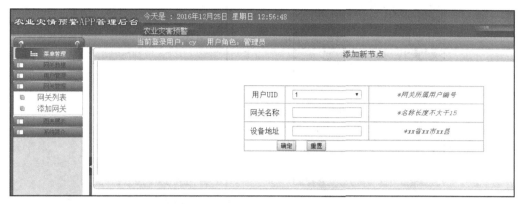

图 9-16　添加新的气象服务网关

9.5　气象服务网关客户端 App 开发

移动客户端登录界面包括账号和密码的验证。注册界面所需提供的信息包括账号、密码、确认密码三个部分。在移动客户端中列出当前用户权限内能查看的所有网关。如图 9-17 所示，点击网关名称，可以查看网关的农田环境实时数据信息。如图 9-18 所示，环境信息界面详细列出网关监测区域内的环境信息，并且数据实时更新。用户能在第一时间获取农田监测区域的信息，并通过分析数据判断该区域农作物的生长环境。

图 9-17　网关列表

图 9-18　环境信息

如图 9-19 所示，管理员可以添加、修改网关。当传感器收集到的数据超过所设定的阈值时，手机会震动并在系统通知栏推送异常信息。如图 9-20 所示，用户点击通知栏的消息即可查看特定气象服务网关所对应的异常数据。

图 9-19　修改网关　　　　　　图 9-20　Android 端异常信息提示页面

9.6　小　　结

本章首先阐述了 Arduino 多功能气象服务网关的设计与制作，然后介绍了与农田气象服务网关相关的 Web 信息管理系统与手机客户端 App 开发。使用所制作的农田气象服务网关，通过无线传输技术，可以将来自不同区域的实时农业生产环境数据传输到远程数据服务中心。用户通过 PC 客户端及智能手机客户端，可以实时了解不同区域的温度、湿度、气压、光强、风速、雨量等农业生产环境信息。同时，当数据出现异常时，用户可以获取相关警报信息，并及时做出响应。多功能在线农田气象服务网关的推广应用，有利于提高山区及丘陵地带农业生产效率及质量，可产生较好的经济效益和社会效益。

思　考　题

1. 简介 Arduino 气象服务网关。
2. 简介霍尔传感器的工作原理。
3. 简介雨滴传感器的工作原理。
4. 简介水深传感器的工作原理。

案　　例

五参数气象测定仪，是一款携带方便、操作简单、集多项气象要素于一体的可移动式气象观测仪器。该系统采用精密传感器及智能芯片，能同时对风向、风速、大气压、温度、湿度五项气象要素进行准确测量。

第 10 章　MSP430 单片机网关

学习要点

- ❑　了解 MSP430 单片机网关功能和用法。
- ❑　掌握 MSP430 数据收集方法。
- ❑　掌握 MSP430 设备控制原理。
- ❑　了解 MSP430 数据上传机理。

10.1　MSP430 简介

基于德州仪器（TI）的 MSP430 系列低功率微控制器可以组装物联网网关。所制作的网关在可靠性、扩展性、控制功能以及体积、功耗等方面比其他电子产品具有优越性，可广泛应用于对时间精度较高的场合，比如天文、地震台、航空航天、国防、通信、电力、交通等。

如图 10-1 所示，MSP430 CPU 具有 16 位 RISC（精简指令集计算机）结构，其突出的特点是超低功耗，非常适合各种低功耗应用要求。CPU 与 16 个寄存器集成，以减少指令执行时间。寄存器到寄存器的操作在 CPU 时钟的一个周期内执行，其中四个寄存器（r0～r3）分别专用于程序计数器、堆栈指针、状态寄存器和常量生成器，其余为通用寄存器。使用数据、地址和控制总线将外围设备连接到 CPU，并使用所有指令控制外围设备。指令集包括 51 个原始指令、三种格式、七种地址模式以及扩展地址范围的附加指令。每个指令都可以操作字和字节数据。

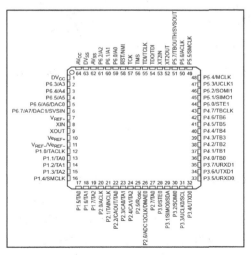

图 10-1　MSP430 CPU 布局及引脚

10.2　MSP430 网关硬件介绍

　　MSP430 系列单片机系列集成了相对丰富的内部和外部设置。它们是看门狗和恒定斜坡模拟比较器、计时器 a0、计时器 a1、计时器 b0、UART、SPI、i2c、硬件倍增器、LCD 驱动程序、10/12 位 ADC、DMA 和 I/O 端口、基本计时器、实时时钟（RTC）和 USB CON 控制器等多个不同组合的外围模块。模拟比较器可以比较模拟电压，16 位定时器（定时器 A 和定时器 B）具有捕获/比较功能，大量捕获/比较寄存器，可用于事件计数、定时发生、脉宽调制等，部分设备可实现异步、同步、多址串行通信接口，方便实现多机通信等应用。MSP430 系列单片机的这些内部和外部设置为单片机系统的解决方案提供了极大的方便。

　　如图 10-2 所示，MSP430 LaunchPad 是一个易于使用的调试工具，它提供了在 MSP430 系列单片机上进行程序开发所需的一切。它为 14/20 针 DIP 插座靶板提供了集成仿真功能，能够通过 SPY 双线（2 线 JTAG）协议对系统内置的 MSP430 系列芯片进行快速编程和调试。因为 MSP430 闪存消耗的电量非常少，所以它可以在几秒钟内擦除并编程，而无须外部电源。LaunchPad 将 MSP430 设备连接到软件开发集成环境，如 Code Composer Studio Version 4 或 IAR Embedded Workstations。LaunchPad 支持所有带有 14 或 20 针 DIP 包的 MSP430G2XX 闪存芯片。如图 10-3 所示，MSP430 LaunchPad 可以组装一个简单的物联网网关，为开发复杂的物联网应用程序提供测试环境。

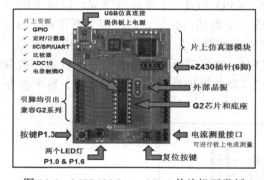
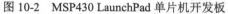

图 10-2　MSP430 LaunchPad 单片机开发板　　　　图 10-3　基于 MSP430 LaunchPad 的物联网应用测试

10.3　MSP430 软件开发环境

　　代码调试器（Code Composer Studio，CCS）是一个集成了 TI DSP、微控制器和应用处理器的开发环境。CCS 是一套用于各种 TI 设备（比如 MSP-EXP430G2 单片机）嵌入式应用开发和调试工具，这包括编译器、源代码编辑器、项目生成环境、调试程序、分析程序、模拟器。CCS 提供了一个用户友好界面，方便指导用户完成应用程序开发过程的每个步骤，使用户能够比以往更快地开始工作，并借助成熟的工具向其应用程序添加功能。

MSP-EXP430G2 单片机测试所需要的相关软件如图 10-4 所示。

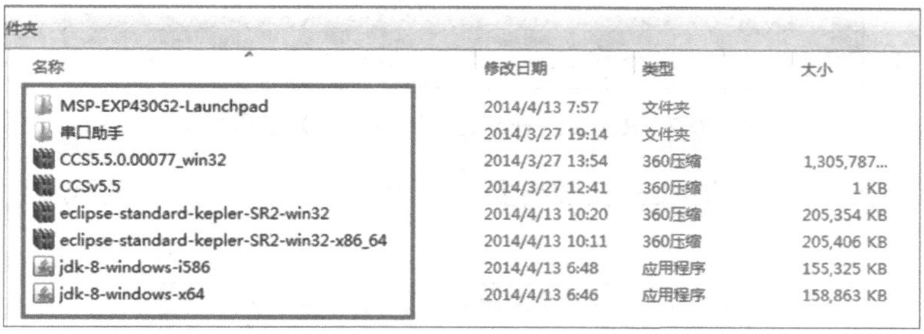

图 10-4　MSP-EXP430G2 单片机测试所需要的相关软件

如图 10-5 所示，在安装 Code Composer Studio 之前，关闭所有的防火墙设置、360 杀毒和 360 安全卫士等。

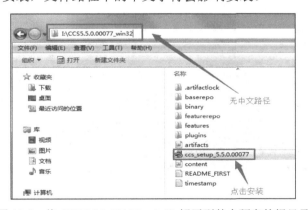

图 10-5　安装 CCS5 之前关闭防火墙设置、360 杀毒和 360 安全卫士等

如图 10-6 所示，要将 CCS5.5.0.00077_win32 解压到某个硬盘的根目录下 CCS5.5.0.00077_win32 文件夹中进行安装，文件路径中的中文字符会影响安装。

图 10-6　将 CCS5.5.0.00077_win32 解压到某个硬盘的根目录

如果启动安装软件后产生图 10-7 类似的其他错误，应将它们忽略，继续按照相关要求进行安装。

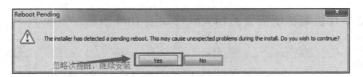

图 10-7　Reboot Pending（等待重启）警告提醒

如图 10-8 所示，要完成 CCS 安装需要重启计算机，点击 OK，完成 CCS 单片机开发平台安装。

图 10-8　完成 CCS 安装需要重启计算机

在安装完成后，重新启动计算机，并恢复所有的安全配置。如图 10-9 所示，将 CCS5.2 license 许可证文件，拷贝到 C:/ti/ccsv5/ccs_base/ DebugServer/license 文件夹下面，即可使用。

图 10-9　将开发授权钥匙拷贝到指定文件夹

如图 10-10 所示，在 CCS 安装路径 C:/ti/下建立新的文件夹 workspace，然后将 MSP-EXP430G2-Launchpad 开发实例文件夹复制到其中。

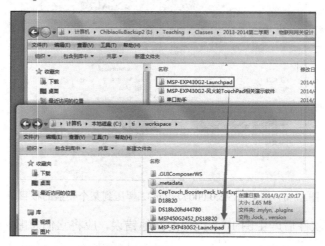

图 10-10　将开发实例复制到 C:/ti/workspace/文件夹下

打开 Code Composer Studio 开发平台，如图 10-11 所示，可导入已有的 CCSv5.5 工程。选择 File→Import 弹出对话框，展开 Code Composer Studio 选择 Existing CCS/CCE Eclipse Projects。

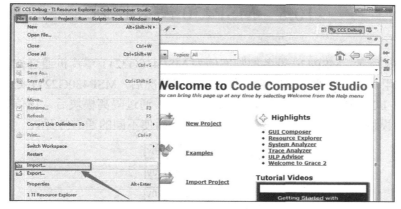

图 10-11　CCSv5.5 导入已有工程

已有项目 MSP-EXP430G2-Launchpad 被导入后的 CCS 界面如图 10-12 所示。

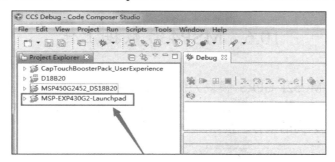

图 10-12　已有项目 MSP-EXP430G2-Launchpad 被导入后的 CCS 界面

已有 CCS 项目 MSP-EXP430G2-Launchpad 演示应用，显示单片机硬件开发板内部温度测量。可以通过 CCS 调试将程序烧录到 LaunchPad 的 MSP430G2553 器件中。通过 USB 连接 LaunchPad 单片机后，程序将启动运行，LED 交替变亮。

10.4　MSP430 数据收集

这里以 DS18B20 温度传感器为例，来说明如何利用 MSP430 单片机来实现数据的收集。MSP430 收集温度传感器数据源代码主要包括 DS18B20 初始化函数。MSP430 收集温度传感器数据源代码的 DS18B20 单总线读 1Bit 函数为 DS18B20_ReadBit(void)；MSP430 收集温度传感器数据源代码的 DS18B20 单总线写入 1Bit 函数为 DS18B20_WriteBit(unsigned char Data)；MSP430 收集温度传感器数据源代码的 DS18B20 单总线读 1Bit 函数为 DS18B20_ReadByte(void)；MSP430 收集温度传感器数据源代码的 DS18B20 单总线写 1Bit

函数为 DS18B20_WriteByte(unsigned char Data)；MSP430 收集温度传感器数据源代码从
DS18B20 上读取温度值函数为 DS18B20_ReadTemp(void)。

10.5　MSP430 设备控制

　　如图 10-13 所示，MSP430 设备控制案例为 MSP430G2211 单片机通过按键控制四通道
功率继电器。用户通过键盘发送命令，在检测到该情况后，MSP430G2211 处理器将控制相
应的继电器的 I/O 设置。控制信号是隔离前的信号，通过隔离模块后，该信号被传递给控
制模块，控制模块用来控制相应的继电器动作，从而使不同的通道打开。

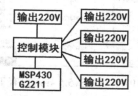

图 10-13　MSP430G2211 单片机控制四路继电器

10.6　MSP430 数据上传

　　这里以西门子 MC52I GPRS 模块为例说明 MSP430 物联网网关的数据传输过程。
MC52I 的 RTS 和 CTS 引脚直接连接到 MSP430F149 的 I/O 端口。MC52I GPRS 模块与
MSP430 物联网网关之间的串行连接如图 10-14 所示。

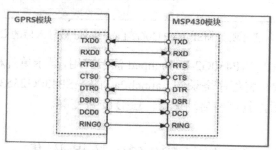

图 10-14　GPRS 模块和 MSP430 物联网网关串口连接

　　在图 10-14 中，GPRS 模块 TXD 和 RXD 直接连接到 MSP430 模块上的串行端口。MC52I
的 RXD 是发送数据、TXD 是接收数据，所以根据 RXD 连接到单片机的图 RXD，TXD 连
接到单片机的 TXD。MSP430 网关通过 GPRS 实现数据上传源代码主要包括头文件、函数
init_Usart1()、串口 1 中断服务处理函数__interrupt void UART1_RX_ISR(void)、发送一个字
符函数、清除接收存储区内容函数、发送数据函数、GPRS 模块启动函数、关闭函数、初
始化函数、发送短信函数。

10.7　MSP430 网关应用实例

如图 10-15 所示，它是一个具有数据存储功能的低功耗物联网网关案例，它包括 MSP430 单片机模块、电源模块、复位电路模块、射频通信电路模块、数据存储模块、以太网接口、晶体振动电路。该网关设计合理、操作方便、功耗低、数据传输效率高、数据传输可靠性高、能够实时存储接收到的数据，既避免了丢包的现象，又方便用户进行虚拟存储，实施成本低，便于推广。

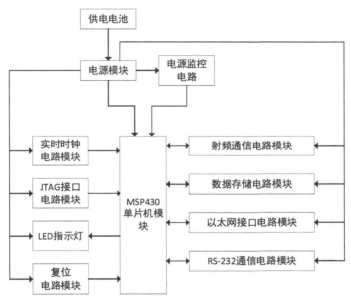

图 10-15　具有数据存储功能的 MSP430 低功耗网关

10.8　小　　结

本章主要介绍了基于 MSP430 单片机的物联网网关，首先介绍了 MSP430 芯片，然后对基于 MSP430 物联网网关的软件开发环境、数据收集、设备控制及数据上传等进行了阐述。

思　考　题

1. 简述 MSP430 芯片的主要特征。
2. 简述 Code Composer Studio 的应用开发和调试工具。
3. 简述 MSP430 物联网网关是如何通过 MC52I GPRS 模块实现数据上传的。

案　　例

图 10-16 为 MSP430 智能窗户网关。该网关使用温湿度传感器、光照强度传感器、风雨传感器、燃气探测器、烟感探测器等，感受外界环境的变化，并且实时显示。同时，还可设置阈值进行报警提示，当风雨来临或煤气等泄漏时通过步进电机来控制窗户的开关，从而实现窗户开关的智能化。

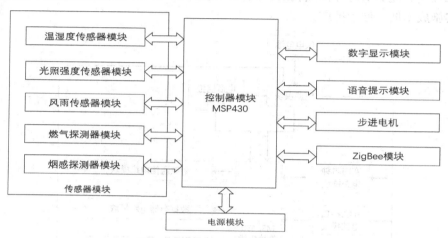

图 10-16　MSP430 智能窗户网关

第 10 章　源代码

第3篇 嵌入式操作系统物联网网关

第 11 章 树莓派单片机网关

学习要点

- ❑ 了解树莓派单片机网关功能和用法。
- ❑ 掌握树莓派数据收集方法。
- ❑ 掌握树莓派设备控制原理。
- ❑ 了解树莓派数据上传机理。

11.1 树莓派简介

树莓派（Raspberry）单片机可被用于制作物联网网关。Raspberry 3B 使用了四核 900MHz ARMCortex-A7 处理器和 1GB 的双倍速率（Double Data Rate，DDR）2 内存。Raspberry Pi 发布了几十种优化过的操作系统，包括 Fedora、Windows IoT 等。Raspbian 是开源 Linux 操作系统 Debian 的一个分支，其软件库中有 350 000 多个软件包，已成为一个生态系统。它还支持各种语言，包括 Python、Java、C 等，为物联网网关软件开发提供了便利。针对不同的场景，树莓派在物联网中有许多应用。例如，树莓派可以应用于智能家居系统和工业物联网系统。在智能家居中，安全系统是非常重要的，智能监控系统要求对家庭状态进行实时监控，并将是否有外物入侵进行图像识别和处理，且提供报警短信和报警邮件给主人。

树莓派是由 Eben Upton 领导的英国 RasBuryPi 基金会开发的。2012 年 3 月，英国剑桥大学（University of Cambridge）的 Eben Epton 正式推出了世界上最小的 Raspberry 台式计算机，也称为卡片计算机 Raspberry B。它只有一张信用卡的大小，但它是具有计算机的所有基本功能的单片机。Raspberry B 是一个基于 ARM 的微型计算机主板，存储盘为 SD/microSD 卡，单片机具有 10/100 以太网接口，可以连接键盘、鼠标和网线，同时具有视频模拟信号输出接口和 HDMI 高清电视视频输出接口。

11.2 树莓派网关硬件介绍

如图 11-1 和图 11-2 所示，Raspberry 3B+单片机于 2018 年 3 月 14 日发布，其功能包括：1.4GHz 64 位四核 ARM Cortex-A53 CPU、双频 802.11ac 无线局域网和蓝牙 4.2、千兆以太网、USB 2.0、以太网电源支持、改进的加热管理。

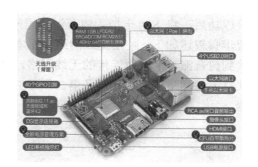

图 11-1　树莓派 3B+正面　　　　　　　　图 11-2　树莓派 3B+接口说明

2019 年 6 月发布的树莓派 4B 是最新的树莓派微型计算机。与上一代树莓派 3B+相比，它在处理器速度、多媒体性能、内存和连接性等方面都有突破性的提高，同时保持了向后兼容性和类似的功耗。该产品的主要功能包括高性能 64 位四核处理器、通过一对微型高清多媒体接口（High Definition Multimedia Interface，HDMI）端口支持分辨率高达 4K 的双显示、高达 4GB 的 RAM、双频 2.4/5.0 GHz Wi-Fi 无线局域网、蓝牙 5.0、千兆以太网、USB 3.0 和 PoE 功能。

11.3　树莓派软件开发环境

Raspbian 是针对树莓派开发的嵌入式操作系统，该系统基于 Debian 操作系统，根据 Raspberry Pi 的硬件结构对硬件驱动程序进行了优化。Raspbian 拥有自己的软件源，它们来自 Debian 操作系统的 35 万个软件包，这些软件包也针对树莓派进行了优化，这使得树莓派成为一个稳定快速的系统平台。

一般情况下，购买收到树莓派后，将树莓派支持的摄像头插入树莓派的摄像头端口。同时，将支持树莓派的 SD 卡插入读卡器，将读卡器插入计算机，格式化 SD 卡。从树莓派官方网站：https://www.raspberrypi.org/downloads/raspbian/，选择 Raspbian Stretch with desktop download 下载树莓派镜像。下载后解压缩，如果使用文件夹，先打开 Win32 DiskImager 程序文件夹，然后打开 Win32 DiskImager 程序的 exe 文件，镜像文件选择树莓派文件解压。在 Win32 DiskImager 中选择读卡器的路径及树莓派操作系统镜像文件 2018-06-27-raspbian-stretch.img，具体操作如图 11-3 所示。选择后，单击"Write"进行镜像烧录，如果存在无法烧录的错误，请使用 SD 卡格式化程序格式化 SD 卡，再次进行镜像写入。

图 11-3　Win32 Disk Imager 操作界面

烧录成功后，将 SD 卡插入树莓派，用网线将树莓派和上位机计算机连接起来，具体网络配置步骤叙述如下。使用无线网络共享本地连接，并将 IP 分配给本地连接，以方便下一次连接到树莓派。单击所连接的无线网络，打开属性并配置共享，如图 11-4 所示。树莓派通过共享无线网络访问远程服务器。网络共享的目的是在安装 Raspberry Pi 期间访问远程服务器。

图 11-4　启动计算机无线网络共享功能

将烧录 Raspbian SD 卡插入树莓派，开启电源与树莓派计算机同启，进入 Raspbian 操作系统配置界面，如图 11-5 所示。

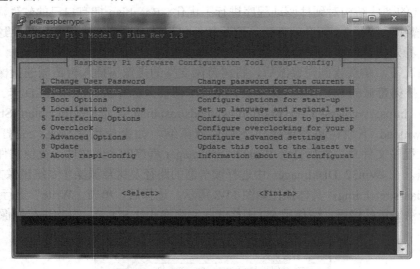

图 11-5　Raspbian 操作系统配置界面

继续完成后续安装步骤，进入 Wi-Fi 服务集标识（Service Set Identifier，SSID）配置页面。输入 Wi-Fi 无线路由器的 SSID 和密码。配置完 Raspbian 操作系统之后，重启树莓派，拔掉网线，网络通信就连接 Wi-Fi 了。树莓派可以连接无线路由器，也可以连接共享

Wi-Fi 的计算机。如果连接无线路由器，可以通过路由器管理网站查询树莓派的 IP 地址；如果连接共享 Wi-Fi 的计算机，可以在计算机上运行 CMD 指令。如图 11-6 所示，在命令框里输入 arp -a，这时会出现一些 IP 和对应的接口，查看本机的 IP（192.168.1.106）对应的接口，如果出现一个 192 开头的动态 IP（192.168.1.100），这个 IP 地址就是树莓派的 IP。

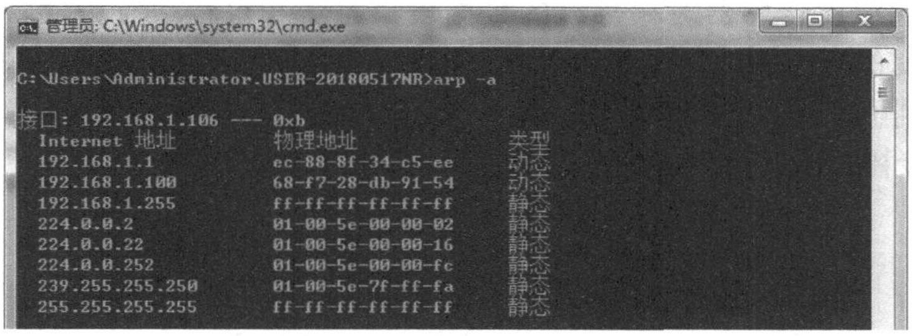

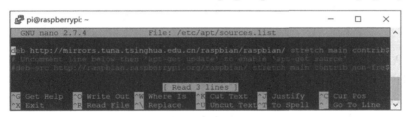

图 11-6　获取树莓派被分配的动态 IP 地址

利用 putty，通过这个 IP（192.168.1.100）就可以连接树莓派。打开文件夹里的 putty.exe，在 Ip Address 那边输入刚才获取的动态 IP，接着点击 open，就连接上树莓派了。如果没连上，就重复上面的三个步骤。树莓派初始用户名是 pi，初始密码是 raspberry。用户 PC 通过 Putty 连上树莓派之后，就可以配置树莓派的 Wi-Fi 无线连接。

树莓派软件源的配置所使用的树莓派软件源为清华大学所运行的软件源服务器（网址为 http://mirrors.tuna.tsinghua.edu.cn/raspbian/raspbian/），这个软件源比较稳定而且不容易出错。配置步骤如下：输入命令 sudo nano /etc/apt/sources.list，将上述的软件源网址替换打开文件中的绿色字体，具体如图 11-7 所示。配置完后保存，保存的操作是按 ctrl+X，然后选择 Y，最后按 Enter 键。保存完后执行 sudo apt-get update && sudo apt-get -y upgrade。

图 11-7　修改/etc/apt/sources.list 树莓派软件源文件

Python 软件开发程序对于物联网网关功能的设计与实现具有重要的意义。在开启树莓派后，调试好网络，就可以通过命令行里面的 APT 更新来安装所需要的 Python，叙述如下。

（1）安装 Python 的开发环境：sudo apt-get install python-dev；

（2）安装 Python 软件：sudo apt-get install python27（这里的 27 是版本号）；

（3）测试 Python 是否安装成功：在任意命令行状态下输入 Python 命令，如果安装成功就会出现 Python 软件的版本信息。

11.4　树莓派数据收集

本文采用温湿度传感器对树莓派的数据采集方法和过程进行说明。树莓派引脚和DHT11 引脚之间的电路连接如图 11-8 所示。DHT11 温湿度传感器有三个引脚：VCC、DATA和 GND，从上到下依次排列；VCC 连接树莓派的 5V 端口，GND 连接树莓派的 GND 端口，DATA 端口连接树莓派的第 18 接口。

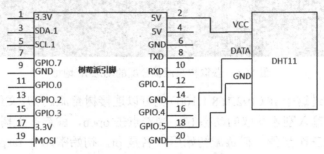

图 11-8　温湿度模块 DHT11 连接

Raspberry Pi 用来收集 DHT11 温度和湿度传感器的语言是 python。将代码放在/root/sensor 文件夹中，并将其命名为 dht11.py。使用命令 python dht11.py 执行代码。这里的 gpio 端口在 name 字段下为 24，即 gpio24，对应的 pin 字段为 18。

11.5　树莓派设备控制

如图 11-9 所示，这里有一个 8 路继电器来说明树莓派如何通过继电器控制灯泡。首先将中继板上的"GND"连接到树莓派上的任何"GND"；然后将继电器触针"IND1"的信号输入 Raspberry PI GPIO 引脚 17，GPIO 引脚 17 用作控制第一个继电器的输出；最后将继电器的"VCC"连接到树莓派的"5V"GPIO 引脚。

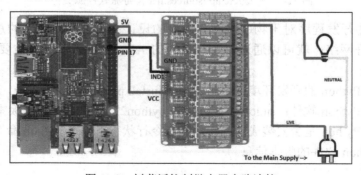

图 11-9　树莓派控制继电器电路连接

通常两条电线连接到灯泡上以提供电流供应，一根是"中性"线，另一根是"带电"线，它实际上承载着电流。将继电器连接到"带电导线"上，以控制灯泡的"开"和"关"。继电器的输出端由 NO、COM 和 NC 三个接口组成，NO 是继电器的常开接口，COM 是继电器的公共接口，NC 是继电器的常闭接口。

11.6　树莓派数据上传

如图 11-10 所示，针对当前森林郁闭度监测方法太烦琐、浪费大量物力人力、数据不准等问题，开发了一个基于树莓派的新型森林郁闭度及环境参数监测设备。该设备由树莓派、鱼眼摄像头、光照传感器、4G 无线路由器、太阳能板、移动电源和支架组成。该设备可对拍摄的图片进行灰度化、二值化处理，进一步计算出所拍图片代表的森林郁闭度。同时，设备还可以收集温湿度传感器数据、光照传感器数据及烟雾传感器数据。将设备定点放置在森林中，由太阳能板以及移动电源进行供电，通过鱼眼摄像头进行实时拍照并使用 4G 移动通信将拍摄的图片、郁闭度及森林环境数据上传到云端 Web 服务器。

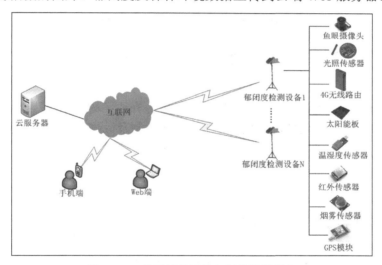

图 11-10　基于树莓派的郁闭度检测设备

这里以郁闭度监测设备的传感器数据上传来阐述树莓派的数据传输。数据上传主要是由 java 来完成，将代码放置/root/根目录下，并且使用 sudo java -classpath:.httpclinetlib/'*' MyPi 来进行编译，httpclinetlib 对应的是存放第三方包的文件夹，MyPi 对应的是相应的 java 程序，除了 GPS 模块是由 python 进行传输的，其他的数据都是通过 java 的 httpclient 来完成的，HttpClient 完成服务器端通过网络进行数据交互的功能。如图 11-11 所示，郁闭度监测设备在 Java 代码中开了 4 个线程。线程 1 上传各个传感器的数据，将传感器的数据通过 map 转 json 的包进行封装，通过 httpclient 传输给服务器；线程 2 执行拍照命令，服务器可以下达拍照延迟，这个线程可以实时接收到下达的延时并进行调整；线程 3 一直运行采集 GPS 的 python 程序；线程 4 清空历史图片，以防树莓派内存被占满导致运行异常。

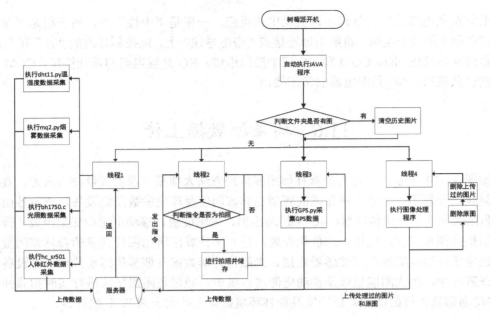

图 11-11　郁闭度监测设备的 4 个 Java 线程

11.7　小　　结

本章主要介绍了基于树莓派的物联网网关，首先介绍了树莓派单片机，然后对基于树莓派物联网网关的软件开发环境、数据收集、设备控制及数据上传等进行了阐述。

思　考　题

1. 简述树莓派单片机的产生历史。
2. 简述 Raspbian 嵌入式操作系统。
3. 简述树莓派是如何通过 Python 编程实现 dht11 传感器数据收集的。

案　　例

一些研究团队正在开发一个基于树莓派的活鱼运输监测网关。树莓派与摄像头、温度传感器、湿度传感器、二氧化碳传感器、溶解氧传感器相连接，获取鱼所处环境的生存条件，保证鱼在运输过程中的生存环境信息实时传输到远程服务器。服务器对传回的数据进行处理后，根据实际情况，可对风扇、除湿器和加氧机进行反向控制。该树莓派网关可以把摄像头传回的数据实时传输到用户终端，可实时观测鱼的生存状态。

第 11 章　源代码

第 12 章　树莓派网关实验

学习要点

❑　了解树莓派 Wi-Fi 网关基本功能和用法。

❑　掌握树莓派 Wi-Fi 网关串口数据收发。

❑　掌握树莓派 Wi-Fi 网关数据采集传输与控制。

❑　了解树莓派 Wi-Fi 网关系统架构搭建。

12.1　树莓派 Wi-Fi 网关概述

Raspberry Pi（树莓派，简写为 RPi，或者 RasPi/RPI）是一个基于 Linux 只有信用卡大小的微型计算机。树莓派是一款基于 ARM 架构的单片机，以 SD/MicroSD 卡为内存硬盘。树莓派开发者为一般用户提供了基于 ARM 的 Debian 和 Arch Linux 嵌入式操作系统供下载使用。下面以树莓派 3 代 B 型来介绍树莓派网关的相关实验。

如图 12-1 所示，树莓派 3B+单片机的外形尺寸为 82mm×56mm×19.5mm，50 克，和银行卡大小类似。本单片机载资源包括 Broadcom BCM2837 Wi-Fi 芯片组（支持 802.11 b/g/n 无线局域网）、64 位四核 ARM Cortex-A53、蓝牙 4.1、1GB 内存、MicroUSB 连接器、1 个 x 10/100 以太网端口、1 个 HDMI 视频/音频连接器、4 个 USB2.0 端口及 40 个 GPIO 引脚。

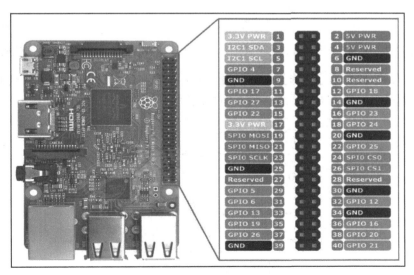

图 12-1　树莓派 3B+引脚定义

12.2　树莓派 Wi-Fi 网关系统架构搭建

本节将介绍树莓派 Wi-Fi 网关软件开发系统的搭建以及如何利用 QT 开发环境新建一个工程文件。通过本节的介绍可以实现在网关上新建一个项目工程。

12.2.1　网关操作系统安装

树莓派操作系统的安装步骤叙述如下。

第 1 步，从树莓派官网（http://www.raspberrypi.org/downloads）下载最新的 Raspbian 树莓派操作系统。当然也可以直接安装本实验案例配置好的系统镜像，在光盘的"IMAGE"文件夹下。系统出现问题的时候可通过以下步骤重新刷系统，默认是烧录本实验案例配置好的系统。

第 2 步，将 SD 卡插入计算机并使用本实验案例光盘下 software/Panasonic_SD Formatter/SDFormatter.exe 对 SD 卡进行格式化，如图 12-2、图 12-3 所示。

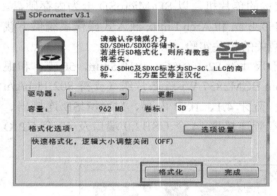

图 12-2　对 SD 卡进行格式化

图 12-3　SD 卡 FAT 格式化成功

第 3 步，如图 12-4 所示，选择烧写镜像（在光盘的 IMAGE/目录下），并点击"Write"进行烧写，烧写完后把 SD 卡插入树莓派即可运行。

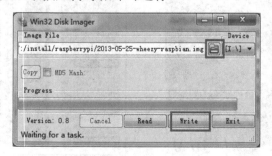

图 12-4　烧写镜像到 SD 卡

第 4 步，装机后本实验案例配置的树莓派系统的 pi 用户密码默认为 raspberry，root 权限密码为 raspberry。

第 5 步，如果安装的是官方网站下载的 raspbian 系统，初次开机会出现一个叫作 raspi-config 的配置工具，在日后使用过程中，如需要更改这些设置，可以通过运行 raspi-config 命令完成，如图 12-5 所示。

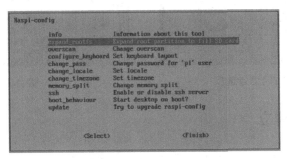

图 12-5　raspi-config 配置工具

第 6 步，expand_rootfs 的作用是将刚才写入 SD 卡中的映像文件大小扩展到整张 SD 卡中，选择 expand_rootfs 选项，然后按 Enter 键，如图 12-6 所示。

第 7 步，关于 overscan 选项，如果屏幕显示的图像并没有完全占用显示器空间，此时，将 overscan 禁用掉，让系统充分利用整个屏幕。但如果屏幕显示没有问题，那么就可以跳过这个步骤，如图 12-7 所示。

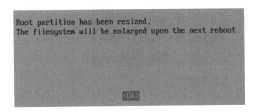
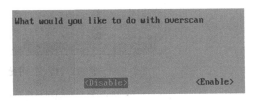

图 12-6　映像文件大小扩展到整张 SD 卡中　　　　图 12-7　禁用掉 overscan

第 8 步，选择 configure_keyboard，然后按 Enter 键，下面显示的画面中会看到一个很长的列表，里面有不同的键盘类型，可以根据需要来选择。Raspbian 默认的是英国键盘布局，在中国使用的键盘布局与美国的相同，因此本实验案例要对它进行更改才能正常使用。直接选择 Generic 105-key (Intl) PC 键盘，如图 12-8 所示。

图 12-8　键盘布局 configure_keyboard

选择其他（Other），如图 12-9 所示；然后在里面的列表选择 English（US），按 Enter 键，接着返回上层目录，此时会多出一个选择的 English（US）选项，选择它，如图 12-10

所示；接着会被问到关于辅助键的问题，选择默认选项，全部直接按 Enter 键即可。到这里 Rasbian 操作系统就可以正常运行了。

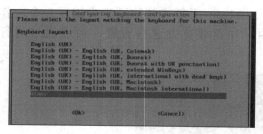

图 12-9　键盘布局语言选项

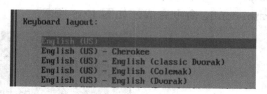

图 12-10　键盘语言选项（English）

12.2.2　QT 工程建立

如果系统装的是本实验案例提供的系统，里面已经装好 QT，这里便不再讲解 QT 如何安装；如果装的是自己在官网上下载的系统，可参考相关文档来完成 QT 开发环境安装及配置。

第 1 步，打开 Qt Creator，如图 12-11 所示。

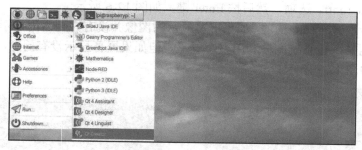

图 12-11　在树莓派上打开 QT 开发工具

第 2 步，按照图 12-12 所示的操作，建立新的工程。

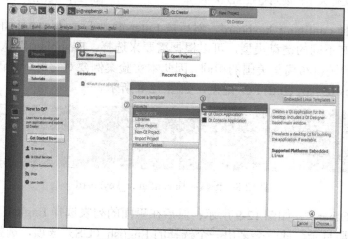

图 12-12　建立新的 QT 工程

第 3 步，添加工程名称 Intelligent_ctrl，工程保存在/home/pi 目录下，如图 12-13 所示。

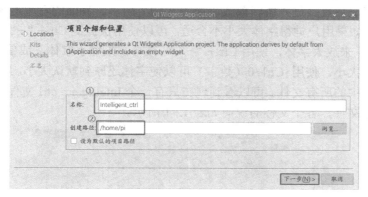

图 12-13　添加工程名称 Intelligent_ctrl

第 4 步，选择 Kit，如图 12-14 所示。

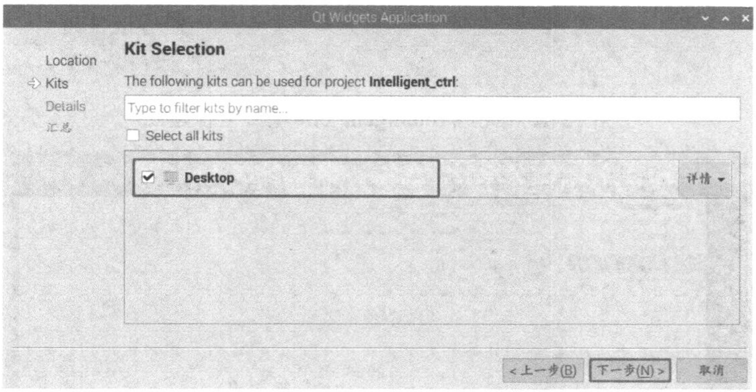

图 12-14　新工程选择 Kit

第 5 步，类信息设置，将 Class name 改为 Intelligent_ctrl，将 Base class 改为 QWidget 窗体类，然后点击 Next，如图 12-15 所示。

图 12-15　将 Class name 改为 Intelligent_ctrl、Base class 改为 QWidget

第6步，直接单击Finish按钮，完成Intelligent_ctrl项目工程建立，如图12-16所示。项目工程建立完成后直接进入编辑模式，如图12-17所示。界面的右边是编辑器，可以阅读和编辑代码。如果用户觉得字体大小不合适，可以使用快捷键Ctrl+"+"（即同时按Ctrl键和"+"号键）来放大字体，使用Ctrl+"–"（减号）来缩小字体，或使用Ctrl键+鼠标滚轮来调节字体大小，使用 Ctrl+0（数字）可以使字体还原到默认大小。再来看左边栏，其中罗列了项目中的所有文件。可以看到现在只有一个Intelligent_ctrl文件夹，在这个文件夹里包括了5个文件，各个文件的说明如表12-1所示。

图 12-16　完成 Intelligent_ctrl 项目工程建立

图 12-17　QT 项目编辑模式

表 12-1　QT 项目目录中各个文件说明

文　件	说　明
Intelligent_ctrl.pro	该文件是项目文件，其中包含了项目相关信息
Intelligent_ctrl.pro.user	该文件中包含了与用户有关的项目信息
intelligent_ctrl.h	该文件是新建的 Intelligent 类的头文件
intelligent_ctrl.cpp	该文件是新建的 Intelligent 类的源文件
main.cpp	该文件中包含了 main()主函数
intelligent_ctrl.ui	该文件是设计师设计的界面对应的界面文件

第7步,添加已有文件,首先将提供资源包中/home/pi/RES 目录下的 posix_qextserialport.
cpp 、 posix_qextserialport.h 、 qextserialbase.cpp 、 qextserialbase.h 、 qextserialport.cpp 、
qextserialport.h、serialserver.cpp、serialserver.hpp、settings.cpp、settings.hpp 10 个文件复制
到 Intelligent_ctrl 工程目录下, 如图 12-18 所示。

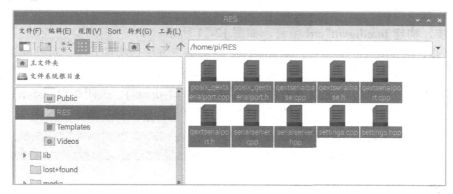

图 12-18 文件复制到 Intelligent_ctrl 工程目录下

第 8 步, 然后在 Qt Creator 中选中工程目录, 右键单击 Add Existing Files, 将复制的
10 个文件添加到 Intelligent_ctrl 项目中, 如图 12-19 和图 12-20 所示。

图 12-19 添加 QT 项目文件

图 12-20 将已有文件添加到 QT 项目中

　　其中 posix_qextserialport.cpp、posix_qextserialport.h、qextserialbase.cpp、qextserialbase.h、qextserialport.cpp、qextserialport.h 这 6 个文件是 QT 第三方串口库文件，在 QT4 版本里，还没有集成串口类，QT5 版本中已包含。serialserver.cpp、serialserver.hpp 这两个文件是自己封装针对串口库对外的调用接口，settings.cpp、settings.hpp 这两个文件是为了更好的对类操作，封装接口。

　　第 9 步，构建 Intelligent_ctrl 项目，如图 12-21 所示。

　　第 10 步，serialserver 类解析，serialserver 类是第三方串口类的封装，对外的调用接口。要完成串口类接口的封装，首先要引入"qextserialbase.h"头文件，它包含串口基本的配置参数，如波特率、校验位等，主要对外接口提供打开串口 open()、关闭串口 close()、读写函数等。至此，树莓派网关串口实验的系统架构与项目工程建立已完成。

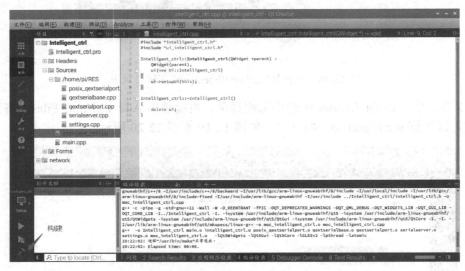

图 12-21　构建 Intelligent_ctrl 项目

12.3　树莓派 Wi-Fi 网关串口数据收发

　　本节将介绍树莓派 Wi-Fi 网关串口数据的读取与发送，实现的具体功能如下：利用 2 根 USB 转 232 串口线（一公头、一母头），实现计算机串口调试助手向网关发送数据时，树莓派网关可以原原本本将接收到的数据返回给计算机端的串口调试助手。

12.3.1　串口简介

　　串行口是计算机上常见的设备通信协议，它也是仪器仪表设备的通用通信接口，串行通信协议也可用于远程采集设备的数据采集。串行通信的概念非常简单，串行端口按位发送和接收字节。虽然串行端口比并行字节通信慢，但可以在一条线上发送数据，在另一条线上接收数据，可以实现远程通信，对于串行端口，长度可达 1200m。

　　通常，串行端口用于传输 ASCII 字符。通信由三条线完成：① 地线；② 发送；③ 接收。由于串行通信是异步的，端口可以在一条线上发送数据，在另一条线上接收数据，其他线路用于握手。串行通信最重要的参数是比特率、数据位、停止位和奇偶校验，要使两个设备上的串行端口进行通信，这些参数必须匹配。

　　（1）比特率：这是一个用来测量通信速度的参数。它表示每秒传输的位数。例如，300 波特表示每秒 300 位。通常电话线的比特率为 14400、28800 和 36600。高比特率通常用于紧密放置在一起的仪器之间的通信，一个典型的例子是 GPIB 设备之间的通信。

　　（2）数据位：这是测量通信中实际数据位的参数。当计算机发送数据包时，实际数据不是 8 位，标准值是 5、7 和 8 位。例如，标准的 ASCII 码是 7 位，扩展的 ASCII 码是 8 位。如果数据使用简单文本（标准 ASCII 代码），那么每个数据包使用 7 位数据。每个包都是一个字节，包括起始/停止位、数据位和奇偶校验位。

　　（3）停止位：用于表示单个包的最后一位。典型值为 1、1.5 和 2 位。由于数据是在传输线上定时的，而且每个设备都有自己的时钟，所以两个设备之间的通信可能存在一个小的不匹配。因此，停止位不仅表示传输结束，而且为计算机纠正时钟同步提供了机会。停止位的可用位越多，不同时钟同步的容差能力越大，但数据传输速率越慢。

　　（4）奇偶校验位：它是串行通信中的一种简单的错误检查方法。错误检测有四种类型：偶数、奇数、高和低。当然，没有校验位是可以的。在偶数和奇数检查的情况下，串行端口将检查位（数据位之后的位）设置为一个值，以确保传输的数据具有偶数或奇数逻辑高位。例如，如果数据为 011，则对于偶数检查，检查位为 0，确保逻辑高位数字的数目为偶数。如果是奇数校验，则校验位为 1，因此有三个逻辑高位。高值和低值并不真正检查数据，只需设置逻辑高或逻辑低检查。这允许接收设备知道一个位的状态，使其有机会确定是否存在干扰通信的噪声或数据的传输和接收是否不同步。

12.3.2　程序设计

　　串口数据收发，需要定义一个串口，使之能够利用串口接收到其他设备传来的数据。串口接收到的数据放到串口缓存区。从串口缓存区获取数据的方式有很多种，这里采用定时器的方式周期性从串口缓存区读取数据，读取到数据后立刻把数据发送出去。其具体步骤如下。

　　（1）如图 12-22 所示，使用 QT Creator 打开串口数据收发项目 Intelligent_ctrl。

　　（2）如图 12-23 所示，双击 Intelligent_ctrl 文件夹，选择 Interlligent_ctrl.pro 文件，单击 Open 按钮。

　　（3）双击 intelligent_ctrl.cpp，添加头文件。因为要用到定时器、串口、输出调试信息，所以需要以下 3 个头文件：#include<QTimer>（提供定时器信号与单触发定时器）、#include<QDebug>（用于输出自定义调试信息）、#include"serialservice.hpp"（针对串口库对外的调用接口）。添加完成后的代码如图 12-24 所示。

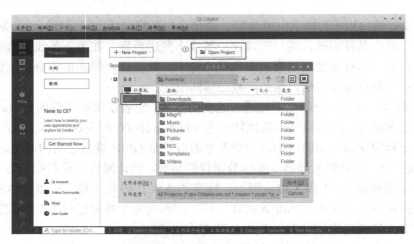

图 12-22　打开 Intelligent_ctrl 项目

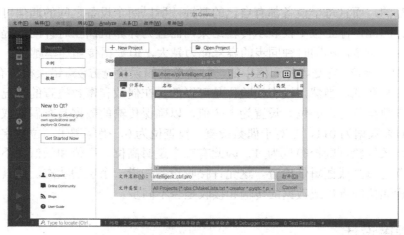

图 12-23　启用 Interlligent_ctrl.pro 文件

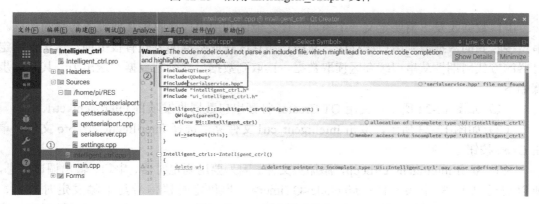

图 12-24　添加完成后的代码

（4）在 Intelligent_ctrl::Intelligent_ctrl(QWidget *parent) : QWidget(parent), ui(new Ui::Intelligent_ctrl) 中添加打开串口及定时器相关代码，连接函数 connect(pTimer,

SIGNAL(timeout()),this,SLOT(onTimer())); 当定时器 pTimera 打开后，将会以恒定的时间，周期性地发出 timeout()信号。函数 start(TIMER_INTERVAL)，每隔 TIMER_INTERVAL 毫秒的时间发出 timeout()信号。添加完成后的代码如图 12-25 所示。

图 12-25 添加完串口及定时器代码的工程

（5）函数 onTimer(),定义一个数组 bytes，读取串口数据，并输出读取的串口数据。关于串口打开函数 open()及参数配置和读取串口函数 read()已在提供的 serialservice.cpp 中定义，所以可直接调用。在软件开发界面上，可以按 Ctrl 键的同时使用鼠标点击对应函数查看。串口需要先打开再配置参数。

（6）在 intelligent_ctrl.cpp 中使用的定时器 pTimer、定时时间 TIMER_INTERVAL。槽函数 onTimer()需要在 intelligent_ctrl.h 中声明。

（7）串口读取数据的周期是 200ms 读取一次，在读取串口数据后需要把读取到的串口数据返回，所以需要在串口数据读取函数 read()中添加代码。

（8）至此，QT 串口数据收发的全部代码编写完成。点击项目编译，结果如图 12-26 所示，这说明程序没有问题。

图 12-26 QT 串口数据收发项目编译结果

12.3.3 运行验证

运行验证的具体步骤如下。

（1）把 USB 转 232 串口线公母头对插，另一头分别插到网关的 USB 口和计算机的

USB 口，单击程序运行按钮，运行整个项目，结果如图 12-27 所示，此时没有接收到任何串口数据。

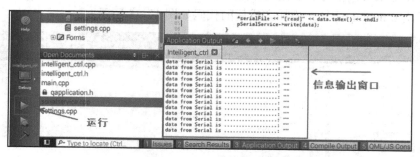

图 12-27　项目运行结果

（2）打开计算机上的串口调试助手，在数据发送区填写一些数据，这里写的是 16 进制的"11 22 33 44"，如图 12-28 所示。

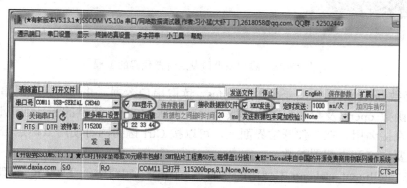

图 12-28　数据发送区发送数据

（3）点击串口调试助手的发送，则在树莓派网关的运行程序的信息输出窗口显示出串口得到的数据，如图 12-29 所示。同时，串口调试助手的接收窗口接收到树莓派网关返回的数据，结果如图 12-30 所示。

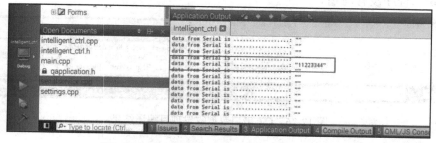

图 12-29　树莓派网关的运行程序的信息输出

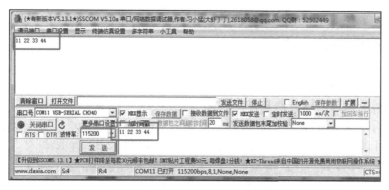

图 12-30　上位机串口调试助手接收树莓派网关返回的数据

12.4　树莓派 Wi-Fi 网关数据采集传输与控制

本节主要介绍网关把串口接收到的光照数据通过 Wi-Fi 无线网络传输给客户端，同时接收客户端发送的命令再通过串口发送出去控制继电器。网关作为服务器，计算机上的网络调试助手作为客户端。

12.4.1　硬件环境搭建

本节需要的硬件有树莓派 Wi-Fi 网关一台、USB 转 485 模块一个、光照传感器模块一个、继电器模块一个。如图 12-31 所示，树莓派网关通过 USB 转 485 模块与光照传感器模块和继电器模块实现串口通信，光照模块把采集到的光照数据通过 485 接口周期性（1.5s）地上传给树莓派网关，同时网关也可以通过 USB 转 485 模块给继电器模块下发命令，控制继电器吸合。

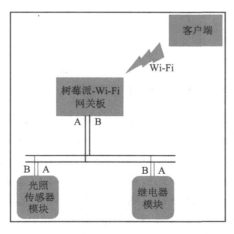

图 12-31　树莓派 Wi-Fi 网关与物联网节点进行数据交互

12.4.2　网络通信程序设计

本节所用到的程序是在 12.3 节串口数据收发的基础上修改的，添加了网络通信程序，这里把树莓派网关设置为服务器具体步骤如下。

（1）打开 12.3 节的工程，把资源包里面的"netservice.cpp""netservice.hpp"（在/home/pi/RES 目录下）2 个文件复制到工程目录下，如图 12-32 所示。

图 12-32　复制网络通信相关文件到项目文件夹

（2）双击 Intelligent_ctrl.pro 文件，运行该工程，然后依照 12.2 节中所讲内容把"netservice.cpp""netservice.hpp"2 个文件添加到工程项目中，添加完成后如图 12-33 所示。

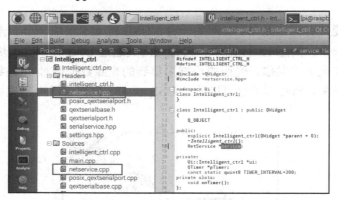

图 12-33　将 2 个网络程序文件添加到工程项目中

单击"netservice.cpp"文件，本实验案例可以看到一个通信 newConnection()连接，和一个槽函数 acceptConnection()，当信号触发就执行槽函数。把树莓派设置为服务器，地址是本地地址，端口为 8888。获取已建立连接的 TCP Socket（套接字），使用它完成数据的发送与其他操作。同时，当树莓派收到数据时，启动 startRead()函数来读取数据。如果树莓派网关需要将数据发送到远程服务器，则调用 startWrite()函数。

（3）在"netservice.hpp"文件中本实验案例调用了"#include<QtNetwork>"头文件，需要在"Intelligent_ctrl.pro"文件中添加 QT + = network，这样就可以在"netservice.cpp"文件中完成网络服务器的建立以及网络数据的收发。

（4）此时需要在"intelligent_ctrl.cpp"文件中启动网络服务，所以需要在此文件的 Intelligent_ctrl::Intelligent_ctrl(QWidget *parent):QWidget(parent), ui(new Ui::Intelligent_ctrl) 中添加代码 Service->getService() 来启动网络服务。

（5）要实现当网络接收到数据时，再利用串口将收到的数据发送出去，需要在 "netservice.cpp" 的 startRead() 函数中添加串口发送函数 pSerialService->write(buffer)。

（6）要实现当串口接收到数据后，网关把串口收到的数据发送给连接的客户端则需要 在 "serialservice.cpp" 的 read() 函数中添加 pNetService->startWrite(data) 代码。

12.4.3　运行验证

代码编写完成后，按照 12.4.1 的描述搭建好硬件平台。光照传感器模块每个 1.5s 上传 一组数据，数据格式为 EE CC 01 01 01 07 FF 00 00 00 00 00 00 00 00 FF，其中 07 FF 是光 照数据的高 8 位与低 8 位；继电器控制命令格式为 cc ee 01 02 01 02 00 00 00 00 00 00 00 00 00 ff，因为有 2 个继电器，其中标记部分是控制命令，01 01 打开 Relay1，01 02 打开 Relay2； 02 01 关闭 Relay1，02 02 关闭 Relay2。具体的验证步骤如下。

（1）网关连接无线网络，查看网关 IP 地址，如图 12-34 所示。

图 12-34　查看网关 IP 地址

（2）运行树莓派网关程序，运行结果如图 12-35 所示。

图 12-35　树莓派网关程序运行结果

（3）计算机连接到网关所属的无线网络局域网，打开网络调试助手，建立一个 TCP Client，如图 12-36 所示。数据接收区可以接收来自网关的传感器数据，也可以通过数据发 送区发送继电器控制命令。

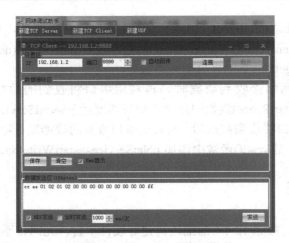

图 12-36　在计算机上建立一个与网关通信的 TCP Client

（4）单击网络调试助手连接按钮，与网关建立起网络连接，此时数据接收区可以接收到数据，如图 12-37 所示。

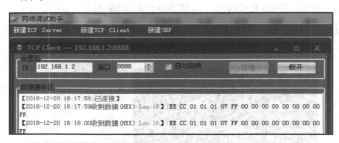

图 12-37　数据接收区可以接收到数据

（5）在网络调试助手的数据发送区填写继电器控制命令，点击发送按钮，如图 12-38 所示，继电器被打开。

图 12-38　树莓派网关接收指令控制继电器

12.5　小　　结

本章介绍了一款树莓派 Wi-Fi 网关的实验案例。通过该网关可以实现 RS485 及串口传感器数据的收集，并将收集的数据通过 Wi-Fi 通信发送到服务器；也可以接收来自服务器的命令，实现树莓派 Wi-Fi 网关对继电器的控制。

思　考　题

1. 树莓派的操作系统安装在哪里？
2. 简述树莓派操作系统烧录的 3 个步骤。
3. 简介 QT 程序开发框架。
4. 简介树莓派实验网关的硬件环境。

案　　例

Raspberry Pi 没有内置的测试和测量功能，如模数转换器（ADC）、数模转换器（DAC）或条件数字输入和输出（DIO）。这些功能可以通过 USB 端口或提供支持 SPI 和 I2C 的 GPIO 引脚的 40 针头扩展。直接连接到 40 针设备并堆叠在 Raspberry Pi 上的设备称为 HAT（硬件连接在顶部）。图 12-39 为一个基于树莓派的数据收集网关。Raspberry Pi 的功能开始在整个行业中广泛使用，包括通过测量计算将其集成到 WebDAQ 系列数据记录器的设计中。利用 Raspberry Pi 计算模块 3 和数据采集设备，MCC 创建了高性能 WebDAQ 504 声学/振动数据记录器，它采集和记录 4 个通道的 24 位数据，在所有 4 个通道上执行 FFT，并从响应式 web 服务器向用户显示数据。

第 12 章　源代码

图 12-39　树莓派 MCC DAQ HATs 网关

第 13 章　树莓派实验室安全监控网关

学习要点

- ❑　了解树莓派实验室安全监控网关功能和用法。
- ❑　掌握树莓派实验室安全监控网关需求分析及总体设计方法。
- ❑　掌握网关数据收集实现方法。
- ❑　了解网关数据的处理与存储模块的实现。

13.1　树莓派实验室安全监控网关简介

在实验室里面有很多的设备，而且设备的成本都是非常昂贵的。实验室设备需要面向师生开放，每天的人流量都非常大，为预防安全事故发生，需要开发一套功能全面的监控系统。如图 13-1 所示，确定采用树莓派 Raspberry Pi B 为实验室安全监控网关。传感器作为数据采集的节点，Arduino Uno 为基站节点，ZigBee 提供传感器节点与网关之间的无线数据通信。网关软件的开发以 C 语言为主；Web 管理系统开发则使用 SSH 三大框架技术。

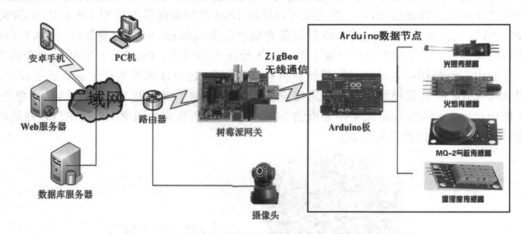

图 13-1　基于树莓派网关的实验室监控系统网络拓扑图

本章项目的一些相关性技术包括树莓派网关、Arduino Uno 单片机、节点传感器、ZigBee 通信、MySQL 数据库、三大框架 SSH。本项目的主要任务是完成 Arduino 传感器节点数据收集，使用 ZigBee 进行节点与树莓派网关无线数据通信，网关进行数据处理并将处理后的数据发送到 Web 服务器。

13.2　相　关　技　术

13.2.1　Arduino Uno 单片机

Arduino Uno 跟当今流行的单片机一样都是使用 USB 接口。它的组成包括 ATmega328 处理器、14 个引脚、一个 USB 接口、一个充电入口等。在这个系统中，它充当的是一个传感器节点基站的作用，每个节点的供电和数据的处理第 1 步都经过它，其模块功能如图 13-2 所示。

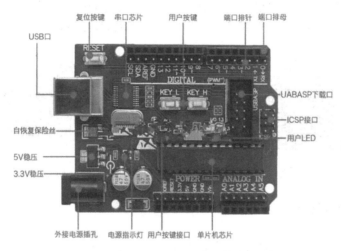

图 13-2　Arduino Uno 功能模块图

13.2.2　传感器

如图 13-3 所示，Arduino 单片机可以收集温湿度传感器（DHT11）的数据。DHT11 体积比较小，有一个温度和湿度的感应区域。DHT11 有三个引脚：一个是 5V 的输入口、一个是接电线、一个是数字信号口；其中数字信号引脚与 Arduino 单片机连接。

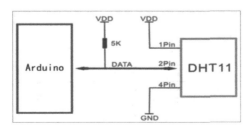

图 13-3　温湿度传感器与 Arduino 单片机连接原理图

　　同时，Arduino 单片机还可以收集火焰传感器的数据。如图 13-4 所示，LM393 火焰传感器有四个接线脚，除了电源和接地引脚以外，另外两个是数据信号引脚（AO 和 DO）。

　　MQ-2 气体传感器的接线引脚如图 13-5 所示。它是由一组信号指示灯以及 TTL 输出等多种功能模块组合而成的，它的模拟量电压为 0～
5V，气体浓度和电压是成正比的关系。它的体积虽
然比较小，但是功能很齐全，它有四个接线脚，分别
是电源引脚、接地引脚和 2 个信号引脚；其中 DO 是
数字信号引脚，AO 是模拟信号引脚。

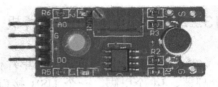

图 13-4　LM393 火焰传感器

　　如图 13-6 所示，光敏光线传感器是通过 LM358
对可见光的波长进行探测，它有一个感应光照强度的感应区域。通过检测可见光的强度和波长，将其转化为模拟信号的高低电平；处理器可通过信号的起伏做出不一样的处理，该传感器模块具有信号输出指示灯、单路信号输出口以及可以对传感器的灵敏度进行调节的按钮。

图 13-5　MQ-2 气体传感器的接线图

图 13-6　LM358 光敏光线传感器

13.2.3　ZigBee 通信

　　本项目使用 ZigBee 无线通信完成 Arduino 传感器节点与树莓派网关之间的数据传输。图 13-7 所示的 ZigBee 模块是一种传输量小、速度慢、距离远的无线通信模块，它有一个 PCB 天线及一个外接天线的接口。

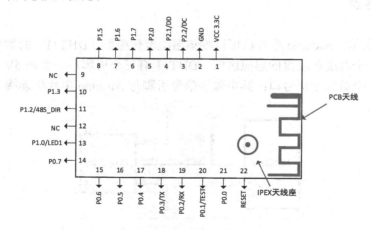

图 13-7　ZigBee 模块接口原理图

13.3　需求分析及总体设计

13.3.1　需求分析概述

树莓派网关通过与其连接的 ZigBee 模块与 Arduino-ZigBee 传感器节点进行实时无线数据通信。基于树莓派网关搭建的实验室安全管理系统主要通过 Arduino-ZigBee 节点实时收集实验室环境数据，并能够及时地将数据发送到网关处理，并通过 Web 端对数据进行实时显示。同时，系统对数据进行安全判断，自动捕捉异常数据并及时通知相关人员，把损失降到最低。

基于树莓派网关的实验室安全管理系统要实现的功能包括：① 管理员可以使用本系统的监控软件来跟踪各个实验室的情况；② 管理员可以通过本系统的监控软件统计各个实验室发生事故的次数；③ 整个系统能够对采集到的各个实验室的温度、湿度、气体可燃指数、火焰指数、光照指数的数据进行存储；④ 管理系统可以通过图表和文字的形式，显示温度、湿度、气体可燃指数、火焰指数、光照指数的信息值；⑤ 管理员可以远程登录实验室管理系统。实验室监控系统的模拟用例如图 13-8 所示。

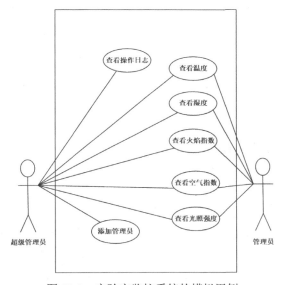

图 13-8　实验室监控系统的模拟用例

13.3.2　系统总体设计

实验室监控系统包括数据的采集与分析、数据的存储、数据的动态显示以及智能报警等。根据硬件及软件实现的不同功能，本项目的三个主要部分为：数据采集层、分析层、Web 服务层。采集层主要完成传感器节点的数据采集、Arduino 单片机基站的数据处理、串口的通信；采集层主要负责采集实时数据、处理及发送给分析层（网关）。分析层是所建立的树莓派网关，主要是综合处理收集到的实验室环境数据，并将数据发送给 Web 服务层。Web 服务层可以让用户进行远距离查看，管理员能够通过 Web 端查看整个系统的实时运行情况。

13.3.3　实验室管理系统数据库设计

1. 数据库表的说明和关系

实验管理系统 Web 服务器数据的存储是通过管理员表（manager）、场所表（place）、网关表（gateway）、节点表（node）、命令表（command）、传感器数据表（sensordata）来实现的，其关系图如图 13-9 所示。设置外键可以防止数据的输入不正确，也可以用外键控制数据的存储。

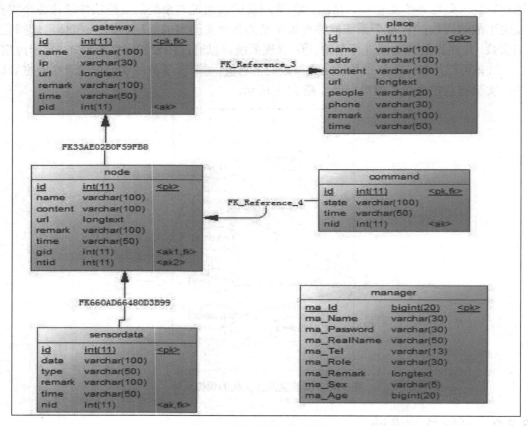

图 13-9　数据库表格关系图

2. 信息源（数据字典）

如表 13-1 所示，管理员表（manager）包括管理员 ID、登录名、密码、真实姓名、性别、年龄、电话、角色字段，用于存放系统管理者的账号、密码等一些详细资料。

表 13-1　管理员表（manager）

数 据 项	字 段 名	数 据 类 型	长　　　度	是否可为空值	是否为主键/外键
管理员 ID	ma_Id	Int	8	No	主键
登录名	ma_Name	Varchar	30	No	
密码	ma_Password	Varchar	30	No	
真实姓名	ma_RealName	Varchar	50	No	
性别	ma_Sex	Varchar	5	No	
年龄	ma_Age	Varchar	4	No	
电话	ma_Tel	Varchar	14	No	
角色	ma_Role	Varchar	30	No	

　　如表 13-2 所示，场所表（place）包括场所 ID、场所名称、场所地址、场所简介、场所图片、场所负责人、负责人电话、添加时间字段，用于记录产地名称、相对应的地址，以及各场地负责人等信息。

表 13-2　场所表（place）

数 据 项	字 段 名	数 据 类 型	长　　　度	是否可为空值	是否为主键/外键
场所 ID	id	Int	11	No	主键
场所名称	name	Varchar	100	Yes	
场所地址	Addr	Varchar	100	Yes	
场所简介	Content	Varchar	200	Yes	
场所图片	url	Varchar	20	Yes	
场所负责人	People	Varchar	30	Yes	
负责人电话	Tel	Varchar	100	Yes	
添加时间	Time	Varchar	50	Yes	

　　如表 13-3 所示，网关表（gateway）包括网关 ID、网关名、网关 ip、网关图片、备注、添加时间、场所 id 字段，用于记录网关所在的位置、ip、名称等信息。

表 13-3　网关表（gateway）

数 据 项	字 段 名	数 据 类 型	长　　　度	是否可为空值	是否为主键/外键
网关 ID	Id	Int	11	No	主键
网关名	Name	Varchar	100	Yes	
网关 ip	Ip	Varchar	30	Yes	
网关图片	url	Varchar	200	Yes	
备注	Remark	Double	100	Yes	
添加时间	Time	Varchar	50	Yes	
场所 id	Pid	Int	11	Yes	外键

　　如表 13-4 所示，节点表（node）包括节点 ID、节点名、节点简介、节点图片、备注、添加时间、网关 id 字段，用于记录各个节点的名称以及它所对应的网关。

表 13-4　节点表（node）

数 据 项	字 段 名	数 据 类 型	长 度	是否可为空值	是否为主键/外键
节点 ID	Id	Int	11	No	主键
节点名	Name	Varchar	100	Yes	
节点简介	Content	Varchar	200	Yes	
节点图片	url	Varchar	200	Yes	
备注	Remark	Varchar	100	Yes	
添加时间	Time	Varchar	50	Yes	
网关 id	Gid	Int	11	Yes	外键

如表 13-5 所示，命令表（command）包括命令 id、命令内容、添加时间字段，用于记录所发布的相关命令信息。

表 13-5　命令表（command）

数 据 项	字 段 名	数 据 类 型	长 度	是否可为空值	是否为主键/外键
命令 id	Id	Int	11	No	主键
命令内容	State	Varchar	100	Yes	
添加时间	Time	Varchar	50	Yes	

如表 13-6 所示，传感器数据表（sensordata）包括数据 ID、数据值、数据类型、备注、添加时间、节点 id 字段，用于存储所收集的传感器数据。

表 13-6　传感器数据表（sensordata）

数 据 项	字 段 名	数 据 类 型	长 度	是否可为空值	是否为主键/外键
数据 ID	Id	Int	11	No	主键
数据值	Data	Varchar	100	Yes	
数据类型	Type	Varchar	50	Yes	
备注	Remark	Varchar	100	Yes	
添加时间	Time	Varchar	50	Yes	
节点 id	Nid	Int	11	Yes	外键

13.4　网关数据收集实现

13.4.1　节点数据收集功能实现

实验室环境数据的收集是通过 Arduino 传感器节点模块来实现的，这个模块包括 Arduino Uno 单片机及与之连接的温湿度、火焰、MQ-2 气敏以及光照等传感器。每个 Arduino 传感器节点也连接一个可以自行组网的 ZigBee 通信模块。Arduino 传感器节点将收集到的传感器数据通过 ZigBee 模块发送到树莓派网关。

1. 温湿度传感器数据收集

温湿度监测采用 DHT11 数字温湿度传感器，将这个设备与 Arduino 板相连，用于实时获取温湿度数据，利用 ZigBee 模块发送数据给树莓派。温湿度传感器与 Arduino 单片机的连接如图 13-10 所示。

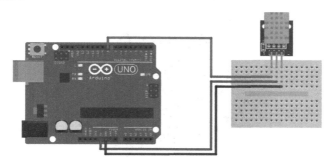

图 13-10　温湿度传感器与 Arduino 连接图

温湿度传感器通过三根引脚线与 Arduino 单片机进行通信，它们之间是通过字节流的数据传输方式进行交互的。在单片机里面烧录接收和处理的代码，并构建出两者之间共同的、不和其他设备冲突的信道接口，对该接口进行时时监听，有数据的话就进行收集和处理，避免造成数据丢失的情况。

2. 火焰传感器数据收集

火焰监测采用火焰传感器模块，将火焰传感器与 Arduino 板相连，用于实时获取火焰数据。在火焰传感器收集数据的时候，如果收集到异常数据，其传感器上有一个相应的指示灯会发亮，这时获取到的数据将出现较为明显的变化，更容易看到实验室环境数据的异常。火焰传感器数据收集的详细实物连接如图 13-11 所示。火焰传感器有四个引脚，其中两个信号引脚接收的数据是一个相反的数值。

图 13-11　火焰传感器模块与 Arduino 连接图

3. 烟雾气敏传感器数据收集

　　将烟雾气敏传感器与 Arduino 板相连,用于采集环境空气中相关的烟雾数据。如果收集到的烟雾气敏传感器的数据出现异常,其传感器上有一个相应的指示灯会发亮,这时获取到的数据将出现较为明显的变化,有助于本地监测实验室环境变化,其实物连接如图 13-12 所示。

图 13-12　烟雾气敏传感器模块与 Arduino 连接图

4. 光敏光线传感器数据收集

　　光敏光线传感器模块可采集环境中的光照系数,以高低电平的模拟信号进行转化及数据输出。将光敏光线传感器与 Arduino 板相连,可采集光照强度的值并通过 ZigBee 模块将数据发送到树莓派。光敏光线传感器收集数据的时候,如果收集到的数据出现异常,其传感器上的指示灯会发亮,其详细实物连接图如图 13-13 所示。

图 13-13　光敏光线传感器模块与 Arduino 连接图

13.4.2　ZigBee 通信模块的实现

　　将节点的传感器与 Arduino 板相连,用于实时获取环境的数据。利用 ZigBee 模块,通过无线通信将数据发送给树莓派。首先,要对每个 ZigBee 模块进行参数的配置,所有的

ZigBee 模块要配置一个相同的信道和相同的波特率。其次，如图 13-14 所示，将 ZigBee 和计算机连接在一起，通过上位机的配置软件将所有的 ZigBee 模块配置成 26 信道，波特率为 9600bit/s。最后，连接在树莓派网关上的 ZigBee 模块在节点类型上要设为协调器，其他的模块统一设成路由器。

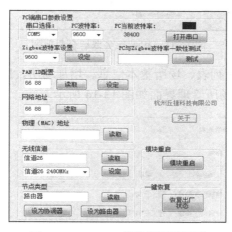

图 13-14　ZigBee 模块的配置界面

13.4.3　网关数据的处理与存储模块的实现

树莓派网关作为本系统的控制中心，通过无线网卡连接网络，与 Web 服务器通信。与树莓派网关连接的 ZigBee 模块负责收发来自不同 Arduino 基站节点的传感器数据。通过 http 协议，树莓派网关可将数据发送到 Web 服务器，存储到数据库。

网关模块连接一个 ZigBee 协调器，并时时地监听接收这个 ZigBee 协调器从 Arduino-ZigBee 传感器节点接收回来的数据。树莓派网关将接收到的数据进行处理，并通过 HttpUtil.sendSensorData（sensor）函数将数据发送到 Web 服务器。

13.5　Web 服务实现

Web 服务器采用了 SSH 三大框架，建立了一个功能完善的后台。该 Web 服务后台主要分为三大模块。在场所管理中，场所列表主要记录了实验室监控场所的信息；网关列表记录了各个网关的位置、备注、IP 地址等相关信息；节点列表记录了每个网关的各个节点的信息。三者间的关系是一个场所可以有多个网关，一个网关有多个节点。命令列表是记录对系统的每一个操作，方便对整个系统的监控。Web 后台管理界面如图 13-15 所示。

图 13-15　Web 服务器后台实现图

场所管理包括查看场所列表、场所基本信息、增加场所、删除场所、更新场所详细信息等，所实现的 Web 后台场所管理界面如图 13-16 所示。

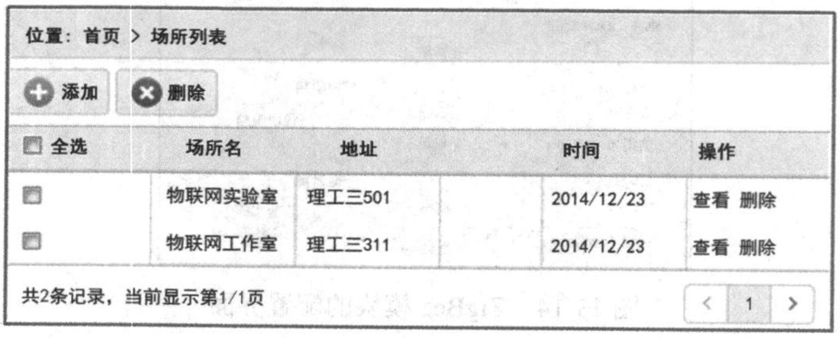

位置：首页 > 场所列表				
⊕ 添加　　⊗ 删除				
☐ 全选	场所名	地址	时间	操作
☐	物联网实验室	理工三501	2014/12/23	查看 删除
☐	物联网工作室	理工三311	2014/12/23	查看 删除
共2条记录，当前显示第1/1页				‹ 1 ›

图 13-16　场所列表实现效果

Web 服务所实现的功能包括查看网关列表以及其基本信息、为某个场所增加网关、删除某个场所的网关、查看或者更新某个场所网关详细信息。另外，Web 实现的功能包括查看节点列表以及其基本信息、为某个网关增加节点、删除某个网关的节点、查看或者更新某个网关节点详细信息等。Web 后台节点管理界面实现效果如图 13-17 所示。

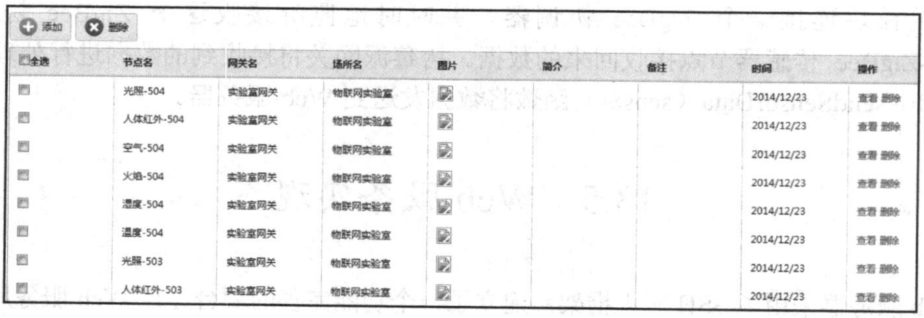

⊕ 添加　⊗ 删除								
☐全选	节点名	网关名	场所名	图片	简介	备注	时间	操作
☐	光照-504	实验室网关	物联网实验室	🖼			2014/12/23	查看 删除
☐	人体红外-504	实验室网关	物联网实验室	🖼			2014/12/23	查看 删除
☐	空气-504	实验室网关	物联网实验室	🖼			2014/12/23	查看 删除
☐	火焰-504	实验室网关	物联网实验室	🖼			2014/12/23	查看 删除
☐	湿度-504	实验室网关	物联网实验室	🖼			2014/12/23	查看 删除
☐	温度-504	实验室网关	物联网实验室	🖼			2014/12/23	查看 删除
☐	光照-503	实验室网关	物联网实验室	🖼			2014/12/23	查看 删除
☐	人体红外-503	实验室网关	物联网实验室	🖼			2014/12/23	查看 删除

图 13-17　节点列表实现效果

13.6　小　　结

本章基于树莓派网关与 Arduino 节点开发了一个实验室安全监控系统。每个树莓派网关可以接收来自多个 Arduino 传感器节点的数据，并将数据传输到 Web 数据服务中心。管理员通过登录 Web 管理系统可以实时监测实验室的安全环境。

思　考　题

1. 简介第 13 章的主要内容。
2. 简介第 13 章中 ZigBee 无线通信是如何使用的。
3. 简介实验管理系统 Web 服务器主要使用哪些表格。
4. 简介第 13 章温湿度传感器的数据收集、传输及显示。

案　　例

图 13-18 为一个实验室警报网关 LabAlert，它从云端监控实验室就像检查电子邮件一样简单。准确地跟踪什么时候出了问题，实时警报发送到用户的手机。LabAlert 为用户提供全天候服务，无论用户是否在实验室，用户只需要一台计算机、一部智能手机或平板电脑设备就可以随时随地查看实验室监测数据。

图 13-18　实验室警报网关 LabAlert

第 13 章　源代码

第 14 章　ARM 单片机网关

学习要点

- ❑　了解 ARM 单片机基本功能和用法。
- ❑　掌握 ARM 数据收集方法。
- ❑　掌握 ARM 设备控制原理。
- ❑　了解 ARM 数据上传机理。

14.1　ARM 简介

ARM 又称 Acorn RISC Machine，是英国 Acorn 有限公司设计的第一款低功耗、低成本的 RISC 微处理器。1985 年，第一个 ARM 原型诞生于英国剑桥。与复杂指令集 CISC 相比，基于 RISC 的 ARM 指令集具有统一的指令格式、较少的类型和较少的寻址方式，使得基于 ARM 的物联网网关具有体积小、功耗低、成本低、性能高等特点。

如图 14-1 所示，ARM 公司于 1990 年成立，是苹果、诺基亚、Acorn、VLSI Technology 等公司的合资企业，主要出售 ARM 芯片设计技术的授权。同时，ARM 可以看作是一类微处理器的通用术语，也可以看作是一种技术的名称。目前，流行的 ARM 芯片版本为 ARM7/ARM9。除了一些 Unix 图形工作站外，大多数 ARM 核心处理器都在嵌入式领域中使用。到目前为止，基于 ARM 的微处理器的应用占 32 位嵌入式微处理器市场的 75%以上。全球 90%以上的 4G、5G 智能手机产品均采用 ARM 嵌入式处理器。

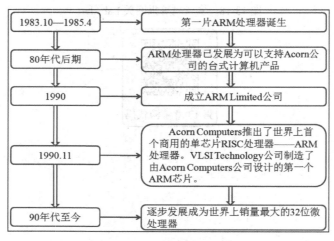

图 14-1　ARM 处理器发展历史

14.2 ARM 网关硬件介绍

ARM 硬件主要包括 ARM7 系列、ARM v8 系列、ARM9 系列、ARM9E 系列、ARM10E 系列，每个系列都提供一套相对独特的性能，以满足不同应用领域的需求。ARM11 是 ARM 的经典处理器的继承者，它被重新命名为 Cortex，分为三类：A、R 和 M，旨在服务于各种不同的市场。

1. ARM7 系列

ARM7 系列微处理器是一种低功耗 32 位 RISC 处理器，适用于低成本、低功耗的应用场合。典型的 ARM7 STR710fz2t6 微处理器如图 14-2 所示，STR710fz2t6 采用 ARM7 TDMI RISC 16/32 内核。STr710fz2t6 ARM 微处理器含有 4 通道 12 位 A/D 转换器、256KB 闪存、64KB 内存片、2 个 SPI 和 I2C 串行接口、4 个 UART 和 HDLC、SC 和 MMC 接口、四个 16 位定时器、实时时钟、看门狗定时器（WDG）、48 个通用 I/O 引脚，它采用 TQFP144 封装。

2. ARM v8 系列

2011 年 11 月，ARM 发布了其下一代处理器体系结构 ARM v8。这是 ARM 第一个支持 64 位指令集的处理器体系结构。ARM v8 体系结构作为 ARM 处理器的授权内核，广泛应用于手机等电子产品中，是下一代处理器的核心技术。ARM v8 是基于 32 位 ARM 架构开发的，首先用于对扩展虚拟地址和 64 位数据处理技术的产品领域。

新的 ARM v8 架构，即 ARM Cortex-A50 处理器系列，进一步扩大了 ARM 在高性能和低功耗领域的领先地位。第一个系列是 Cortex-A53 和 Cortex-A57 处理器，以及最新的节能 64 位处理技术和现有 32 位处理技术的扩展和升级。如图 14-3 所示，ARM Cortex-A57 处理器对单线程应用性能最高的 ARM 处理器可以提升，以满足智能手机从内容消费设备改造为内容生产设备的需求。同时，在同一功耗下，最大限度地实现现有三倍的超移动计算能力，相当于传统 PC 的性能。

图 14-2　一个典型的 ARM7 微处理器芯片　　　图 14-3　ARM Cortex-A57 处理器

3. ARM9 系列

如图 14-4 所示，S3C2440A 是三星推出的 16/32 位精简指令集（RISC）微处理器。

S3C2440A 基于 ARMV9 系列的芯片，主要为手持设备和普通应用提供低功耗、高性能的小芯片微控制器解决方案。

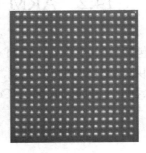

图 14-4　ARM9 微处理器三星 S3C2440A

S3C2440A 的突出特点是它的处理器核心，一个由高级 RISC 机器（ARM）设计的 16/32 位 ARM920T RISC 处理器。ARM920T 实现内存管理单元（Memory Management Unit：MMU）、高级微控制器总线架构（Advanced Microcontroller Bus Architecture：AMBA）。这个结构有一个单独的 16KB 指令缓存和 16KB 数据缓存。全性能 MMU 支持 Windows CE、Linux、Palm OS 和其他主流嵌入式操作系统。

4. ARM9E 系列

如图 14-5 所示，AT91SAM9260 是 ARM9E 系列微控制器产品。ARM9E 中的 E 表示增强指令，即增强的 DSP 指令。ARM9E 系列微处理器是可集成的处理器，采用单处理器内核为微控制器、DSP 和 Java 应用系统提供解决方案，大大降低了芯片面积和系统复杂度。ARM9E 系列微处理器提供了增强的 DSP 处理能力，适用于需要 DSP 和微控制器的应用。

图 14-5　Atmel AT91SAM9260 ARM9E 芯片

ARM9E 系列微处理器的主要特点为：① 支持 DSP 指令集，适用于高速数字信号处理场合。② 支持 32 位 ARM 指令集和 16 位 Thumb 指令集。③ 支持 32 位高速 AMBA 总线接口。④ 全性能 MMU 支持 Windows CE、Linux、Palm OS 和其他主流嵌入式操作系统。⑤ 支持数据缓存和指令缓存，具有更高的指令和数据处理能力。

5. ARM10E 系列

ARM10E 系列微处理器具有高性能、低功耗的特点，与相同时钟频率的 ARM9 器件相比，新的 ARM10E 系列微处理器结构提高了近 50%。ARM10E 系列微处理器包括 ARM1020E、ARM1022E 和 ARM1026EJ-S，ARM10E 系列微处理器的主要特点为：① 支持 DSP 指令集，适用于高速数字信号处理场合；② 支持 32 位 ARM 指令集和 16 位 Thumb 指令集；③ 支持 32 位高速 AMBA 总线接口；④ 支持 vfp10 浮点处理协处理器；⑤ 嵌入式并行读写操作单元。

14.3　ARM 软件开发环境

常用的计算机软件，通过编译的方式，利用计算机高级语言代码（如 C 代码）编译成计算机可以识别和执行的二进制代码。例如，在 Windows 平台上，可以使用 Visual C++开发环境编写程序并将其编译成可执行程序。通过这种方式，可以使用 PC 平台上的 Windows 工具为 Windows 本身开发可执行程序，这是一个称为本机编译的编译过程。

然而，在嵌入式系统的开发中，运行程序的目标平台通常具有有限的存储空间和计算能力。例如，ARM 设备的存储空间约为 16～32MB，CPU 主频约为 100～500MHz。在这种情况下，ARM 平台上的本机编译不太可能，因为编译工具链通常需要大量的存储空间和显著的 CPU 计算能力。为了解决这个问题，创建了交叉编译工具。使用交叉编译工具，可以在一个具有高性能的 CPU 和足够的存储空间的计算机平台上为 ARM 设备编译可执行程序。要进行交叉编译，需要在计算机平台上安装相应的交叉编译工具链，然后用这个交叉编译工具链编译源代码，最终生成可以在 ARM 设备上运行的代码。

交叉编译有如下几个常见示例。

（1）在 Windows PC 上，通过 ADS（ARM 开发环境）和 ARMCC 编译器，可以编译 ARM CPU 的可执行代码。

（2）在 Linux PC 上，使用 ARM Linux GCC 编译器，可以编译 Linux ARM 平台的可执行代码。

（3）在 Windows PC 上，使用 cygwin 环境运行 arm-elf-gcc 编译器，可以为 arm-cpu 编译可执行代码。

下面使用一个安装 Ubuntu16.04 Linux 操作系统的计算机，来说明交叉编译工具的安装步骤。

（1）首先，将压缩包 arm-linux-gcc-4.4.3.tar.gz 存储在一个目录中，如解压缩目录为 /home- aldrich/arm。

（2）使用"tar zxvf arm-linux-gcc-4.3.2.tgz"命令解压并安装 arm-linux-gcc-4.3.2 交叉编译软件。存储解压后文件的文件夹为/home/aldrich/arm/arm-linux-gcc-4.3.2，表示成功解压安装交叉编译软件。

（3）接下来配置系统环境变量，并将交叉编译工具链的路径添加到环境变量路径中，以便在任何目录中使用这些工具。执行 vim /home/aldrich/.bashrc 命令，编辑.bashrc 文件并添加环境变量。在文件的最后一行添加导出路径$path:/home/aldrich/arm/arm-linux-gcc-4.3.2/bin，编辑后保存。然后，使用 source /home/aldrich/.bashrc 命令使环境变量生效。

如图 14-6 所示，可以在终端上进一步输入命令 arm-linux-，然后按 tab 键查看如图 14-6 所示的结果，表示环境变量设置成功。

```
aldrich@tyrone:~$ arm-linux-
arm-linux-addr2line    arm-linux-gcc-4.3.2    arm-linux-objdump
arm-linux-ar           arm-linux-gcov         arm-linux-ranlib
arm-linux-as           arm-linux-gdb          arm-linux-readelf
arm-linux-c++          arm-linux-gdbtui       arm-linux-size
arm-linux-c++filt      arm-linux-gprof        arm-linux-sprite
```

图 14-6　执行命令 arm-linux-验证交叉编译环境

这里使用的 Linux 操作系统 Ubuntu16.04 是 64 位的，需要 32 位库兼容包来帮助程序编译。使用 sudo apt-get install lib32ncurse5 lib32z1 命令安装 32 位库；然后，执行 arm-linux-gcc-v 命令，出现图 14-7 所示的结果，表明交叉编译环境安装成功。

```
aldrich@tyrone:~$ arm-linux-gcc -v
Using built-in specs.
Target: arm-none-linux-gnueabi
Configured with: /scratch/julian/lite-respin/linux/src/gcc-4.3/configure --build
=i686-pc-linux-gnu --host=i686-pc-linux-gnu --target=arm-none-linux-gnueabi --en
able-threads --disable-libmudflap --disable-libssp --disable-libstdcxx-pch --wit
h-gnu-as --with-gnu-ld --enable-languages=c,c++ --enable-shared --enable-symvers
=gnu --enable-__cxa_atexit --with-pkgversion='Sourcery G++ Lite 2008q3-72' --wit
h-bugurl=https://support.codesourcery.com/GNUToolchain/ --disable-nls --prefix=/
opt/codesourcery --with-sysroot=/opt/codesourcery/arm-none-linux-gnueabi/libc --
with-build-sysroot=/scratch/julian/lite-respin/linux/install/arm-none-linux-gnue
abi/libc --with-gmp=/scratch/julian/lite-respin/linux/obj/host-libs-2008q3-72-ar
m-none-linux-gnueabi-i686-pc-linux-gnu/usr --with-mpfr=/scratch/julian/lite-resp
in/linux/obj/host-libs-2008q3-72-arm-none-linux-gnueabi-i686-pc-linux-gnu/usr --
disable-libgomp --enable-poison-system-directories --with-build-time-tools=/scra
tch/julian/lite-respin/linux/install/arm-none-linux-gnueabi/bin --with-build-tim
e-tools=/scratch/julian/lite-respin/linux/install/arm-none-linux-gnueabi/bin
Thread model: posix
gcc version 4.3.2 (Sourcery G++ Lite 2008q3-72)
```

图 14-7　交叉编译环境安装成功

首先建立hello.c文件以验证交叉编译工具，然后执行arm-linux-gcc hello.c -o hello命令，并查看编译是否成功。如图 14-8 所示，执行 ls 命令并查看二进制 hello 以指示交叉编译工具配置已完成。

```
aldrich@tyrone:~/arm$ arm-linux-gcc hello.c -o hello
aldrich@tyrone:~/arm$ ls
arm-linux-gcc-4.3.2    arm-linux-gcc-4.3.2.tgz    hello    hello.c
```

图 14-8　交叉编译后生成的可执行文件 hello

14.4　ARM 数据收集

这里以 Tiny4412 ARM 网关收集 DHT11 温湿度传感器的数据来说明 ARM 物联网网关数据收集方法。常见的 DHT11 数字温湿度传感器产品如图 14-9 所示。

DHT11 数字温湿度传感器与 Tiny4412 ARM 网关的电路连接如图 14-10 所示。将 Tiny4412 ARM 网关底板的没有被注册使用的扩展引脚连接 DHT11 Data 单总线引脚，本例中将用 Tiny4412 的 GPX1_7 引脚连接 DHT11 数据单总线。

Tiny4412 ARM 网关需要收集的 DHT11 的数据传输格式为：8 位湿度整数数据+8 位湿

度小数+日期+8 位温度整数数据+8 位温度小数+日期+8 位校验和。同时，采集数据驱动传感器的编程环境为 Ubuntu16.04 Linux 操作系统，交叉编译工具链版本 ARM-Linux-GCC4.3.2。ARM 网关读取 DHT11 传感器数据的驱动程序源代码包括头文件、读取 DHT11 一个比特信息的函数 dht11_read_one_bit(void)、给引脚赋值函数 dht11_gpio_out(int value)、读取 DHT11 一个字节的数据函数 dht11_read_byte(void)、读取 DHT11 传感器完整数据函数 dht11_read_data(void)。其他函数还包括读取 DHT11 的入口函数 yl_dht11_init(void)、出口函数 yl_dht11_exit(void)、主函数 main(int argc, char *argv[])。

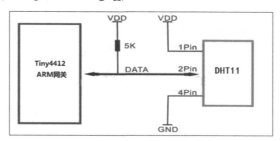

图 14-9　DHT11 数字温湿度传感器　　　　图 14-10　DHT11 数字温湿度传感器电路连接图

14.5　ARM 设备控制

这里用 Tiny4412 ARM 网关蜂鸣器（见图 14-11）和流水灯来说明 ARM 网关如何控制设备。根据基板手册（见图 14-12），xpwmtout0 引脚与 ARM 微处理器寄存器的 gpd0_0 引脚相关。同时，Tiny4412 ARM 网关核心版包括 4 个 LED 灯 GPM4 U0、GPM4 U1、GPM4 U2、GPM4 U3 以及高电平关和低电平开。

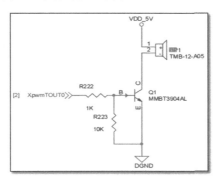

图 14-11　Tiny4412 ARM 网关的板载蜂鸣器电路图

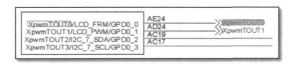

图 14-12　Tiny4412 ARM 微处理器寄存器地址及 CPU 引脚

ARM 网关控制蜂鸣器 LED 灯源代码包括头文件、计时器函数 timer_function(unsigned long value)、初始化设备函数 __init tiny4412_ Bell_init(void)、设备释放函数 __exit tiny4412_Bell_exit(void)。

14.6　ARM 数据上传

这里以配置 Tiny4412 ARM 网关 Wi-Fi 无线通信为例,说明 ARM 网关数据上传服务器的过程。如图 14-13 所示,采用带 USB 接口的 rainlink 802.11b/g/n 无线网卡实现 ARM 网关的数据通信,通过 Wi-Fi 无线网卡接入互联网,完成传感器数据上传数据服务中心。

首先优化 ARM 网关 Linux 操作系统功能模块,支持 Wi-Fi 数据通信。从 wireless. kernel.org 获取受支持设备的列表。从 Linux 内核支持的无线网卡列表中可以看出,对应的驱动程序是 rt2800usb 和 rt2870sta,对应的驱动程序文件是 rt2800usb.c。进入 Linux Kernel 源文件的目录并执行 make menuconfig 和 search config_rt2800usb 命令。

如图 14-14 所示,检查所需软件,并获取其依赖项: Depends on: NETDEVICES [=y] && WLAN [=y] && WLAN_VENDOR_RALINK [=y] && RT2X00 [=n] && USB [=y],重新编译内核。保存配置,执行 make 命令,buildRoot 会自动下载源代码包,整个过程时间很长,最后生成 buildRoot/output/images/rootfs tar,进入 SD 卡 rootfs 分区。在 williware.wiki. kernel.org 下载固件 rt2870.bin。获取 rt2870.bin 后,复制到 armgateway/lib/firmware/folder 文件中。wpa_supplicant(命令行模式)和 wpa_cli(交互模式)是连接和配置 Wi-Fi 的两个程序。通常,Wi-Fi 可以通过 wpa_cli 进行配置和连接,如果有特殊需要,可以编写一个直接调用 wpa_supplicant 接口的应用程序。

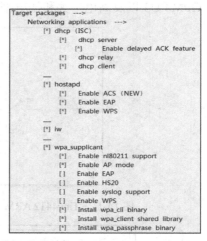

图 14-13　rainlink 802.11b/g/n 网卡　　　图 14-14　运行 make menuconfig 勾选所需软件

无线联网配置语句添加并保存到 /etc/wpa_supplicant.conf 文件中,通过执行 wpa_supplicant-b-d-i wlan0-c/etc/wpa_supplicant.conf 命令初始化 wpa 无线设置。编写 client.c 程序,编译并运行可以测试 tiny4412 ARM 网关的数据上传程序。

14.7　小　　结

本章主要介绍了基于 ARM 单片机的物联网网关，首先介绍了 ARM 单片机，然后对基于 ARM 物联网网关的软件开发环境、数据收集、设备控制及数据上传等进行了阐述。

思　考　题

1. 使用 RISC 指令集的 ARM 机器具有什么优点？
2. 简介全球智能手机使用 ARM 芯片的情况。
3. 目前 ARM 芯片主要有几个系列？
4. 为什么使用交叉编译环境来为 ARM 嵌入式设备进行软件开发？

案　　例

图 14-15 为 Neousys IGT-20 系列基于 ARM 的箱式 PC，是一种工业级物联网网关。IGT-20 的工业性质意味着它符合 CE/FCC、冲击和振动等常见工业认证。IGT-20 系列物联网网关具有适用于一系列工业级传感器的 I/O。它具有一个 USB2.0、一个 10/100M 的 LAN、两个可配置的 COM 端口（RS232/422/485）和一个可选的 CAN 总线端口。除上述端口外，还有 4 个内置的独立数字输入通道，可接收来自不同传感器或按钮/开关的离散信号，还有四个内置的独立数字输出通道来控制执行机构和指示器。

在通信方面，IGT-20 有一个小型 PCIe 插槽和一个 USIM 支架，允许它通过 3G、4G 或 Wi-Fi（mini-PCIe-Wi-Fi 模块）传输采集的数据和系统状态。IGT-20 顶部有一个开口，供用户安装无线模块的 SMA 连接器。在存储方面，IGT-20 有两个 microSDHC 插槽，一个内部插槽，一个外部插槽。这种设计允许用户分离系统/用户数据，并可以加快大规模生产的操作系统部署。作为网关，用户可以利用六个可编程状态 LED 指示灯和两个控制按钮操作 IGT-20，而无须使用键盘/鼠标。

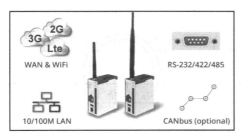

图 14-15　IGT-20/ IGT-21/ IGT-22 ARM 网关

第 15 章　ARM 工控网关实验

学习要点

- ❏　了解 ARM 工控网关功能和用法。
- ❏　掌握 ARM 网关串口实验方法。
- ❏　掌握 ARM 网关 Linux 驱动及内核实验原理。
- ❏　了解 ARM 网关数据收集 Wi-Fi 传输与控制机理。

15.1　ARM 工控网关概述

本章主要是对基于 ARM 工控网关的实验案例进行介绍。ARM 工控网关是一种工业控制模块，是以 ARM 架构芯片为主控单元，拥有网络、USB、串口、CAN、音频、视频、LCD、按键、SD 卡、RS485 等外围的工业控制模块。ARM 工控网关也称 ARM 工业计算机，是当前主流的低功耗、低成本、高性能工业控制单元。

ARM 网关的硬件主要由核心板和底板组成，其主要配置及功能如表 15-1 所示。核心板模块集成 ARM 芯片与 Wi-Fi 模块、蓝牙模块。该核心板支持 Wi-Fi 协议、蓝牙传输协议以及 TCP/IP 协议。用户只需进行简单的配置，即可将物理设备连接到 Wi-Fi 网络上或者蓝牙网络上，从而实现物联网的控制与管理。如表 15-2 所示，底板集成 232 接口、RS485 接口、CAN 接口、网口接口、USB 接口、复用 MicroUSB 接口、ADC 接口、串行外设接口（Serial Peripheral Interface，SPI）、IIC 接口、程序下载接口、程序调试接口、电源供电接口、LCD 显示屏接口、GPIO 接口等多种数据交互接口。

表 15-1　本实验案例 ARM 网关配置及功能

配　　　置	功　能　特　点
CPU	Freescale ARM9 MCIMX287，运行频率为 454M
内存	128M
NAND FLASH	128M
1 个状态指示灯	核心板程序启动过程中，NAND 指示灯会闪烁，等程序完全运行后，该指示灯熄灭

表 15-2　本实验案例 ARM 接口及功能

接　　　口	功　能　特　点
2 路 485 接口	采用 RSM3485ECHT 隔离收发模块
2 路 CAN 接口	采用 CTM1051KAT 隔离收发模块
2 路 USB 接口	2 路 USB Host（其中一路与 OTG 复用）/1 路 USB OTG

续表

接　　口	功　能　特　点
1 个 SD 接口	此接口用于程序升级
1 路 SPI 串口	可以进行 SPI 通信
DC12V 电源接口	用于供电
LCD 显示屏接口	支持最大分辨率为 800×480
多种传感器接口	可以适配相应的传感器电路板

15.2　ARM 网关应用程序环境构建

15.2.1　ARM 网关开发简介

ARM 物联网网关，其使用嵌入式 Linux 系统，但由于 ARM 系统的 CPU 及内存资源的匮乏，通常无法在 ARM 网关上面安装编译器进行程序开发。因而，需要借助另外一台计算机进行交叉开发。一般情况下，主机运行 Linux 操作系统，在主机上安装相应的交叉编译器，将在主机编辑好的程序交叉编译后，通过一定方式如以太网或者串口将程序下载到 ARM 网关运行，或者进行功能调试。

15.2.2　主机 Linux 操作系统安装步骤

从上节可知，需要另外一台主机来帮助开发 ARM 网关软件，本节可以使用 Linux 虚拟机来作为主机。主机操作系统强烈推荐使用 ubuntu-12.04 以上版本的 64 位发行版。如图 15-1 所示，在安装好 VMware Workstation Pro 虚拟机软件后，打开虚拟机→新建→选择安装程序光盘镜像文件→在浏览中找到存放的镜像文件→进行下一步安装。

图 15-1　创建 VMware Workstation Pro 虚拟机

如图 15-2 所示，填写安装用户名、密码等信息。

如图 15-3 所示，选择所要安装的目录（建议不要放在 C 盘），并点击下一步。

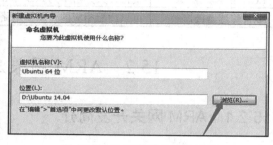

图 15-2　填写安装用户名、密码等信息　　　　　　图 15-3　选择所要安装的目录

如图 15-4 所示，选择磁盘大小（根据需求确定）和磁盘的拆分方式，随后点击下一步，直到完成。

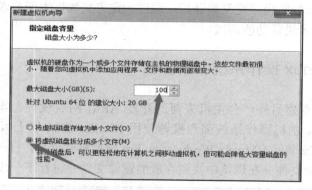

图 15-4　选择磁盘大小

如图 15-5 所示，点击完成后选择刚刚新建的虚拟机并选择开启。

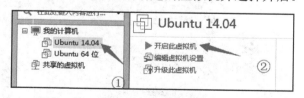

图 15-5　选择刚刚新建的虚拟机并选择开启

15.2.3　构建 ARM 交叉开发环境

实验案例资料中包含有已经建好的交叉编译工具文件包"gcc-4.4.4-glibc-2.11.1-multilib-1.0_EasyARM-iMX283.tar.bz2"。交叉编译工具可以通过 U 盘的方式，也可使用

SSH 工具 Secure Shell Client，通过 SSH 的方式复制到 Linux 主机。

在安装交叉编译工具之前，需要先安装 32 位的兼容库和 libncurses5-dev 库。安装兼容库需要从 Ubuntu 的源库中下载，使用"sudo apt-get install ia32-libs"命令安装。如果主机没有安装 32 位兼容库，在使用交叉编译工具的时候可能会出现错误"没有那个文件或目录"。

使用"sudo apt-get install libncurses5-dev"命令安装 libncurses5-dev。如果没有安装此库，在使用 make menucofig 命令时会出现错误"Unable to find the ncurses libraries or the required header files. 'make menuconfig' requires the ncurses libraries."。

安装交叉编译工具链需要 root 权限。在终端执行"sudo tar –jxvf gcc-4.4.4-glibc-2.11.1-multilib-1.0_IoT-A28LI.tar.bz2 –C/opt/"命令进行交叉编译环境安装。交叉编译工具链将会被安装到/opt/ gcc-4.4.4-glibc-2.11.1-multilib-1.0 目录下。这里需要注意的是，解压时必须指定解压目录为"/opt/"。交叉编译器的具体目录是/opt/gcc-4.4.4-glibc-2.11.1-multilib-1.0/arm-fsl-linux-gnueabi/bin。

为了方便使用，还需将交叉编译器路径添加到系统路径中，修改~/.bashrc 文件，在 PATH 变量中增加交叉编译工具链的安装路径，然后运行~/.bashrc 文件，使设置生效。在~/.bashrc 文件末尾增加一行：export PATH=$PATH: /opt/gcc-4.4.4-glibc-2.11.1-multilib-1.0/arm-fsl-linux-gnueabi/bin/。运行.bashrc 文件时，进入~/目录，输入. .bashrc 命令（点+空格.bashrc）。在终端输入 arm-fsl-linux-gnueabi-并按 TAB 键，如果能够看到很多 arm-fsl-linux-gnueabi-前缀的命令，则可以确定交叉编译器安装正确。

Linux 内核是 Linux 系统的核心程序，主要完成任务调度、内存管理、I/O 设备管理等功能。内核驱动程序主要是为应用程序提供一个稳定良好的运行环境，实现操作系统对硬件的有效管理。将资料"linux-2.6.35.3-102c9c0.tar.bz2"压缩包放置于桌面，进行解压。如图 15-6 所示，进入解压后的文件夹"linux-2.6.35.3"下，运行"make"命令进行编译。

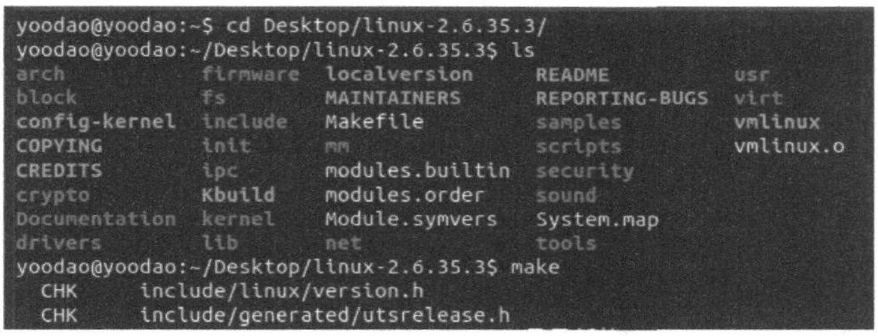

图 15-6　进入解压后的文件"linux-2.6.35.3"下运行 make 命令

15.2.4　QT 应用开发环境搭建

在用户自己的笔记本或台式计算机上，下载 QT Creator 安装包，并将其移动到 Linux 虚拟机，且运行"chmod -R 777 qt-creator-opensource-linux- x86_64-4.2.0.run"命令添加权限。运行"./qt-creator-opensource- linux-x86_64-4.2.0.run"命令进行软件安装，出现弹框后按步骤进行操作。如图 15-7 所示，继续点击"下一步"并持续填写相关信息，同时指定 QT 安装路径（见图 15-8），接收协议继续安装（见图 15-9）。

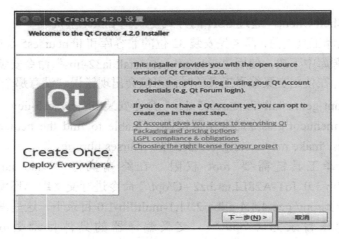

图 15-7　出现弹框后按步骤进行操作

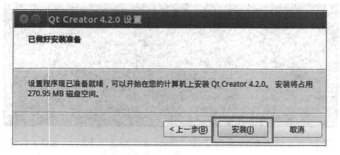

图 15-8　指定 QT 安装路径

图 15-9　接收协议继续安装

15.2.5　建立 QT 项目工程

Linux 主机 QT 软件及其环境搭建好后，就可以打开安装好的 QT 创建工程。如果虚拟机桌面没有添加到 QT，可以使用搜索功能查找，并锁定到启动器。如图 15-10 所示，按照步骤 1～5 就可以完成 QT 工程的创建。

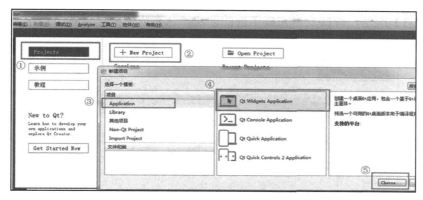

图 15-10　依照步骤建设 QT 工程

如图 15-11 所示，添加工程名称，并保存。工程命名为 ARMindustriall，保存路径为：/home/yoodao/industrial。

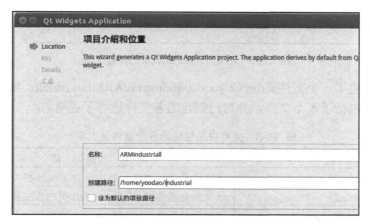

图 15-11　建立工程名称为 ARMindustriall 的工程并保存

如图 15-12 所示，对 QT 应用开发过程中的类名及基类进行设置。例如，本 QT 项目类名为 ARMindustriall，基类为 QWidget 窗体类，然后点击进行下一步。

图 15-12　对类名及基类进行设置

如图 15-13 所示，直接点击完成工程的创建，从完成界面可以看出创建工程的目录及已创建文件。

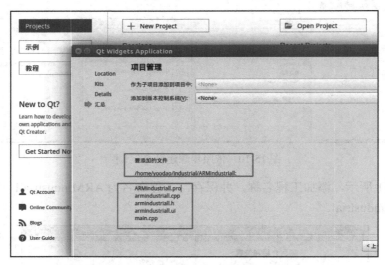

图 15-13　创建工程的目录及已创建文件

现在成功创建了一个文件夹/home/yoodao/industrial/ARMindustriall。如表 15-3 所示，在这个文件夹里包括了 5 个文件，并对已创建的各文件进行了说明。

表 15-3　文件夹里包括的 5 个文件及说明

文　　　件	说　　　明
ARMindustriall.pro	该文件是项目文件，其中包含了项目相关信息
armindustriall.h	该文件是新建的 armindustriall 类的头文件
armindustriall.cpp	该文件是新建的 armindustriall 类的源文件
main.cpp	该文件中包含了 main()主函数
armindustriall.ui	该文件是设计师设计的界面对应的界面文件

如图 15-14 所示，为了顺利开发及编译 QT 项目，可将提供资源包中的 posix_qextserialport.cpp、posix_qextserialport.h、qextserialbase.cpp、qextserialbase.h、qextserialport.cpp、qextserialport.h、serialserver.cpp、serialserver.hpp、settings.cpp、settings.hpp 这 10 个文件复制到 armindustriall 工程目录下。

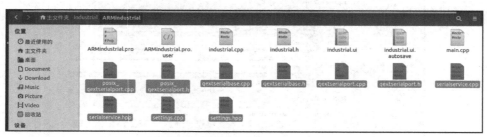

图 15-14　复制实验资源包中 10 个文件到 QT 项目文件夹

如图 15-15 所示，将现有文件添加到 QT 项目中。首先，选中工程目录，右击 ARMindustriall，选择添加现有文件后，选择要添加的 10 个文件名称（见图 15-16）完成添加。

图 15-15　在 QT 项目中添加 10 个文件

图 15-16　完成添加 10 个文件

其中 posix_qextserialport.cpp、posix_qextserialport.h、qextserialbase.cpp、qextserialbase.h、qextserialport.cpp、qextserialport.h 这 6 个文件是 QT 第三方串口库文件，在 QT4 版本里，还没有集成串口类。文件 serialserver.cpp 与 serialserver.hpp 用于串口库对外的调用接口；文件 settings.cpp 与 settings.hpp 这两个文件是为了更好的对类操作、封装的接口。如图 15-17 所示，左侧为构建标志，"编译输出"显示构建编译过程，构建错误在"问题"处显示。

图 15-17　QT"编译输出"显示构建编译过程

15.2.6　QT 项目开发平台交叉编译环境的设置

如图 15-18 所示，QT 项目开发使用 C 语言编程，选择工具→选项→构建和运行→编译器→添加→GCC→C 进行配置。

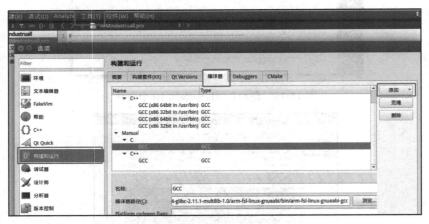

图 15-18　构建和运行 QT 项目 C 语言编译器

QT 项目使用 C 语言编程时，如图 15-19 所示，在交叉编译安装的位置选择 "arm-fsl-linux-gnueabi-gcc"。默认的交叉编译安装路径为 "/opt/gcc-4.4.4-glibc-2.11.1-multilib-1.0/arm-fsl-linux-gnueabi/bin/ arm-fsl-linux-gnueabi-gcc"。

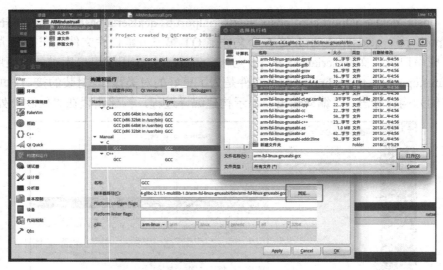

图 15-19　选择默认 QT 项目 C 语言交叉编译安装环境

和 QT 项目 C 语言编程的配置类似，可进行 C++编程环境的配置。如图 15-20 所示，使用相同方法添加 GNU 编译器套件（GNU Compiler Collection，GCC）->C++，在交叉编译安装的位置选择 "arm-fsl-linux-gnueabi-g++"。

图 15-20　QT 项目 C++编程交叉编译环境配置

如图 15-21 所示，修改对项目描述的源文件和头文件的 qmake 地址，默认位置在"/opt/gcc-4.4.4-glibc-2.11.1-multilib-1.0/arm-fsl-linux-gnueabi/bin/qmake"文件中。

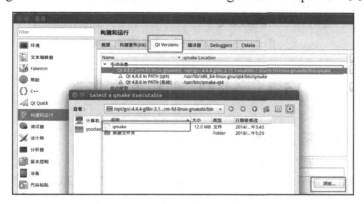

图 15-21　修改 QT 项目的源文件和头文件的 qmake 地址

如图 15-22 所示，在构建套件中新建编译并命名为"arm"，将编译器修改为上面所建的 C、C++相关 GCC 编译环境，QT 版本设置为 QT4.8.0。

图 15-22　QT 版本设置为第 4 步中新建的 QT4.8.0

如图 15-23 所示，在编译时点击左侧 Debug，选择 arm 就可以进行交叉编译了。桌面模式方便对整个项目的各个文件进行查看并修改。

图 15-23　启动 ARM 交叉编译工具

15.3　ARM 网关串口实验

15.3.1　ARM 网关接口编程实验软件设计

本节将介绍 ARM 网关串口数据读取与发送。利用 USB 转 232 串口线，实现计算机串口调试助手向网关发送数据时，网关可以将接收到的数据发送回串口调试助手。实验目的是实现 ARM 网关与串口工具之间的正常通信。

要实现串口数据收发，需要定义一个串口，使之能够利用串口接收到其他设备传来的数据。串口接收到的数据放到串口缓存区。从串口缓存区获取数据的方式有很多种，这里采用定时器的方式周期性地从串口缓存区读取数据，读取到数据后立刻把数据发送出去。具体步骤如下。

（1）如图 15-24 所示，用 QT Creator 打开工程。打开工程有两种方式：① 通过打开文件所在路径，找到.pro 文件并打开；② 直接打开工程。

图 15-24　用 QT Creator 打开工程

（2）打开 armindustriall.cpp，添加定时器"#include<QTimer>"、串口"#include<QDebug>"、输出调试"#include "serialservice.hpp""三个头文件；它们分别提供定时器信号与单触发定时器、用于输出自定义调试信息、串口库对外的调用接口。

（3）如图 15-25 所示，在 armindustriall.cpp 下编译文件的 ARMindustriall::ARMindustriall(QWidget *parent)，添加下面几行代码。这些代码，关联定时器计满信号与相应的槽函数，当定时器 pTimera 打开后，将会以恒定的时间，周期性地发出 timeout()信号。同时，通过添加 pSerialService->open()及 pTimer->start(TIMER_INTERVAL)，可实现每隔 TIMER_INTERVAL 毫秒的时间发出 timeout()信号，触发槽函数 onTimer()。

图 15-25　添加定时器后的程序代码

（4）编写一个槽函数 onTimer，并在槽函数中实现数据的读取。将 onTimer 函数添加到 QT 项目，函数名称命名要与已有函数保持一致。

（5）通过代码"bool SerialService::open() { return openWithBaud(BAUD38400);}"设置串口波特率。本实验案例使用的是 38400。

（6）本项目中选择的接口是 RS232_1，对应配置为"/dev/ttySP0"。

（7）在 Intelligent.cpp 中使用的定时器 pTimer、定时时间 TIMER_INTERVAL、槽函数 onTimer()需要在 Intelligent.h 中声明。

（8）串口读写配置。串口读取数据的周期是 200ms 读取一次，在读取串口数据后需要把读取到的串口数据发送出去，所以需要在串口数据读取函数 read()中添加 write(data)函数。

（9）如图 15-26 所示，程序编写完成后，选择 ARM 交叉编译并运行整个项目。当出现红色框体中的编译语句并且没有报错时，说明程序没有问题。

图 15-26　选择 ARM 交叉编译并运行整个项目

15.3.2 ARM 网关接口编程下载验证

ARM 网关接口编程下载验证具体步骤如下。

（1）硬件连接。将 ARM 网关的电源与电源适配器相连，串口与主机相连，并把 USB 转 232 串口线公母头对插，分别插到网关和计算机。ARM 网关最大电压为 12V。

（2）如图 15-27 所示，在用户计算机上打开 Xshell 安全终端模拟软件进行数据通信配置。终端名称一般设置为 COM+接口号，协议选择 SERIAL。

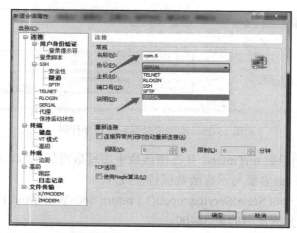

图 15-27 设置为 COM+接口号，协议选择 SERIAL

在左侧连接处选择 SERIAL，选择串口号为 COM6，波特率为 115200，然后单击"确定"按钮如图 15-28 所示。

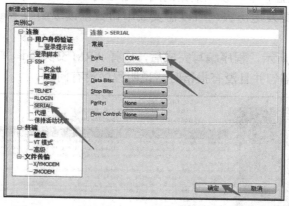

图 15-28 设置串口号为 COM6 及波特率为 115200

如图 15-29 所示，使用"root"账号，用户从笔记本电脑上通过 Xshell 登录到 ARM 网关，目的是要把所开发的 QT 应用软件复制到 ARM 网关。

图 15-29　通过 Xshell 登录到 ARM 网关

（3）将 ubuntu 系统中生成的可执行文件复制到 SD 卡，将 SD 卡插入 ARM 网关相关接口。

（4）在 Xshell 终端界面，使用"cd /media/"命令查看 SD 卡信息（"sda1/"SD 卡）。当有此命令或目录时，在命令行可按 Tap 键自动补全，若没有"sda1/"，可能是因为接口松动。

（5）如图 15-30 所示，通过 Xshell 终端界面，移动可执行文件到 ARM 网关。

（6）执行可执行文件。如图 15-31 所示，在/opt/文件下输入如下命令执行可执行文件。在用户笔记本上面的串口助手工具不发送数据时，网关不会收发数据。

```
[root@A287 media]# cd sda1/   //进入到 SD 卡并查看是否有可执行文件
[root@A287 sda1]# ls
ARMindustrial* huogh/
[root@A287 sda1]# cp ARMindustriall /opt/   //复制到工控网关/opt/目录下
[root@A287 sda1]# cd /opt/   //进入工控机/opt/文件下并查看可执行文件
[root@A287 opt]# ls
ARMindustriall*
```

图 15-30　移动可执行文件到 ARM 网关

```
[root@A287 ~]# cd /opt/
[root@A287 opt]# ./ARMindustruall -qws
Could not read calibration: "/etc/pointercal"
Serial data file opened!!
```

图 15-31　ARM 网关运行"ARMindustriall"

（7）如图 15-32 所示，在用户的笔记本电脑上打开串口助手工具。在串口工具中修改波特率为 38400 和串口号，示例的串口号为 COM8。

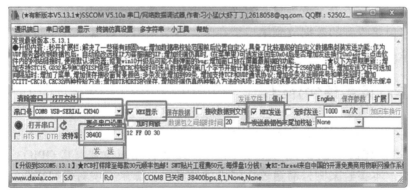

图 15-32　串口工具中修改波特率为 38400

（8）通信测试。打开串口，点击串口调试助手的发送，发送示例数据为十六进制"12 FF 00 30"。如图 15-33 所示，在连接 ARM 网关的 Xshell 界面上，会显示收到的数据并立即转发给串口工具。

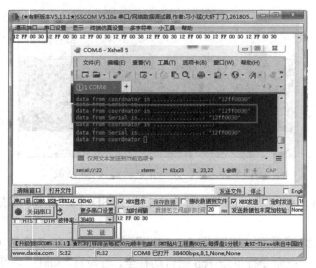

图 15-33　串口调试助手数据发送及接收测试

15.4　ARM 网关 Linux 驱动及内核实验部分

利用 Linux 驱动对 ARM 网关的各接口进行配置，内核通过统一的驱动操作接口供用户层使用，各接口挂载不同从机模块，实现对信息的采集并发送。

此 ARM 网关中没有 485 串口驱动。本节将主要介绍如何利用 QT 编写 485 串口驱动，并将交叉编译所生成的程序转移到 ARM 网关。这样，ARM 网关就能通过 485 串口进行数据的读取与发送。利用 USB 转 485 串口线，实现用户笔记本电脑串口调试助手向网关发送数据时，网关可以将接收到的数据发送回串口调试助手。

要实现串口数据收发，首先需要定义一个串口，使之能够利用串口接收到其他设备传来的数据。串口接收到的数据放到串口缓存区，本节采用定时器的方式周期性地从串口缓存区读取数据，并将读取到的数据立刻发送到笔记本电脑的串口调试助手。

15.4.1　ARM 网关硬件介绍

ARM 网关与 RS485 模块连接原理图如图 15-34 所示。本节用到的是 RS485_1 串口，需要对 AUART2_RX、AUART2_TX 及 GPIO3_21 进行相应控制。其 GPIO3_21 电路是已经连接好了的，本实验案例只需通过代码进行拉高、拉低来实现对串口接收、发送数据的控制。

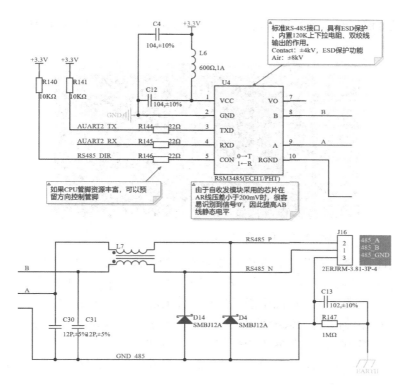

图 15-34　ARM 网关 AUART2_RX 和 AUART2_TX 与 RS485 模块相连

15.4.2　ARM 网关硬件驱动软件设计

在驱动文件中主要包含初始化、打开、关闭、发送、接收、控制、退出几个函数，分别对应 rs485_init、rs485_open、rs485_close、set_rs485de_sent、set_rs485de_receive、rs485_ioctl、rs485_exit。驱动文件可以在任意编写器中进行编写，命名为 rs485.c。

引脚设定 ARM 网关分别有 RS485_1 和 RS485_2 两个，本实验应用的是 RS485_1，驱动文件命名为"re485driver"，后面可以在网关上查看该驱动文件。初始化函数 init 主要进行动态编号的申请、静态内存初始化、注册设备、创建类和节点。RS485 进行数据通信时，需要使用到 open 函数。函数中 gpio_request 的两个参数分别是申请引脚及重命名。close 函数调用 gpio_free 函数释放接口。sent 函数 void set_rs485de_sent(void)将 GPIO 口写上 0 值并把这个端口设置为发送模式。函数 void set_rs485de_receive(void)将 GPIO 口写上 1 值并把这个端口设置为接收模式。ioctl 函数实现 rs485 控制引脚的拉高、拉低，进而控制数据的接收、发送。exit rs485_exit(void)函数释放掉占用的内存、设备号并移除。要实现模块初始化与模块退出需分别调用 module_init(rs485_init)和 module_exit(rs485_exit)。编写 MakeFile，用交叉编译生成驱动文件 rs485.ko。另外，使用 make 时确保 linux-2.6.35.3 驱动文件在此目录下。

如图 15-35 所示，把含有驱动文件 rs485.c 和 MakeFile 的目录放置于虚拟机桌面，按

ALT+Ctrl+T 组合键打开命令行进入驱动文件中，执行"make"命令后查看是否有 rs485.ko 文件生成。

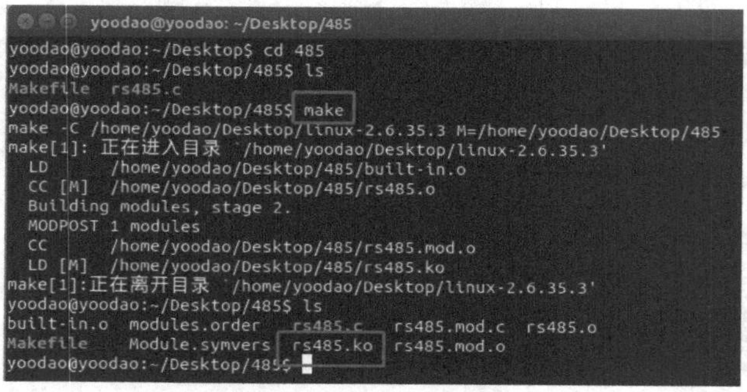

图 15-35 在 RS485 驱动文件夹中执行"make"

编写 485 串口功能。首先打开前面各节所描述的工程，编写相关程序，通过 ttySP2 来实现 RS485 通信。然后打开驱动文件，在本文件中有一个 open 函数用来查看接口信息，本实验案例要用到的是 Linux 标准中通用的头文件 fcntl.h 中的 open 函数。ioctl 控制 485 引脚高低位。RS485 控制引脚为低电平状态时可以发送数据，高电平时接收数据。为了实现 RS485 的通信就要控制电平高低实现数据的接收、发送。

如图 15-36 所示，选择交叉编译工具并运行，生成可执行文件。

图 15-36 选择交叉编译工具并运行生成可执行文件

15.4.3 ARM 网关 RS485 硬件驱动下载验证

将 ARM 网关的 RS485 接口与 USB 转 RS485 传感器模块相连接，网关最大电压为 12V。如图 15-37 所示，生成的 rs485.ko 和可执行文件，可以通过 SD 卡移至 ARM 网关/opt/文件下。

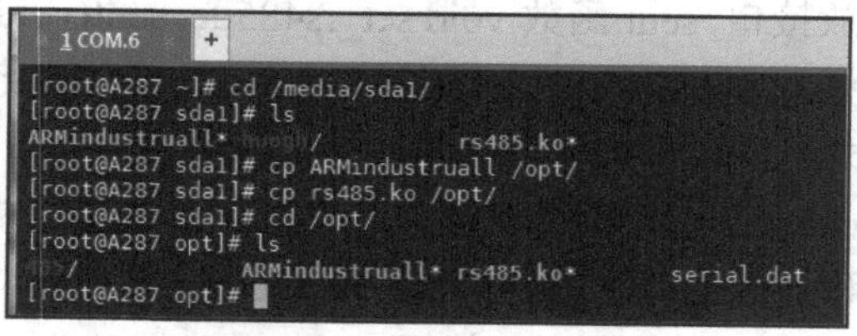

图 15-37 生成的 rs485.ko 和可执行文件

如图 15-38 所示，使用"insmod rs485.ko"命令，可以成功安装 RS485 模块。

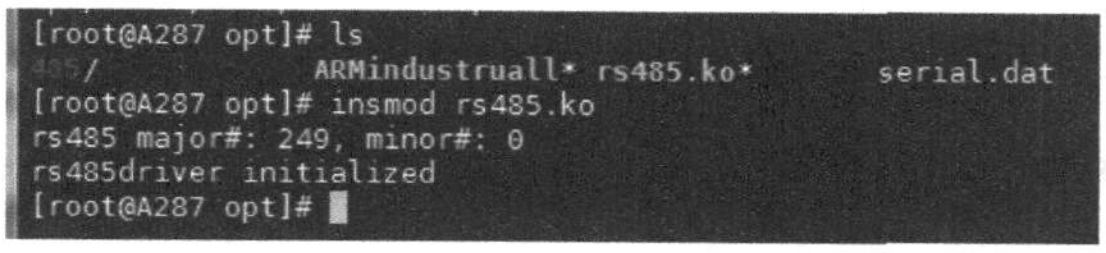

图 15-38　"insmod rs485.ko"挂载驱动

如图 15-39 所示，使用 "ls /dev/" 命令可以查看 rs485.ko 是否安装成功，所出现的 "rs485driver" 文件显示 RS485 功能模块安装成功。使用 "rmmod rs485.ko" 命令则可以卸载 RS485 驱动及功能模块。

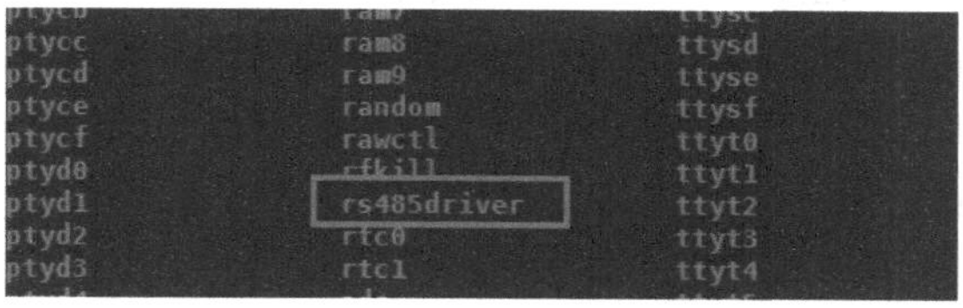

图 15-39　使用 "ls /dev/" 命令查看是否安装成功

如图 15-40 所示，打开串口助手。在本实验中 RS485 串口的串口号为 COM9，波特率为 38400。

图 15-40　RS485 串口的串口号为 COM9，波特率为 38400

如图 15-41 所示，运行 "./ARMindustruall –qws" 命令，可在 ARM 网关上将 ARMindustruall 程序设置为服务程序并启动。打开串口助手，用串口助手发送十六进制数据 "a2a3"；在连接着 ARM 网关的 XShell 中会收到相同数据，并立即转发回笔记本电脑上面的串口调试助手。

图 15-41　用串口助手发送十六进制数据 "a2a3"

15.5　ARM 网关数据收集 Wi-Fi 传输与控制

本节主要介绍 ARM 网关把通过 RS485 串口采集接收到的光照数据，使用 Wi-Fi 无线通信技术发送到服务器。同时，接收服务器发送过来的命令，再通过 RS485 串口发送出去控制与网关连接的继电器。本节需要的硬件包括 ARM 网关一台、USB 转 RS485 模块一个、光照传感器模块一个、继电器模块一个。ARM 网关通过 USB 转 RS485 模块与光照传感器模块和继电器模块实现串口通信。光照模块把采集到的光照数据通过 RS485 接口周期性（1.5s）地上传给 ARM 网关。同时，ARM 网关也可以通过 USB 转 RS485 模块给继电器模块下发命令来控制继电器吸合。

15.5.1　程序设计

如图 15-42 所示，打开之前建立的项目工程，运行该工程，然后依照上一节中所讲内容把"netservice.cpp"、"netservice.hpp"两个文件添加到工程项目中。添加文件成功后，程序代码如图 15-43 所示。

图 15-42　添加文件到 ARM 网关 QT 项目

图 15-43　文件添加成功后的编程界面

"netservice.cpp"文件可实现网络服务器的建立以及网络数据的收发。在"netservice.hpp"文件中，本实验案例调用了"#include<QtNetwork>"头文件，这需要在"Intelligent_ctrl.pro"文件中添加 QT += network。在启动网络服务前，要先在.h 文件中进行变量定义。添加头文件"netservice.hpp"，添加定义"NetService *service;"，此时就可以在.cpp 文件中启动网络服务，添加如下代码"Service->getService();"。

　　要实现当 ARM 网关接收到"命令"数据时，利用 RS485 串口将命令发送给与之连接的继电器，这需要在"netservice.cpp"的 startRead()函数中添加串口定义"ISerialService *pSerialService=SerialService::getService()"及发送函数"pSerialService-> write(buffer)"。要实现当串口接收到数据后，ARM 网关把串口数据发送给与之连接的计算机，这需要在"serialservice.cpp"的 read()函数中添加"NetService *pNetService = NetService::getService()"代码来定义一个网络服务，并添加"pNetService->startWrite(data)"函数来完成数据的发送。要实现 ARM 网关把收到的"命令"通过串口来控制继电器，需要在"serialservice.cpp"的 startread()函数中添加如下代码"Extern int fd; Fd = ::open("/dev/rs485driver",O_RDWR); Ioctl(fd , 0 ,NULL); Ioctl(fd , 1,NULL);"，并在头文件中添加 ioctl 函数的头文件"#include </sys/ioctl.h>"。本实验中的采集模块及继电器模块的波特率为 115200。

15.5.2　ARM 网关数据收集与传输实验

　　如图 15-44 所示，代码编写、编译完成后，将 QT 应用程序转移到 ARM 网关。

图 15-44　ARM 网关数据收集及继电器控制

　　ARM 网关上面有 Wi-Fi 模块，笔记本电脑上面运行串口调试助手，ARM 网关与笔记本电脑进行 Wi-Fi 数据通信。ARM 网关每 1.5S 采集一组光照传感器数据，数据格式为"EE CC 01 01 01 07 FF 00 00 00 00 00 00 00 00 FF"，其中 07 FF 是光照数据的高 8 位与低 8 位。通过计算机上的网络调试助手、Wi-Fi 无线通信发送继电器控制命令到 ARM 网关，用来控制与网关连接的继电器。控制继电器的命令格式为"cc ee 01 02 01 02 00 00 00 00 00 00 00 00 00 ff"。它有两个继电器，其中标黄色部分是控制命令，01 01 打开 Relay1，01 02 打开 Relay2；02 01 关闭 Relay1，02 02 关闭 Relay2。

　　在 ARM 网关上运行"ifconfig"，查看 ARM 网关网址链接无线网络。在本实验中，ARM 网关的 IP 地址为 192.168.1.136，端口号为 8888。如图 15-45 所示，运行 ARM 网关中的执行文件"./ARMinsturuall–qws"，在 Xshell 中可以看到 ARM 网关采集模块采集到的光照传感器数据。

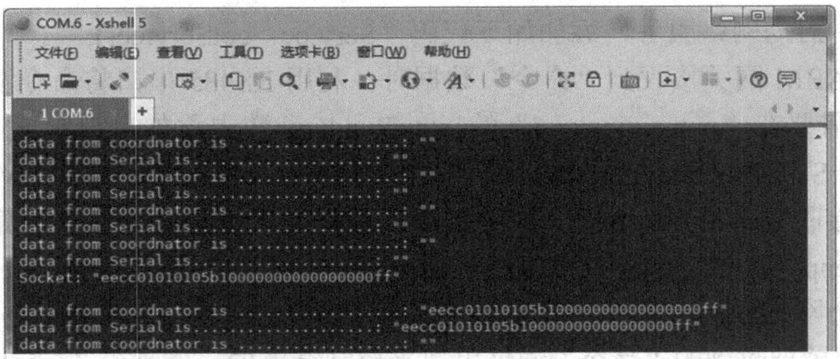

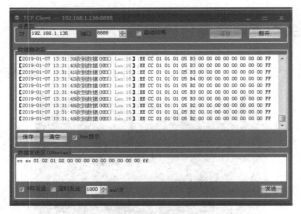

图 15-45　Xshell 中可以看到 ARM 网关采集光照传感器数据

　　如图 15-46 所示，计算机连接到 ARM 网关连接的无线网络上，打开网络调试助手，建立一个 TCP Client 数据通信连接，就会收到网关发送过来的数据。

图 15-46　打开网络调试助手建立一个 TCP Client

　　如图 15-47 所示，在网络调试助手的数据发送区填写继电器控制命令，点击发送按钮，在 Xshell 中可以看到 ARM 网关接收到的继电器控制命令，并且继电器模块有动作。

图 15-47　Xshell 中可以看到 ARM 网关接收到的继电器控制命令

15.6　小　　结

本章首先介绍了 ARM 工控网关，同时，进一步阐述了 ARM 网关应用程序的环境构建、ARM 网关串口实验、ARM 网关 Linux 驱动及内核实验、ARM 网关数据收集 Wi-Fi 传输与控制。

思　考　题

1. 介绍本章 ARM 网关的主要组成部分。
2. 介绍 ARM 网关接口编程下载验证的过程。
3. 介绍 ARM 网关是如何实现光照数据收集及通过 Wi-Fi 实现数据传输的。

案　　例

一个基于 ARM 的 Moxa-UC 无线物联网网关如图 15-48 所示。该网关可满足远程或分布式的室外物联网应用，如太阳能、石油和天然气以及水/废水，需要可靠的物联网网关，具有低到高带宽的蜂窝连接来收集和传输边缘数据。Moxa-UC 系列基于 ARM 的物联网网关具有多种蜂窝连接选项、机柜安装的紧凑尺寸、广泛的工作温度范围。

图 15-48　基于 ARM 的 Moxa-UC 无线物联网网关

第 15 章　源代码

第 16 章　ARM 黄瓜大棚监控网关

学习要点

- ❏　了解 ARM 黄瓜大棚监控网关的基本功能和用法。
- ❏　掌握 ARM 黄瓜大棚监控网关的数据库设计。
- ❏　掌握 Web 管理系统功能的实现方法。
- ❏　了解客户端 App 的功能实现。

16.1　ARM 黄瓜大棚监控网关在现代大棚种植技术中的应用

近年来，随着温室大棚化种植、工厂化育秧和设施栽培等农业生产技术的广泛应用，快速准确地收集和分析环境参数就成为现实的需求。本系统利用物联网技术监测农业大棚内空气温度、湿度等环境参数，并能对数据进行采集、分析运算、控制、存储、发送等。现场采集设备将采集到的数据通过有线网络传输到数据服务中心，用户从 Web 端以及 Android 手机端可以查看黄瓜大棚现场的实时数据，并使用远程控制功能通过继电器控制设备或模拟输出模块对黄瓜大棚自动化设备进行控制操作，如自动喷洒系统、自动换气系统、自动浇灌系统。

在现代大棚中，大批的传感器节点组成了一张张功能各不相同的监控网络，经过各类传感器收集的与农作物生产相关的环境参数，能够帮助黄瓜大棚管理员及时发现问题，有利于黄瓜的种植与采摘，以及病虫害的防治，提高大棚资源的利用率以及大棚管理员的办事效率。因此，传感器技术和大棚自动化控制技术的使用将在现代农业发展中扮演重要的角色，进而能够推动农业的发展。

在现代大棚种植技术中，温度、湿度、光照、二氧化碳浓度可谓是大棚黄瓜能否茁壮成长或者说是高产高质的四大因素。因此，对于大棚中温度、湿度、光照、二氧化碳浓度等的监控就成了影响农民收益的重要因素。近年来，随着黄瓜大棚化种植、工厂化育苗和设施栽培等黄瓜生产技术的广泛应用，准确地收集和分析环境参数就成了现实的需要。而常规的大棚设施比较旧，温度、湿度、光照强度等的采集方式相对来说比较落后。比如温度的采集，在相当一部分地区，依然采用手持温度计，费时费力，不利于黄瓜产量的提高和生产规模的扩大。另外由于市面上的大棚控制系统造价昂贵、布线复杂等方面的原因，因此，急需设计一套实用的大棚控制系统。

ARM 黄瓜大棚管理系统拥有传感器数据采集、数据传输、数据存储、摄像头监控、数据异常报警、反向控制等功能，实现了系统的一体化功能，操作起来十分方便。和其他控制系统相比，本系统初步实现了黄瓜温室大棚的自动化管理，能够保持相对恒定的大棚内部环境，实现了农业生产管理的准确化，降低了大棚管理员的劳动强度与劳动成本。将本系统应用到大棚的生产中，能避免因为人为因素而造成生产损失，能够提高黄瓜的质量与产量，可极大的降低劳动力成本。ARM 黄瓜大棚管理系统主要由物联网感知节点、ARM网关、数据传输网络、数据服务中心和物联网终端组成。

1. 物联网感知节点

本系统的感知节点主要采用的是温湿度、光照传感器 ZigBee 节点。ZigBee 节点将数据通过无线传感器网络传给 ZigBee 基站，基站通过 USB 转串口线将节点数据传入 ARM 网关的数据库中，ARM 网关以以太网的传输方式将数据发送给数据服务中心。

2. ARM 网关

本系统是用 ARM mini2440 开发板作为网关，来实现协议的转换，以及传感器节点数据的收集与发送。

3. 数据传输网络

ZigBee 节点数据到基站的传输采用无线传感器网络传输，ZigBee 基站到网关的传输采用 USB 转串口传输，网关与数据服务中心的数据传输采用以太网的方式进行传输。

4. 数据服务中心

本系统主要负责实时接收来自 ARM 网关的数据，并把它进行处理后，再存入数据库中。

5. 物联网终端

系统用户可以通过 Web 客户端、Android 手机端查看最新的节点数据、温湿度（光照）折线图、监控画面，以及在大棚里的环境异常时，通过远程控制继电器的闭合来控制电风扇、灯、水阀的开关，进而来控制适宜黄瓜生长的大棚环境。

16.2　运行环境的硬件选取及技术简介

16.2.1　系统开发环境

本系统的 WEB 系统管理平台是在 Windows8.1 上开发的，ARM 网关平台采用 Linux2.6.32.2，交叉编译平台采用 Ubuntu11.10，交叉编译工具使用 arm-linux-gcc，所用到的数据库包括 sqlite 数据库和 MySQL 数据库，WEB 服务器使用 Apache Tomcat，WEB 系统管理平台主要使用 MyEclipse 开发，开发环境如表 16-1 所示，系统运行环境如表 16-2 所示。

表 16-1　系统开发环境

分　类	名　称	版　本
WEB 系统管理平台	Microsoft Windows8.1	2013 Microsoft Corporation
编译器	Java Development Kit(JDK)	jdk1.8.0
虚拟机	VMware Workstation	10.0.1

续表

分　类	名　称	版　本
交叉编译平台	Ubuntu	11.10
交叉编译工具	arm-linux-gcc	4.4.3
网关运行平台	Linux	2.6.32.2
网关数据库	SQLite	3.6.16
数据库服务器	MySQL	5.5
WEB 应用服务器	Apache Tomcat	6.0.29
WEB 系统平台开发工具	MyEclipse	2014
Android 客户端开发工具	Eclipse	4.2.0
浏览器	Google Chrome	38.0.2125.111m

表 16-2　系统运行环境

名　称	要　求　配　置
操作系统	Microsoft Windows XP/Win7/Win8
数据库服务器	MySQL5.5/ Navicat for MySQL10.1.7
WEB 应用服务器	Apache Tomcat6.0.29
Android 系统	Android2.3.3/4.2.2
硬件	ARMmini2440/ZigBee 节点、基站/USB 摄像头、继电器

16.2.2　硬件选取

本系统是基于 ARM 的大棚管理系统，主要使用 ZigBee 节点、基站来收集数据，使用 ARM 网关来存储和发送数据，用户可通过视频画面实时观察黄瓜长势及病虫害，当大棚环境出现异常时会发生报警，管理员可通过控制继电器的闭合来控制风扇、灯、水阀等的开关。

本系统使用的 ZigBee 基站、光照传感器与温湿度传感器节点如图 16-1～图 16-3 所示。

图 16-1　ZigBee 基站

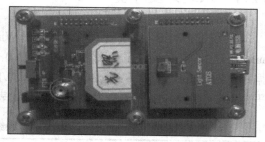

图 16-2　光照传感器

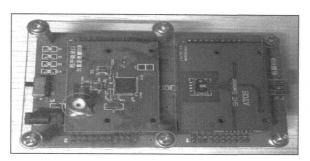

图 16-3　温湿度传感器

本系统使用 ARMmini2440 板作为网关，如图 16-4 所示。本系统使用的继电器是 USB
继电器，采用了免驱动的通信协议，可即插即用，如图 16-5 所示。

图 16-4　基于 ARM mini2440 的物联网网关　　　　图 16-5　USB 继电器

本系统的视频监控采用的摄像头是一个 USB 摄像头，使用起来非常简单，如图 16-6
所示。

本系统采用的电风扇如图 16-7 所示。

图 16-6　USB 摄像头　　　　　　　　　图 16-7　大棚监控所使用的电风扇

16.2.3　技术简介

本系统采用的主要技术有 ZigBee 技术、交叉编译技术、异步 JavaScript 和 XML（Asynchronous Javascript And XML，AJAX）技术、动态网页技术（Java Server Pages，JSP）。ZigBee 技术是一种短距离无线通信技术，具有低功耗、低成本的特点。

本系统将 ZigBee 技术用在温湿度、光照传感器节点与基站设备之间的数据传输。交叉编译技术是指在宿主主机上编译出能够在目标 ARM 网关上运行的程序的技术。由于大部分的目标主机没有足够的内存和 CPU，因此就要借助宿主主机交叉编译得到目标主机可执行的程序。本系统采用的宿主主机为 ubuntu 系统，交叉编译工具采用 arm-linux-gcc。

本系统采用的 AJAX 技术，使得后台与服务器只需进行少量的数据交换，就可以让网页实现异步更新，而无须重新加载整个网页，只要对网页的某部分进行更新。AJAX 的核心是 JavaScript 对象 XmlHttpRequest。通过这个对象，可以使得在与 Web 服务器交换数据的时候不用重新加载页面。JSP 是一个简单化了的 Servlet 设计，是一种动态网页技术标准。JSP 实现了 Html 语法中的 java 扩张，具有只要编写一次，在哪都能运行的特点。JSP 还具有系统的多平台支持、服务器端组件支持、很多开发工具支持的优点。JSP 的九大内置对象包括 request 对象、response 对象、session 对象、out 对象、page 对象、application 对象、exception 对象、pageContext 对象、config 对象。

16.3　系统需求分析

一个准确的系统需求分析在整个系统设计中起着非常重要的作用，因此在系统开发之前，通过需求分析来了解用户的需求，清楚系统开发的方向，才能更好地把握开发进度及质量。

16.3.1　功能需求分析

1. 实时数据采集与发送

本系统采用 ZigBee 温湿度、光照传感器作为节点，ARM mini2440 单片机作为网关。传感器节点数据通过 ZigBee 基站传到网关的数据库，网关再把数据库中的数据通过以太网实时发送给数据中心服务器。Web 服务器会根据网关发送过来的用户编号、网关编号将节点数据存入相应的数据库中。

2. 数据存储

本系统使用的数据库有 MYSQL5.5 和 Sqlite-3.6.16。网关用的数据表为 sensortable，用来存储 ZigBee 基站发给网关的节点数据。服务器端用到三个数据表，分别为 user、sensordatatable、gateway。其中，user 表用来存储用户名称、用户密码、权限等信息；

sensordatatable 表用来存储网关发来的节点数据；gateway 表用来存储网关信息。

3. Web 端服务功能需求

为保证用户以及系统的安全，用户注册的时候，密码先通过加密，再将它存入数据库中；用户在登录的时候，该系统会对用户密码进行加密，再和数据库的密码进行比较，若匹配，则表示登录成功。普通用户注册的时候不能选择用户角色，而是由管理员来审核，审核通过即给普通用户添加权限。已注册、权限审核通过的用户登录本系统时，系统会根据角色的不同，给用户分配不同的权限。

管理员拥有最高的权限，可以修改、查看自己的信息，可以对用户信息进行查看、添加、修改、删除以及权限审核，可以对网关进行管理，可以查询普通用户某个网关的节点数据、折线图。普通用户可以修改自己的用户信息（除了权限），可以查询自己各个网关的历史信息、实时信息以及折线图，还可以通过视频查看大棚内的黄瓜长势、病虫害。

4. Android 客户端功能需求

在服务器开启的情况下，用户只要在 Android 手机运行该 App，输入账号和密码，点击登录按钮就能验证服务器的账号、密码从而登录到主页面，主页面有用户所有网关信息，用户点击网关按钮可以查看某个网关的历史节点信息和实时的节点信息。

5. 系统报警功能需求

当接收到网关发送过来的数据被判断为异常数据时，服务器会通过网关发送过来的用户编号到 user 数据表查找相应用户的邮箱号，给其发送大棚所出现的异常信息。当用户接收到异常报警时，就可以通过 telnet 远程控制继电器来开关风扇、灯、水阀。

6. 其他硬件

外接电源 USB 扩展多端口转发器，主要作用是增强电压。路由器主要用来建立局域网，实现网关与数据库服务器的通信，Android 客户端也能通过局域网来访问 Web 服务器。

16.3.2　性能需求分析

性能需求可以概括为下面的几个方面。
（1）安全性：该系统设计了合理的用户权限的分配，以及采用了密码加密的技术。
（2）运行环境：此系统能够适应普遍 PC 机，兼容性好。
（3）比较精确地实现了节点数据的实时收集、处理、发送，以及对大棚画面的实时监控。
（4）Web 服务端能够及时对异常情况进行检测，在异常发生时及时发出报警。
（5）支持 PC 端、手机端且两者之间能够并发进行。

16.3.3　开发语言分析

本系统用到的开发技术有 C 语言、Java、JSP、超文本标记语言（Hyper Text Markup Language，HTML）、JavaScript、Android 等技术。网关环境的搭建用到了交叉编译，数据收集与发送要用到 C 语言、Java；Web 端主要使用 JSP、HTML、JavaScript、AJAX 等技术；Android 手机端主要采用 Android SDK 来开发。

16.4　数据库设计

　　数据库是系统的核心部分，数据库设计是硬件、软件、技术与管理界面三者的结合。为了更好地存储、管理数据，在开发之前必须对数据库进行优化设计，保证数据库设计与系统设计相结合，从而提高数据库的工作效率，满足用户需求。

　　本系统服务器端涉及三个数据表，分别为 user、sensordatatable、gateway，下面是其说明。用户数据表（user）用于存放用户的数据，见表 16-3。传感器数据表（sensordatatable）用来存放节点数据，见表 16-4。网关数据表（gateway）用来存放网关的数据，见表 16-5。

表 16-3　user 表

字　　段	类　　型	长　　度	约　　束	说　　明
uid	int	11	不允许为空	用户 id，主键，自动增长
name	varchar	45	不允许为空	用户名称
password	vachar	100	不允许为空	用户密码
role	varchar	45	允许为空	用户角色
tel	varchar	45	允许为空	用户电话
email	varchar	45	允许为空	用户邮箱

表 16-4　sensordatatable 表

字　　段	类　　型	长　　度	约　　束	说　　明
id	Int	11	不允许为空	数据 id，主键，自动增长
type	Int	11	允许为空	传感器类型号
sourceNode	Int	11	允许为空	源节点号
data	double	0	允许为空	传感器数据
dataDeclare	varchar	30	允许为空	传感器说明
date	timestamp	0	允许为空	传感器数据生成时间
gid	Int	11	不允许为空	网关编号
uid	Int	11	不允许为空	用户编号

表 16-5　gateway 表

字　　段	类　　型	长　　度	约　　束	说　　明
g_id	Int	11	不允许为空	编号，主键，自动增长
gid	Int	11	不允许为空	网关编号
name	varchar	50	允许为空	网关名称
locaton	varchar	50	允许为空	网关位置
uid	Int	11	不允许为空	用户编号

16.5　系统总体设计

16.5.1　系统网络拓扑图

如图 16-8 所示，节点采用 ZigBee 节点，网关采用的是 ARMmini2440 开发板，传输网络和信息服务接入网络采用的是无线局域网。数据服务中心主要由 Web 服务器和 Mysql 数据库组成。USB 摄像头主要用来完成对大棚环境的实时监控，继电器主要用来实现远程控制风扇、水阀等的开关。

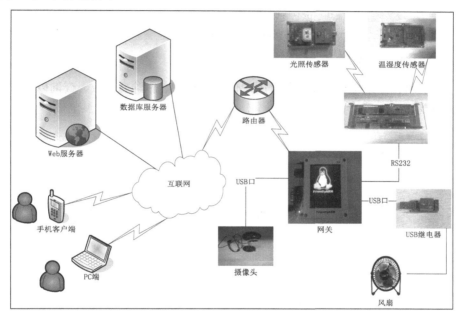

图 16-8　系统网络拓扑图

首先，网关将采集到的实时数据进行处理后，利用 C 语言的多线程技术将数据存入网关的 Sqlite3 数据库，并将实时数据发送至数据服务中心。然后，数据服务中心的 Web 服务器选用 Socket 通信机制和 Java 多线程技术使传感器节点数据的实时接收可以完成。最后，用户能够在 PC 端来实现基本功能的操作。而移动手机端采用 Android 技术和 http 协议的通信技术直接与数据服务中心的数据库服务器进行交互，获得相应的数据服务。

16.5.2　系统功能模块

本系统的功能模块图如图 16-9 所示，该系统分为网关、Web 端和 Android 端三个功能模块。

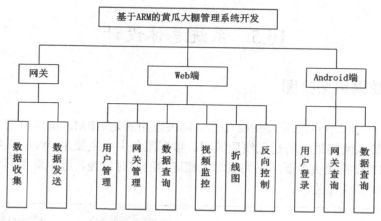

图 16-9　　系统功能模块图

1. 用户管理模块设计

本模块的功能主要是用于管理员对用户信息的添加、删除、修改、查询以及权限审核，如图 16-10 所示。

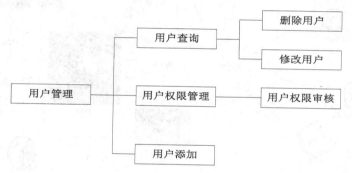

图 16-10　　用户管理模块图

2. 网关管理模块设计

本模块的功能主要是用于管理员对网关信息的添加、删除、修改、查询，如图 16-11 所示。

图 16-11　　网关管理模块图

3. 数据管理模块设计

本模块的功能主要是用于用户对历史数据和实时数据信息的查询，如图 16-12 所示。

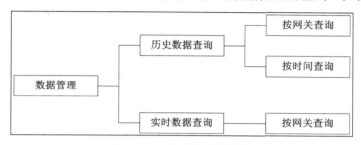

图 16-12　数据管理模块图

16.5.3　系统功能流程设计

1. Web 端功能流程设计

Web 端分为管理员和普通用户两种角色。管理员拥有最高权限，可以查看用户信息、添加用户、修改用户、删除用户以及用户权限审核，可以对各个网关进行管理，可以查询普通用户某个网关的节点数据、折线图。普通用户可以修改自己的用户信息（除了权限），可以查询自己各个网关的历史信息、实时信息以及折线图，还可以通过视频查看大棚内的黄瓜长势、病虫害。Web 端功能流程如图 16-13 所示。

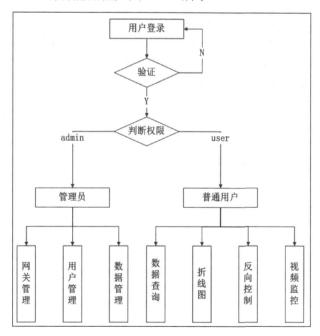

图 16-13　Web 端功能流程图

2. Android 手机客户端功能流程设计

本系统主要针对 Web 用户，Android 端也有一些功能，用户登录 Android 手机客户端可以查看自己大棚网关的最新数据和历史数据，具体流程如图 16-14 所示。

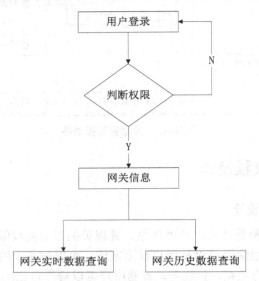

图 16-14　Android 端功能流程图

3. 系统数据处理功能流程设计

系统数据来源于节点数据，节点数据通过基站传入网关的数据库，网关再将节点数据通过网络实时发送给数据服务中心，数据经过处理后存入数据服务中心的数据库服务器中，数据服务中心的 Web 服务器能够做出调用数据库服务器的数据来应对 Web 端和手机端请求的响应。具体的系统数据处理功能流程如图 16-15 所示。

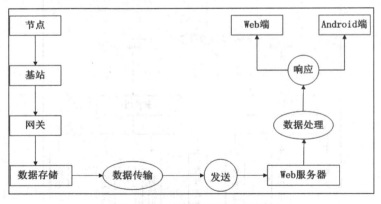

图 16-15　系统数据处理流程图

16.6　系统的实现

16.6.1　系统开发软硬件环境搭建

首先，安装 jdk1.8、tomcat6.0.29、MyEclipse 2014，并配置 tomcat。同时，安装 MySQL Server5.5，建立数据库及数据表，安装安卓 APK 到 Android 手机上。另外，在 PC 端开启 telnet 功能。

1. ZigBee 节点、基站代码的编写与烧录

要进行节点、基站代码的编译与烧录必须搭建开发环境，安装 Net2.0、ATOS 组件、Cygwin、TinyOS、NesC 编译器等。连接好硬件，打开 Cygwin 开发环境，用 cd 命令进入程序目录中，执行 make antc5 install，就可完成节点、基站代码的编译和烧录。

2. ARMmini2440 开发板 bootloader、linux 内核、根文件系统的安装

根据需求，网关的运行环境为 Linux，所以在开发之前，要完成 Linux 环境的搭建。在连接好硬件，计算机安装好 ARMmini2440 开发板的 USB 转串口驱动之后，就能进行 bootloader、Linux 内核、根文件系统的安装，下面对其步骤进行介绍。

打开 DNW 程序，开发板达到 nor 端，如果 DNW 标题栏提示[USB：OK]，说明 USB 连接成功，如图 16-16 所示。

图 16-16　USB 串口线连接成功

用超级终端连接好串口，这时根据菜单来选择[v]、[k]、[y]分别表示开始等待下载 supervivi、linux 内核、根文件系统，如图 16-17 所示。

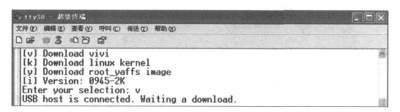

图 16-17　等待下载 supervivi

点击 DNW 的 "USB Port->Transmit/Restore" 选项，按之前选择的功能，依此选择打开文件 supervivi、linux 内核镜像、根文件系统镜像，便可实现 bootloader、内核、根文件系统的安装。

3. ARMmini2440 网关 Sqlite 数据库和 libusb 配置

网关需要一个临时用来存储节点发来的数据的数据库，因此必须往网关移植 Sqlite 数

据库。为了使网关能够识别 USB 继电器，要向网关移植 libusb。在 libusb 移植的过程中，一定要注意采用 arm-linux-gcc4.4.3 及以上版本的编译器，将用到的 include 头文件和 lib 里所需用到的库复制到网关的相应目录中。

16.6.2　Web 管理系统功能实现

本系统的登录页面如图 16-18 所示，用户通过输入用户账号和密码，以及选择好角色，点击登录按钮就能进入该系统，未注册用户也可以通过点击注册按钮来注册账号，等到通过管理员审核之后就有权限来进行各种操作。

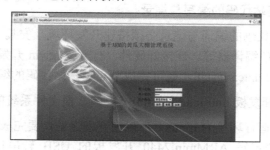

图 16-18　Web 登录界面

Web 端管理员拥有的功能选项，包括用户管理、网关管理、数据管理，可以对用户信息、网关信息、数据信息进行增删改查等操作。普通用户拥有的功能选项，包括数据管理和视频监控。Web 端管理员可以添加新用户，查看、删除、修改用户信息，以及进行用户权限的审核；可以对网关进行添加、查看、修改、删除等操作，如图 16-19、图 16-20 所示。

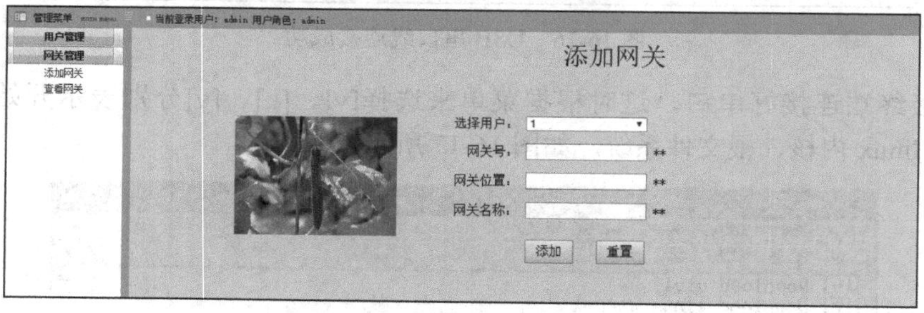

图 16-19　管理员添加网关信息

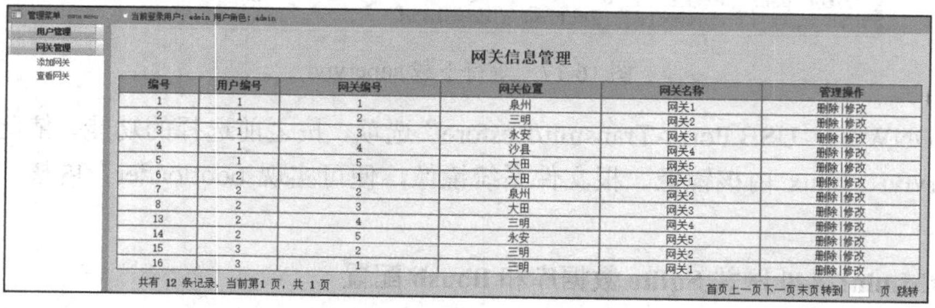

图 16-20　管理员查看、删除、修改网关信息

Web 管理员主要有查询所有用户、所有网关的历史数据（见图 16-21）的功能，也有查询所有用户、所有网关的数据报表（见图 16-22）的功能。

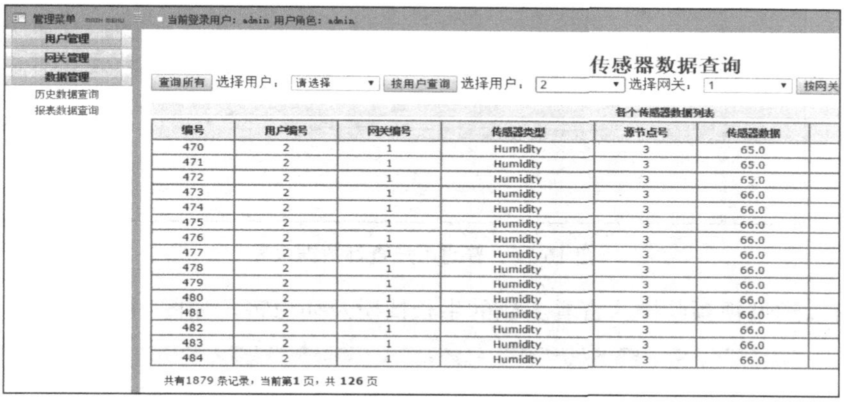

图 16-21　管理员查询历史数据

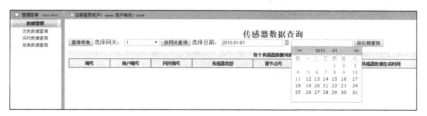

图 16-22　管理员查询数据报表

普通用户有查询自身各网关的历史数据、实时数据、报表数据的功能，如图 16-23～图 16-25 所示。

图 16-23　普通用户查询历史数据

图 16-24　普通用户查询实时数据

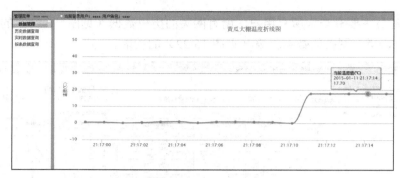

图 16-25　普通用户查询数据报表

用户可以通过视频监控，查看大棚的生长情况及病虫害，如图 16-26 所示。

图 16-26　视频监控画面

16.6.3　客户端 App 功能实现

打开手机 App 之后，首先出现的是欢迎页面。欢迎页面过后是登录页面，用户可以根据提示输入用户名和密码来进行登录。用户成功登录后，则显示登录成功的提示，进入主页面，如图 16-27 所示，点击主页面的最新数据按钮，用户可以查询各个网关最新的数据；点击主页面的历史数据按钮，用户可以查询各个网关的历史数据。

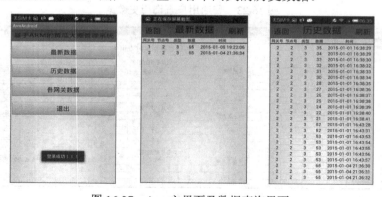

图 16-27　App 主界面及数据查询界面

　　如图 16-28 所示，点击主页面的各网关数据按钮，出现各网关信息，用户可以点击某一号网关的数据按钮，查询该网关的数据及退出系统。

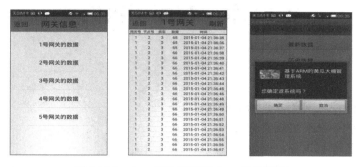

图 16-28　App 网关管理及 App 退出界面

16.7　小　　结

　　本系统设计的是基于 ARM 网关的物联网实时信息系统。其中，物联网节点使用的是 ZigBee 温湿度传感器节点和光照传感器节点。利用 ARMmini2440 单片机制作了大棚监控网关，它能够及时处理节点信息，并将节点信息通过以太网发送给数据服务中心。

思　考　题

1. 简介 ARM 黄瓜大棚监控系统的主要内容。
2. 简介 ARM 黄瓜大棚监控网关的物联网感知节点。
3. 简介 ARM 黄瓜大棚监控系统的开发环境。
4. 简介 ARM 黄瓜大棚监控系统的数据存储是如何实现的。

案　　例

　　图 16-29 所示为一个基于 ARM 网关的农业监测解决方案。本系统主要作季节性农作物的生长及农田综合利用监测。

图 16-29　基于 ARM 网关的农业监测系统

第 17 章　智能手机网关

学习要点

- ❑ 了解智能手机网关基本功能和用法。
- ❑ 掌握智能手机数据收集方法。
- ❑ 掌握智能手机设备控制原理。
- ❑ 了解智能手机数据上传机理。

17.1　智能手机简介

智能手机基于 Wi-Fi 和 3G/4G/5G 移动网络，可以访问互联网上面的各种信息服务。通常情况下，智能手机作为物联网应用终端设备，通过访问物联网数据中心来获取各种实时数据服务、接收警报或进行设备的控制。但在一些特殊的情况下，智能手机可以作为一种移动的物联网网关，完成实时数据的收集及传输。

智能手机既是一个移动电话，同时又是一个运行嵌入式操作系统的微型计算机。常用的智能手机操作系统包括 Nokia 的 Symbian、微软的 Windows Mobile、开源 Linux（包括 iOS、Android、Maemo、MeeGo 和 WebOS）、Palm OS、黑莓、鸿蒙系统（HarmonyOS）。相对于功能手机不能自由安装和卸载软件，智能手机是可以安装和卸载各种应用软件的，这使得智能手机受到越来越多的欢迎。智能手机的系统结构如图 17-1 所示，它由硬件、操作系统和网络支持等各功能层组成。

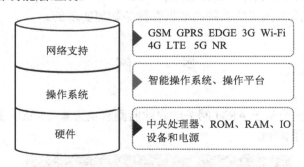

图 17-1　智能手机的系统结构

智能手机是由掌上电脑（Personal Digital Assistant，PDA）演变而产生的。在移动电话通信时代，最早的手持式电脑是不能进行电话通信的，这种微型电脑只能进行个人信息处理，如实现文字编辑、演示文稿软件（Powerpoint，PPT）播放和可移植文档格式（Portable Document Format，PDF）电子书籍阅读等。由于当时很多用户不喜欢携带手机和掌上电脑两个设备，所以一些手机厂家将掌上电脑系统移植到手机上，从而产生了智能手机。如图 17-2 所示，全世界的第一部智能手机是由摩托罗拉在 2000 年生产的 A6188 手机。

图 17-2　全球第一部智能手机

　　A6188 智能手机具有掌上电脑触摸屏，而且当时该手机还是第一个中文手写输入的手机。更为重要的是由摩托罗拉公司在 A6188 智能手机中使用了其自主研发的龙珠 EZ 16MHz CPU。同时，该手机安装个人便携式系统管理者（Personal Portable Systems Manager，PPSM）操作系统，并支持 Wi-Fi 无线上网。虽然 A6188 智能手机的 CPU 处理速度只有 16MHz，但该手机奠定了智能手机进一步快速发展的基础，这对后来智能手机的发展具有里程碑的意义。一般而言，智能手机的主要功能包括 7 个方面。

　　（1）正常的手机通话功能和收发功能。

　　（2）具有 Wi-Fi 无线局域网、2G、3G/4G/5G 移动通信网络接入能力。

　　（3）具备文件编辑、个人信息管理、日历设置、任务编辑、多媒体应用和网页浏览等功能。

　　（4）具有一个开放的操作系统，用户可以安装利用手机开发平台开发的各种应用程序。

　　（5）可以根据用户的喜好来扩展手机的功能。

　　（6）可支持运行很多由第三方公司所开发的各种应用软件。

　　（7）具有强大的图像视频拍摄和记录功能，并可进行视频播放和编辑加工。

　　诺基亚在 2001 年推出它的首部智能手机 Symbian S80 PDA，该机型号为 9110，其使用嵌入式 CPU AMD，内置 8M 内存空间。这部智能手机当时的配置使人们耳目一新，9110智能手机当时就集成了网络、网页浏览和电子邮件等功能。同时，该手机当时就已经开始支持 Java 功能，在上面可以运行各种使用 Java Platform Micro Edition 开发平台所开发的智能手机应用软件。

　　2007 年 6 月 29 日，iPhone 在美国上市，当时推出的 iPhone 智能手机除了手机通信功能外，还完美地将很多互联网信息服务功能与智能手机结合起来，这些功能包括触摸屏、桌面级的电子邮件、网页浏览、搜索和地图功能等。谷歌在 2007 年底推出 Android 智能手机平台。在刚刚推出时，Android 被认为是谷歌对抗苹果 iPhone 的武器。和 iPhone/iOS 不同，谷歌作为 Android 拥有方，并不参与智能手机的生产，Android 智能手机的生产是由许多手机制造商来完成的。第一部使用 Android 手机操作系统的智能手机 G1 由美国运营商 T-Mobile 定制，由 HTC 来完成手机生产。2010 年底统计数据显示，Android 手机操作系统在被推出两年之后，就取代了占据十年的诺基亚 Symbian 智能手机操作系统。2010 年，Android 智能手机的制造商为 HTC、三星、LG、摩托罗拉、索尼爱立信、中兴、华为和联想，当时 Android 已成为全球最受欢迎的智能手机平台。

在 2010 年 2 月，微软公司正式发布 Windows Phone 7 的智能手机操作系统，简称 WP7，它将微软的 Xbox Live 游戏、Zune 音乐和手机视频集成在一起。2011 年 2 月，诺基亚和微软达成全球战略联盟与合作，谋求共同深度发展，积极扩张 Windows Phone7 智能手机的市场占有率。2012 年 3 月 21 日，Windows Phone 7.5 在我国面市。2012 年 6 月，微软发布最新的手机操作系统 Windows Phone 8，其和 PC 版 Windows 8 使用相同的内核。

Windows Phone 在 2015 年被 Windows 10 Mobile 所取代。Windows 10 Mobile 包括一个新的、统一的应用生态系统，强调了与 PC 机的更大程度的集成和统一，以及将其范围扩大到包括小屏幕平板电脑。2017 年 10 月 8 日，Joe Belfiore 宣布 Windows 10 Mobile 的工作将接近尾声，原因是缺乏市场渗透，导致应用程序开发人员缺乏兴趣。2019 年 1 月，微软宣布对 Windows10 Mobile 的支持将于 2019 年 12 月 10 日结束，Windows10 Mobile 用户应迁移到 iOS 或 Android 手机。

目前，市场上主要的智能手机操作系统为 iOS 与 Android。2020 年 1 月 28 日，苹果发布 iOS 13.3.1 版本，适用于 iPhone 6s 及更新机型。Android 10 是第 10 个主要版本，也是 Android 移动操作系统的第 17 个版本，它于 2019 年 9 月 3 日发布。

2019 年 8 月 9 日，在华为开发者大会上，推出鸿蒙操作系统（Hormony OS），如图 17-3 所示。它是第一个基于微内核的全场景分布式操作系统，是华为自主开发的操作系统。Harmony 操作系统可灵活地部署在各种设备上，从而在所有情况下都能简化应用程序开发。截止 2022 年 11 月，包括智能手机在内的鸿蒙设备数量超过 3.2 亿。

图 17-3　华为鸿蒙智能手机操作系统

17.2　智能手机网关硬件介绍

在智能手机的硬件结构中，最重要的部分包括主处理器、无线通信模块、液晶显示器、音频编解码器、数字基带无线调制解调器、相机、麦克风和扬声器控制器等，而动态低音提升（Dynamic Bass Boost，DBB）无线调制解调器主要完成数字语音信号的编解码和连续无线调制解调器的控制。主处理器和从处理器通过串行通信进行通信。最先进的智能手机主处理器带 ARM 内核，通常采用互补金属氧化物半导体（CMOS）工艺设计，包含至少 16KB 的指令。同时，为了实现实时视频会议，大多数智能手机都配备了动态图像专家组 4（Moving Pictures Experts Group 4，MPEG4）的硬连线编解码器。大量的 MPEG4 编解码器、语音压缩和解压都有专门的硬件处理模块，可以降低 ARM 内核的工作压力。通常，智能手机的主处理器上有 LCD 控制器、摄像头控制器和 SDRAM 控制器。

目前，智能手机不仅支持 3G/4G/5G 移动通信，还支持编辑短信、音频、视频等，这就要求智能手机的 CPU 处理器具有高性能，好的 CPU 可以避免手机死机、发热、运行速度慢等现象。同时，由于需要存储大量的图片或视频，智能手机还应具有较大的存储芯片和存储可扩展性，以满足 3G/4G/5G 应用服务的需求。此外，各种功能也在增加能耗，智能手机需要配备大容量可更换的电池。智能手机处理器是目前为止移动电话中最重要和最昂贵的部件。常见的智能手机芯片制造商包括高通、MTK、德州仪器、三星、苹果和华为。目前，智能手机市场已进入"八核时代"。例如，麒麟 980 微处理器采用 7nm 工艺技术，它与 10nm 工艺相比，性能提高了 20%，能效提高了 40%，麒麟 980 的整体能效提高了 58%。Mali-G76 GPU 的能效也提高了 178%。麒麟 980 采用 3 种能效架构，具有 2 个超级核、2 个大核和 4 个高性能小核，并采用灵活的智能调度机制及降低功耗，使 CPU 使用能够适应重、中、轻负载情况，使电池寿命更长。2019 年 9 月 6 日，华为发布麒麟 990 芯片，其性能与麒麟 980 相比提升 10%。如图 17-4 所示，华为 Mate Xs 是一款麒麟 990 5G 高性能智能手机。

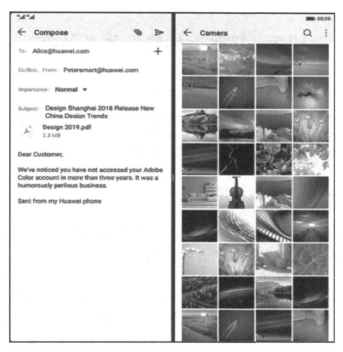

图 17-4　华为 Mate Xs 5G 智能手机

　　华为 Mate Xs 5G 智能手机采用多点触控电容屏，8 英寸主屏幕，分辨率为 2480×2200 像素。智能手机硬件配置为 8 核，分别是 2.86GHz（2 核）、2.36GHz（2 核）、1.95GHz（4 核）。其他配置为 8GB 的 RAM 容量、512GB 的 ROM 最大容量。华为 Mate Xs 无线通信网络支持 IEEE 802.11a/b/g/n/ac，移动通信网络支持 4G TD LTE 与 5G NR TDD。华为 Mate Xs 5G 操作系统是 Android OS 10.0。

　　华为 Mate Xs 配备 1 个 4000 万像素超敏感摄像头、1 个 1600 万像素超广角摄像头、1 个 800 万像素长焦距摄像头（45 倍变焦范围）和 1 个 TOF 摄像头。华为 Mate Xs 巧妙地利用了折叠屏幕的优势，后面的四个镜头是前后的。例如，在折叠状态下，当需要自拍时，系统会提示将手机翻到副屏幕的一侧，后置摄像头可以作为前置摄像头。

　　智能手机配有各种传感器，其计算能力接近家用笔记本电脑的水平，完全可以作为强大的移动物联网网关。例如，华为 Mate Xs 配备环境光传感器、红外传感器、陀螺仪、指南针、接近光传感器、重力传感器、指纹传感器、霍尔传感器、气压计、色温传感器等。

　　传感器在智能手机中的应用使其具有更多的功能和更高的性能。在某些游戏中，智能手机会根据加速度计和重力传感器自动旋转屏幕。加速度计测量移动电话的运动加速度，并能监测移动电话的加速度大小和方向。智能手机也使用光线传感器，它允许它们做很多事情，例如根据当前环境光自动调整手机屏幕亮度，以达到节省能源及保护用户眼睛等作用。智能手机配有压力传感器，可测量大气压力，实现高质量的高度检测 GPS 定位功能。光传感器广泛应用于各种智能手机中，使其能够根据周围光线自动调节屏幕亮度，提高电池寿命。

17.3　智能手机软件开发环境

　　智能手机应用软件主要包括 App 和微信小程序，它们分别使用不同的语言进行开发，也需要搭建不同的软件开发环境。例如，Android 应用程序开发语言是 Java，Apple 应用程序开发语言是 Objective-C，而 Windows Phone 应用程序编程语言主要是 C++。这里主要介绍 Android 智能手机应用软件的开发环境及微信小程序的开发环境。

17.3.1　Android App 开发环境

　　Eclipse 本身是一个开源的、基于 Java 的、可扩展的开发平台。Eclipse 本身只是一个框架和一组主要用于为生产组件构建开发环境的服务，是开发 Android 应用程序的主要开发环境。下面就介绍基于 Eclipse 的 Android 应用软件的开发过程。

　　如图 17-5 所示，创建一个基于 Eclipse ADT 包的 Android 虚拟设备。创建完成后，点击"Start"运行 Android 虚拟设备，如图 17-6 所示。启动后虚拟设备运行界面如图 17-7 所示。

　　如图 17-8 所示，完成基于 Eclipse-ADT-bundle 的 Android Helloworld 创建及测试。

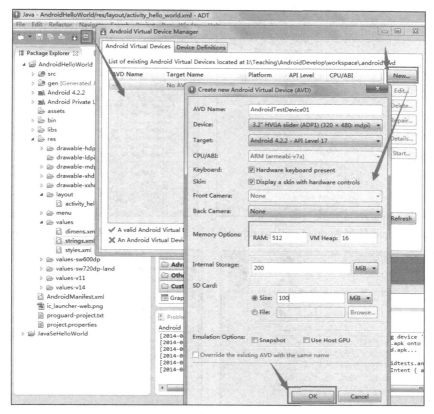

图 17-5　创建 Android 虚拟设备

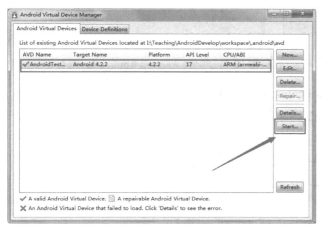

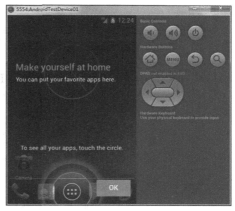

图 17-6　开始运行 Android 虚拟设备　　　　　　图 17-7　运行中的 Android 虚拟设备

如图 17-9 所示，选择创建 Android Application 项目助手。

如图 17-10 所示，填写及选择 Android Application 项目相关信息。

如图 17-11 所示，配置 Android Application 项目相关信息。

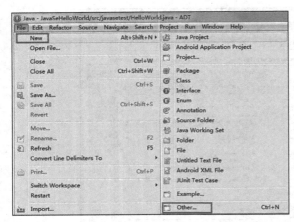

图 17-8　通过 Eclipse 创建 Android Helloworld 项目　　图 17-9　选择创建 Android Application 项目助手

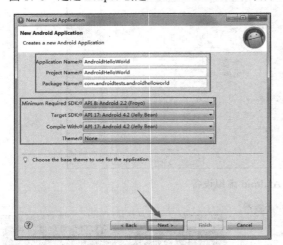
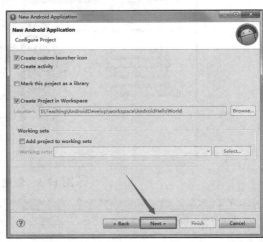

图 17-10　填写及选择 Android Application 项目相关信息　图 17-11　配置 Android Application 项目相关信息

如图 17-12 所示，配置 Android Application 项目图标（Icon）。

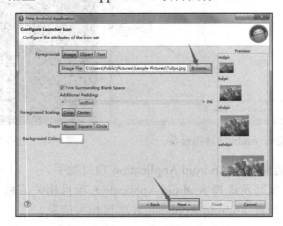

图 17-12　配置 Android Application 项目图标（Icon）

如图 17-13 所示，创建 Android Application 项目 Activity。

如图 17-14 所示，完成创建 Android Application 项目 Activity。

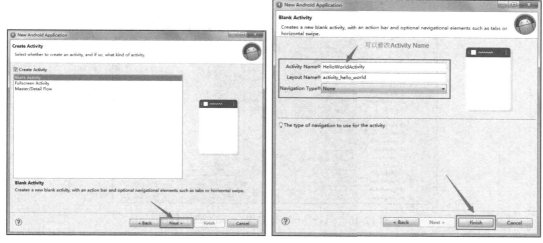

图 17-13　创建 Android Application 项目 Activity　图 17-14　完成创建 Android Application 项目 Activity

如图 17-15 所示，为生成的 Hello world Android 应用项目主界面。

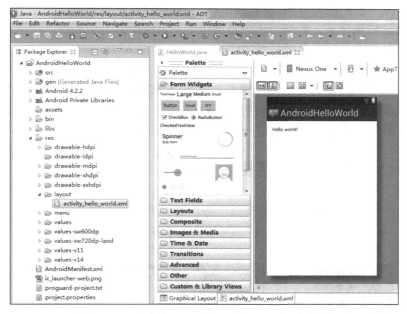

图 17-15　生成的 Helloworld Android 项目主界面

如图 17-16 所示，为运行 Android Hello world 应用程序的操作及运行结果。

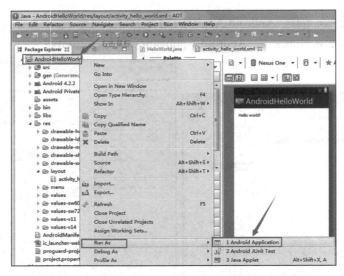

图 17-16　　运行 Android Hello world 应用程序

17.3.2　微信小程序开发环境

微信程序是一种新的开放源代码，开发者可以快速开发新的小程序。小程序可以在微信环境中轻松访问和传播。微信小程序是微信生态系统中的"子应用"，可以为用户提供电子商务、任务管理、优惠券等高级功能。

搭建软件开发环境一般比较麻烦，运行环境和开发工具通常需要分别安装（如需要安装 Java EE、php 等），有时还需要配置复杂的环境变量或系统参数，而微信小程序开发工具解决了环境安装问题。微信小程序中 wxml 文件用于编辑页面，wxss 文件用于美化页面，js 文件用于页面和用户操作的交互，json 文件用来进行数据回传。

17.3.3　微信小程序开发前期准备

如图 17-17 所示，注册账号，申请微信公众开发者。

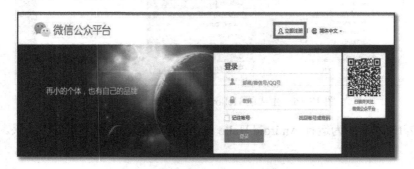

图 17-17　　注册微信开发者账号

如图 17-18 所示，选择小程序开发。

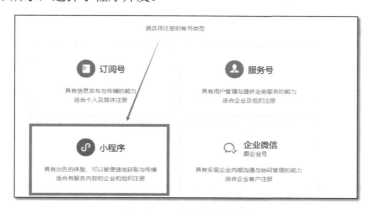

图 17-18　选择账号类型

如图 17-19 所示，登录后台界面。

图 17-19　登录后台

如图 17-20 所示，选择开发设置，后台界面中需要记住的有两个参数，分别是 AppID（创建小程序项目时需要用到）、AppSecret（请求 OpenId 能用到），以上两个参数都是必须且私密的，需要妥善保管。其中 OpenId 是每个用户唯一的标识符，可以理解为每个人的身份证号，不会重复。

图 17-20　选择开发设置

　　如图 17-21 所示，下载微信公众开发者工具。

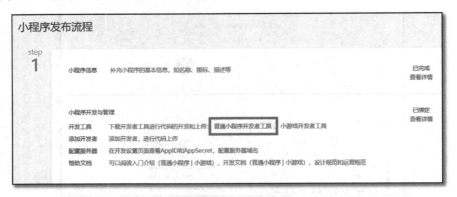

图 17-21　下载微信公众开发者工具

　　小程序开发需要学过前端开发技术，比如 Html，Css，JavaScript，Ajax。可以把小程序理解成一个网页，所有的样式都是用前端知识构建，跟网页一样可以向后台发起请求。后端网址开发也要至少会 JavaWeb、PHP、ASP 等其中一种技术，这样才能对小程序发过来的请求进行处理，实现前后台的交互。

17.3.4　微信小程序开发过程

　　如图 17-22 所示，安装完开发者工具之后，通过注册的微信号直接扫一扫登录。

图 17-22　登录微信开发者工具

　　如图 17-23 所示，进入主界面，可以看之前创建过的项目。

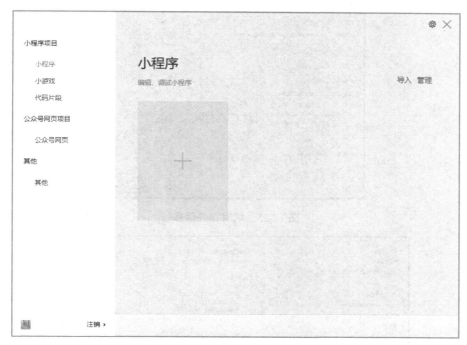

图 17-23　查看创建过的项目

如图 17-24 所示，点击添加的符号，即可创建项目。

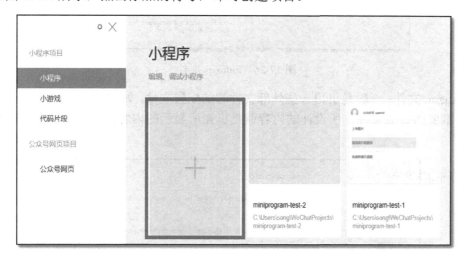

图 17-24　创建新项目

如图 17-25 所示，填写小程序的相关信息。

每次创建时小程序默认创建一个 Hello World 工程和一些必备文件，方便用户在此基础上进行深入开发。Pages 文件夹存放一个个小程序界面，一个界面一个文件夹，文件夹内有 4 个文件，一般同名但是后缀不一样，每个文件的作用也不一样。如图 17-26 所示，index.js 是类似网页<script>标签内的脚本，定义了一些参数，还有一些方法。

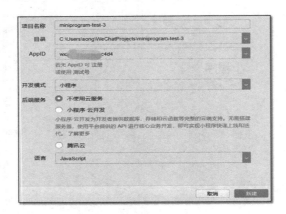

图 17-25　填写相关信息

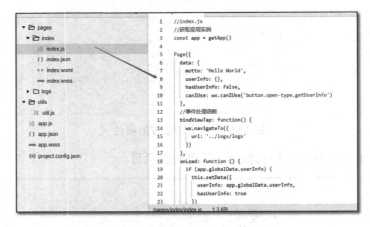

图 17-26　index.js 文件

index.json 文件：一般是引用一些外部文件时的配置文件。如图 17-27 所示，index.wxml 文件是最重要的界面文件，所设计的内容就是页面所显示的内容，跟网页类似，只是标签不一样。

图 17-27　index.wxml 文件

如图 17-28 所示，index.wxss 文件是样式表，index.wxml 的所有样式都是读取此文件的，想要好看的界面，就要在此文件中写一些 css 语句。

```
@import 'public/icon-css/index.wxss';
page,.page {
  height: 100%;
  font-family: 'PingFang SC', 'Helvetica Neue', Helvetica, 'Droid Sans
Fallback', 'Microsoft Yahei', sans-serif;
}
.page-bottom{
  height:100%;
  width: 100%;
  position: fixed;
  background-color: rgb(0, 68, 97);
  z-index:990;
}
.page-top{
  height: auto;
  position: absolute;
  width: 100%;
  background-color: white;
  transition: All 0.4s ease;
```

图 17-28　index.wxss 文件

utils 文件夹存放一些经常工具类，需要时可直接引入。app.js 文件是全局 js 文件，任何界面可以直接调用。app.json 文件为全局 json 文件，定义几个页面与小程序的相关属性，比如背景色、标题、选项卡。App.wxss 文件控制整个页面的样式。project.config.json 文件为项目配置文件，记录一些基本信息，如图 17-29 所示。

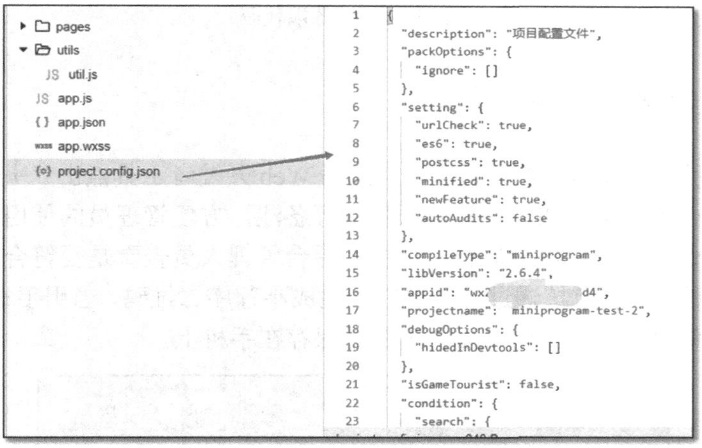

```
 ▶ 📁 pages                     1  {
 ▼ 📂 utils                     2    "description": "项目配置文件",
    JS  util.js                 3    "packOptions": {
    JS  app.js                  4      "ignore": []
    {} app.json                 5    },
   wxss app.wxss                6    "setting": {
   (e) project.config.json      7      "urlCheck": true,
                                8      "es6": true,
                                9      "postcss": true,
                               10      "minified": true,
                               11      "newFeature": true,
                               12      "autoAudits": false
                               13    },
                               14    "compileType": "miniprogram",
                               15    "libVersion": "2.6.4",
                               16    "appid": "wx2▓▓▓▓▓▓▓d4",
                               17    "projectname": "miniprogram-test-2",
                               18    "debugOptions": {
                               19      "hidedInDevtools": []
                               20    },
                               21    "isGameTourist": false,
                               22    "condition": {
                               23      "search": {
```

图 17-29　project.config.json 文件

当每个用户扫描二维码获取 OpenId 时，会传给服务器一个唯一的 ID 标识，以便管理员知道使用小程序的用户，为了防止微信用户改昵称得到的信息不准确。在 js 文件中发起登录请求，用 wx.login 方法，信息官方会返回一个 code，将此 code 传给后台服务器，后台服务器通过该 code 向小程序官方 api 请求，会返回用户 OpenId。小程序端代码截图如图 17-30 所示。服务端代码截图如图 17-31 所示，需要填写 AppID 和 AppSecret，通过该方法将返回的 OpenId 发送给前台即可。

```
onGotUserInfo: function(res) {
  var that = this
  var userInfo = res.detail.userInfo
  //获取openid
  wx.login({
    success: function(res) {
      if (res.code) {
        //发起网络请求
        wx.request({
          url: app.globalData.host + '/user/GetOpenid',
          method: "GET",
          data: {
            js_code: res.code,
          },
          success: function(res) {
            wx.setStorageSync("openid", res.data.openid)
            wx.request({
              url: app.globalData.host + '/user/userInsert',
              method: "POST",
              header: {
```

图 17-30　小程序端代码

```
public static String getOpenid(String js_code) throws Exception{
    URL url = new URL(
        "https://api.weixin.qq.com/sns/jscode2session appid=wx          6a8 secret=95"
        + js_code);
    HttpURLConnection conn = (HttpURLConnection) url.openConnection();
    conn.setConnectTimeout(5 * 1000);
    conn.setDoOutput(true);
    conn.setRequestMethod("GET");
    conn.setRequestProperty("Accept", "*/*");
    conn.setRequestProperty("Accept-Charset", "GBK,utf-8;q=0.7,*;q=0.3");
    conn.setRequestProperty("Accept-Encoding", "gzip,deflate,sdch");
    conn.setRequestProperty("Accept-Language", "zh-CN,zh;q=0.8");
    conn.setRequestProperty("Connection", "keep-alive");
    conn.setRequestProperty("Cookie", "JSESSIONID=XXXXXXXXXXXXXXXXXXXXX");
    conn.setRequestProperty("Host", "ptlogin2.qq.com");
    conn.setRequestProperty("Referer", "http://www.qq.com");
    conn.setRequestProperty(
        "User-Agent",
        "Mozilla/5.0 (Windows NT 6.1; WOW64) AppleWebKit/537.31 (KHTML, like Gecko) Chrome/26.0
    conn.setRequestProperty("X-Requested-With", "XMLHttpRequest");
```

图 17-31　服务端代码

17.3.5　微信小程序发布过程

如图 17-32 所示，代码检查无误后，在微信 Web 开发者工具点击"上传"按钮，将版本设置为体验版或者提交审核，然后对项目进行备注，方便管理员的使用。而这里的"上传"是把小程序代码上传到微信后台，由微信后台管理人员查看是否符合要求。如果版本设置的是提交审核，而当审核通过了之后就会生成小程序二维码，当用手机扫描二维码时，手机会自动把小程序的代码从腾讯后台下载并保存在手机上。

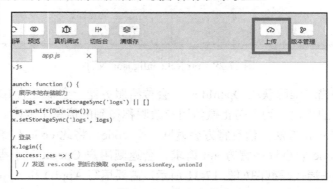

图 17-32　代码上传

如图 17-33 所示，上传后可以在微信公众平台看到上传的小程序。

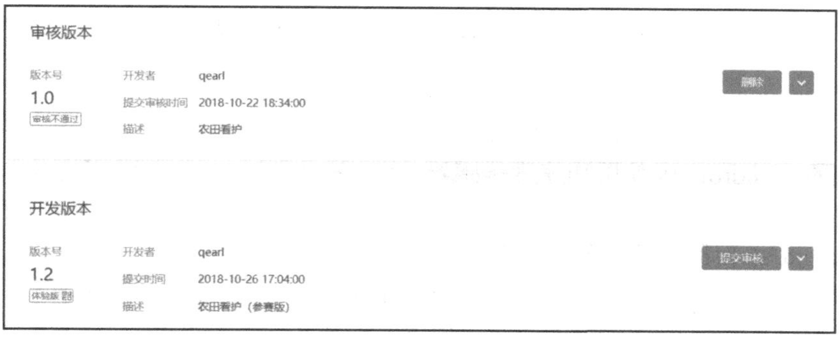

图 17-33　查看上传的小程序

如图 17-34 所示，提交审核，审核后的小程序可以通过二维码或直接根据小程序名搜到。

图 17-34　确认提交审核

如图 17-35 所示，提交审核的小程序到服务器请求备案。

图 17-35　服务器备案

17.4　智能手机数据收集

　　本节以加速度传感器，来说明智能手机是如何进行数据收集的。Android 中使用加速度传感器，其中三个轴的方向如图 17-36 所示。

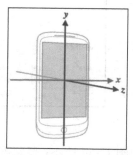

　　在 Android 中使用加速度传感器有助于识别手机的姿势和运动。通过调用系统 API 可以进行加速度传感器的数据收集。分为以下步骤：① 获取传感器管理器；② 使用传感器管理器获取加速度传感器；③ 创建自定义传感器监控功能并注册；④ 相应地，对注销侦听器的调用在适当的位置实现。

图 17-36　智能手机三个轴的方向示意图

17.5　智能手机设备控制

　　如图 17-37 所示，本节利用智能手机红外遥控家用电器来说明智能手机是如何实现设备控制的。红外遥控是一种无线控制技术，它具有功耗小、成本低、易于实现等诸多优点，因此被广泛应用于各种电子设备，特别是家用电器，如电视、空调等的遥控器。要使用智能手机控制空调，需要使用红外线遥控技术来开发 Android 应用程序。如图 17-38 所示，首先，在应用程序项目的 androidmanifest.xml 中添加红外线权限配置。

```
<!-- 红外遥控 -->
<uses-permission android:name="android.permission.TRANSMIT_IR">
<!-- 仅在支持红外的设备上运行 -->
<uses-feature android:name="android.hardware.ConsumerIrManager"
android:required="true"></uses-feature></uses-permission>
```

图 17-37　智能手机通过红外发射控制扫地机器人　　　　图 17-38　AndroidManifest.xml 中添加红外线权限配置

　　其次，对红外遥控管理器进行了初始化。与红外遥控器相对应的管理类称为 ConsumerManager。hasIrEmitter 检查设备是否有红外发射器，返回 true 表示有红外发射器，返回 false 表示没有红外发射器。获取可用载波频率范围，红外遥控管理器的初始化代码示例如图 17-39 所示。

```
private ConsumerIrManager cim;
private void initInfrared() {
    // 获取系统的红外遥控服务
    cim = (ConsumerIrManager) getSystemService(Context.CONSUMER_IR_SERVICE);
    if (!cim.hasIrEmitter()) {
        tv_infrared.setText("当前手机不支持红外遥控");
    }
}
```

图 17-39　红外遥控管理器的初始化代码

传输方法在传输红外远程信号时调用，它传递两个参数。第 1 个参数是信号频率（单位赫兹）。家用电器的红外频率通常为 38000Hz。第 2 个参数是作为整数数组的信号格式。对于本节中描述的清扫机器人，具体的阵列值如图 17-40 所示。

```
int[] pattern={
    9000,4500,//开头两个数字表示引导码
    //下面两行表示用户码
    560,560, 560,560, 560,560, 560,560, 560,560, 560,560, 560,1680, 560,560,
    560,1680, 560,560, 560,1680, 560,560, 560,1680, 560,560, 560,1680, 560,560,
    //下面一行表示数据码
    560,560, 560,560, 560,1680, 560,560, 560,560, 560,560, 560,1680, 560,560,
    //下面一行表示数据反码
    560,1680, 560,1680, 560,560, 560,1680, 560,1680, 560,1680, 560,560, 560,1680,
    560,20000// 末尾两个数字表示结束码
};
```

图 17-40　手机发送红外信号整数数组的信号格式

如图 17-41 所示，将上述信号格式数组输入应用程序代码中，即发送方法的格式参数，运行测试应用程序，并使手机发送红外信号来控制清扫机器人。

```
//普通家电的红外发射频率一般为 38KHz
cim.transmit(38000, pattern);
```

图 17-41　手机发送红外信号频率配置

17.6　智能手机数据上传

本节使用 Android Socket 数据传输来说明智能手机数据的上传过程。首先，用 Eclipse 创建一个名为"ANDROIDULSEVER"的 Java 项目，然后在服务器上写实现文件和 RoIDServ.java。功能是创建 socket 对象来接收客户机请求，并创建 bufferedreader 对象以向服务器发送消息。使用 Eclipse 创建一个名为"testsocket"的新 Android 项目，编写布局文件 main.xml，并在主界面中插入一个信息输入文本框和一个"send"按钮。在 androidmanifest.xml 文件中添加对网络的访问，并编译和运行代码以测试智能手机数据上传过程。编写 App 客户端数据发送文件 SendDataSocket.java，其功能是获取输入框的文本信息，并将信息发送到 IP 地址为"192.168.2.113"的服务器。

17.7 小　　结

本章主要介绍了基于智能手机的物联网网关，首先介绍了智能手机硬件及移动操作系统，然后对基于智能手机的物联网网关的软件开发环境、数据收集、设备控制及数据上传等进行了阐述。

思　考　题

1. 简述智能手机的定义。
2. 主要的智能手机操作系统包括哪些？
3. 智能手机的主要功能包括哪几个方面？
4. 简介智能手机传感器及作用。

案　　例

一个基于智能手机的计步监测系统如图 17-42 所示。其主要功能是记录用户每日的走路步数，提醒用户每日都要锻炼；再利用压力传感器通过测量大气压力，实现高度监测。另外，结合 GPS 定位系统，分析出用户每日的最佳出行路线，避免出现堵车及人流量过多的问题。

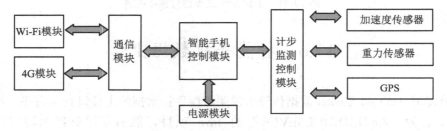

图 17-42　基于智能手机网关的计步监测系统

第 17 章　源代码

第 18 章　智能手机移动监测网关

学习要点

- ☐　了解智能手机移动监测网关基本功能和用法。
- ☐　掌握移动监测网关功能实现方法。
- ☐　掌握移动监测网关数据传输方法。
- ☐　了解数据中心 Web 管理系统机理。

18.1　智能手机移动监测网关的开发背景及简介

针对目前大范围内环境实时监控存在的各种问题，利用 Android 智能手机的传感器实时收集各种环境数据，将所获取的数据利用 Wi-Fi 或 3G 无线通信技术及时传输到数据服务中心并存入数据库中。利用数据融合技术对温度、光线亮度、GPS、环境照片等数据进行智能化处理，并通过 JavaEE Web、手机地图及短信自动发送等技术对数据处理的结果进行显示和警报。在大范围内使用该系统，可以达到及早发现并避免恶劣环境污染，减少经济及生命损失的目的。

中国制造业发展很快，同时也潜在环境的高污染问题。无论现在还是将来，安全生产、节约资源（能源及原材料）和保护环境都是攸关我国经济发展及人民身心健康的大事。　由于企业对于控制污染及保护环境的责任意识不强，再加上地方保护主义、对企业的监管不力，导致全国范围内污染频频发生。近年来，除了实行传统的环境污染监控措施外，不同地区虽然建立了局部的污染在线监控系统，试图对所在区域的环境污染进行 24 小时实时监控，但由于这些系统的监控范围很小，不能及时发现污染源，造成了严重的社会危害和经济损失。例如，2010 年 7 月 3 日发生在紫金矿业的汀江污染事件、2012 年 1 月发生在广西龙江河的镉污染事件、河南省新安县段家沟的水库污染等。

要解决环境污染监控问题，需要建立一个全社会人人都可以参与的实时环境监控系统，这就需要大多数人都可以实时收集他们所处位置的环境数据，并且能够将这些数据实时发送到特定的数据服务中心，汇集到数据服务中心的数据配合国家专业的环境监控系统，可及早发现污染的苗头，及早消除各种污染源，避免对人民的身心健康造成危害、带来严重的经济损失。要实现上述目的，就需要大多数人时时携带一个配有各种传感器的设备，随时将收集到的传感器数据通过网络发送到数据服务中心。当前的智能手机就可以达到同时进行传感器数据收集及传输的目的。根据 2019 年 4 月底电信数据，我国移动电话用户总数达 15.9 亿户，移动宽带用户（即 3G 和 4G 用户）总数达 13.4 亿户。利用智能手机，可以实时收集并传输各种来自传感器的数据（声音、图像、GPS、速度、陀螺仪、亮度、地磁、方向、压力、近程、温度等传感器数据），同时还可以通过人工输入实时传输有关环境的各种描述性数据。如今主流的智能手机平台主要有 Apple 公司的 IOS、Google 公司的 Android、Microsoft 公司的 Windows Phone、Nokia 公司的 Symbian、HP 公司的 WebOS 等。其中 Android 平台因为可支持多种传感器且开源，得到了广泛的应用。

目前国内外还没有成熟的移动式环境监控系统。在本项目的研究中，使用 Android、JavaEE、Struts、Hibernate、Spring 及 Ext JS 框架等技术，利用配有各种传感器的 Android 智能手机，成功开发了一个社会上大多数人都可以参与的移动式环境监控系统。此系统的建立可帮助实施大区域环境实时监控，及时发现污染源，把污染降到最低。本系统实现了 Android 传感技术在环境监控领域的新应用，为充分利用数以亿计的智能手机传感器，在不增加经济负担的情况下，实施较大范围内的环境实时监控。同时，所开发的系统还具有两个创新之处：① 将开源 Android 平台应用与开源的 JavaEE 技术相结合，使实时环境监控系统的开发和部署变得十分容易，在保证最大经济和社会效益的情况下，大大降低系统的开发和维护成本。②利用智能手机，不但可以实时收集并传输来自传感器的各种数据，而且还可以通过手动输入实时收集有关环境的各种描述性数据。

18.2　移动监测网关功能设计

如图 18-1 所示，整套环境监控系统分为 Android 客户端、数据传输网络和 Web 服务器端。Android 客户端程序负责收集实时光线数据、温度数据、GPS 定位数据、环境照片等，并通过 HTTP Post 的方式访问 Web 服务器端提供的相关服务，将所收集到的数据存入数据库服务器。数据传输网络主要包括 3G、Wi-Fi 及互联网等。Web 服务器端主要是一套基于 Java EE 技术的环境监控系统，主要功能是供远程的管理者通过动态曲线图、警报等收集监控领域的实时数据，判断环境是否异常，以及通过 GPS 坐标在手机地图（如 Baidu Map 或 Google map 等）上进行数据源的定位。

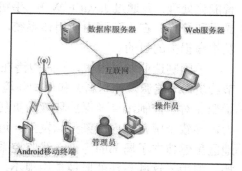

图 18-1　移动式实时环境监控系统结构

18.3　移动监测网关功能实现

Android 是 Google 公司于 2007 年 11 月 5 日发布的以 Linux 作为系统内核的移动终端操作系统。该系统源代码完全开放，是首个为移动终端打造的真正开放和完整的移动软件，得到了国内外智能手机运营商的大力支持。Android 包括操作系统、用户界面中间件和一些重要的应用程序；Android 基于开源的 WebKit 引擎，选用 SQLite 嵌入式数据库进行结构化数据存储。使用 Activity、Intent、Service、Android UI、SQLite、多线程、基于 HTTP 的网络编程以及系统调用等技术，开发应用程序运行于 Android 智能手机客户端。通过系统提供的传感器监听器，实时将传感器数据读出，并通过 HTTP Post 技术将数据传送到远程数据库服务器。所开发的 Android 客户端传感器数据实时收集模块结构如图 18-2 所示。通过 Android 平台提供的大量传感管理结构，可以提取并显示周围环境中的传感数据，如光线、温度、GPS 数据等（见图 18-3）。

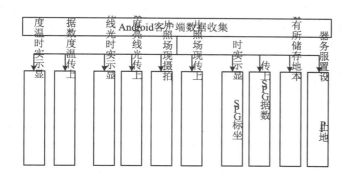

图 18-2　Android 客户端数据收集模块

图 18-3　Android 客户端数据收集界面

Android 客户端数据的发送采用超文本传输协议（HyperText Transfer Protocol，HTTP）Post 方式，把 Android 手机收集的传感数据传送并存储到远程数据库服务器 MySQL 中。对于图像数据，通过调用 Android 系统的相机 Camera 类的 API 函数，获取系统相机拍照功能，并将照片临时存在本地手机存储卡，同时通过网络传输到 Web 服务器做备份和缓存；运用 HTTP Post 方式和 Android 系统 API 提供的 HttpClient 类，把 Android 手机所拍的照片传送并存储到数据服务中心的特定文件夹。另外，对于一些难以通过 Android 手机传感器和摄像来收集的数据，如噪声、空气中特殊的气味及大地震动等，借助所开发的客户端界面，可以通过手动输入的方式收集环境数据，并将其发送到远程数据库服务器。

18.4　移动监测网关数据传输

一般情况下，智能手机与 Web 服务器之间的数据通信可以通过 Wi-Fi（Wireless Fidelity）和 3G 两种无线通信方式来实现。Wi-Fi 作为目前无线 IP 传输的成熟技术，具有传输距离远、带宽高、组网容易的特点，在各行各业已被广泛使用。伴随着国内中国电信、中国移动及中国联通三大运营商大规模建设基于 Wi-Fi 技术的"无线城市"，其物联网应用架构已然形成。基于 Wi-Fi 的物联网数据传输技术所具有的优势可概括为：成本低廉、无线网络安装及组网灵活、低功耗、在室内步行环境下能支持 10～300Mb/s 的传输速率、在恶劣环境下数据传输具有持久性和可靠性、数据传输具有较高的私密性及施工周期短等。

　　Wi-Fi 技术在物联网中广泛应用于工业生产线监控、城市安全巡查、城市交通监控、食品物流监控、火灾现场抢救监控、供水监控、洪灾现场抢救监控、电力监控、油田监测、环境监测、学校安全监控、反恐防暴安全监控及小区安全监控等。3G 系统在室内静止环境下的最高速率能达到 2Mb/s，而且最高速率只能在很短的距离范围内和有限的移动条件下提供，同时由于 3G 服务的价格较高，这些都使得 3G 也只适合在没有 Wi-Fi 网络的地方使用。一般情况下，在 Android 手机周围存在 Wi-Fi 无线通信服务时，手机可以自动选取 Wi-Fi 来进行数据传输，否则就利用 3G 服务来进行智能手机与 Web 服务器之间的数据传输。

18.5　数据中心 Web 管理系统

　　Java EE 是一个标准中间件体系结构，旨在简化和规范分布式多层企业应用系统的开发和部署。Java EE 技术是 Java 语言平台的扩展，支持开发人员创建可伸缩的强大的可移植企业应用程序。Apache Struts 的 Web 框架是一个免费开源的用于创建 Java Web 应用程序的解决方案，Struts 框架的宗旨是帮助开发人员利用 MVC 架构创建 Web 应用程序。Struts 2 是 Struts 的下一代产品，是在 WebWork 和 Struts1 的技术基础上进行了合并的全新的框架。Struts 2 以 WebWork 为核心，采用拦截器的机制来处理用户的请求。Hibernate 是一个可以自动根据 XML 或 Annotation 完成对象关系映射（Object Relational Mapping，ORM），并持久化到数据库的开源框架，通过对 Java 数据库连接（Java Database Connectivity，JDBC）进行对象封装，使得开发人员可以方便地使用面向对象的编程思想来对数据库进行操作。Spring 是为了解决企业应用程序开发复杂性的框架，它使用基本的 JavaBean 来完成以前只可能由企业 Java Beans（Enterprise Java Beans，EJB）完成的事情。Ext JS 是一种 JavaScript 开发框架，这种强大的 JavaScript 库通过使用可重用的对象和部件简化了 Ajax 开发，方便 Web 应用程序开发人员使用这个工具。

　　在环境监控系统的 Web 服务器中，每一个向服务器发送环境数据的手机被定义为一个移动节点，服务器可以同时接收来自多个移动节点的数据。从理论上来讲，当一个环境监控系统的 Web 服务器足够强大时，它可以接收来自数以千计的移动节点的数据。如果在我国广大的领域布置数以万计的 Web 服务器，所形成的服务器群就可以接收来自全国数以亿计的 Android 智能手机的数据。在服务器端，运用 Java EE 技术构建环境监控系统的远程 Web 管理系统，其结构如图 18-4 所示。基于 Web 服务器的环境监控系统分为五个模块，分别是节点管理、传感数据管理、移动节点管理、注册用户管理和系统登录管理。系统整体架构运用 Struts、Hibernate、Spring 三个主流 Java 框架构建，前端展示还运用到了 Ext JS 框架，将网页窗体的效果与 Ajax 技术相结合，实现局部刷新，增强用户体验，使得用户界面更加友好。同时 Ext JS 与手机地图（Baidu Map）API 相结合，使得系统可以根据 GPS 定位的经纬度，在平面或卫星 Baidu Map 上面显示出数据源的位置。

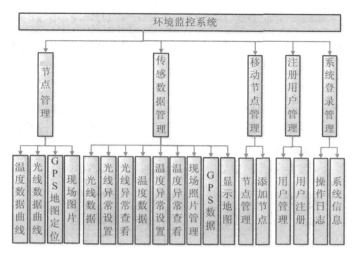

图 18-4　Web 服务器端环境监控系统功能模块

　　移动节点管理模块主要管理所有节点的所有信息，注册新的手机节点。操作员和管理员都可以注册新节点，通过填写节点名称和节点 IP 地址注册新节点，这样导航栏就会多出新节点的管理数据菜单。同时还可以对所有节点的信息进行增删改查。传感器数据管理模块主要用来显示各种传感器数据动态曲线图（见图 18-5）、移动节点在手机地图软件（如 Baidu Map）上的 GPS 卫星定位及节点所拍摄的环境照片（见图 18-6）等。

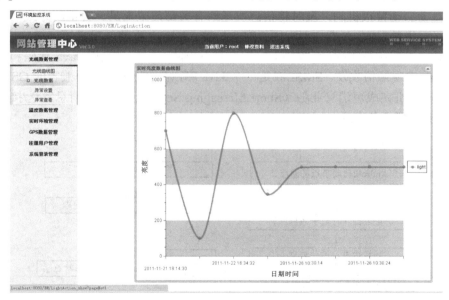

图 18-5　环境监控数据动态曲线显示

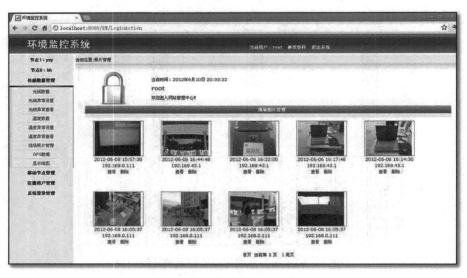

图 18-6　移动节点所拍摄的环境照片管理

　　传感器数据管理模块的另外一个主要功能为传感数据融合及异常报警管理，基于数据融合理论来实时判断环境异常的详细技术路线如图 18-7 所示。这个功能主要实现对数据库中来自不同节点的温度、湿度、亮度、GPS、照片等的当前和历史数据进行融合处理，根据事先设定的环境异常决策规则来判断当前不同监控区域的环境安全状态。当环境有异常发生时，自动启动警报机制，及时将信息发送给有关部门或人员。警报的方式根据需求可以设定为平台报警、PC 自带的喇叭进行声音报警、E-mail 报警、手机短信报警等。其中，报警短信是通过连接在 Web 服务器上的短信猫发出的。短信猫利用 Java 代码和短信猫工具库 SMSLib 实现短信收发。SMSLib 是一个 Java 库，它允许通过一个兼容的 GSM 调制解调器或 GSM 手机完成短消息业务（Short Messaging Service，SMS）消息发送/接收，同时SMSLib 还支持群短信发送。

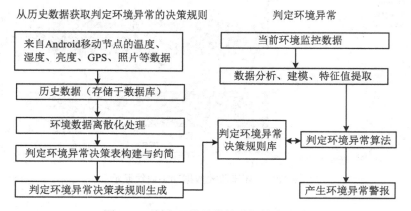

图 18-7　判定环境异常的详细技术路线

18.6　小　　结

本章基于智能手机及其他前沿信息化技术成功开发了移动式环境监控系统，为充分发挥全社会的力量对广阔领域的环境进行实时监控打下了一定的基础。在系统开发过程中解决了 Android 手机客户端传感器数据收集及传输的关键技术；在 Web 服务器端解决了同时接收来自多个智能手机环境数据的技术难题；也利用数据融合理论解决了判定环境异常及发出警报的关键技术。

思　考　题

1. 简介智能手机环境监控网关的主要作用。
2. 介绍智能手机环境监控网关的两个创新之处。
3. 介绍智能手机环境监控网关是如何进行图像数据收集与发送的。

案　　例

如图 18-8 所示，华为 P40 Pro 智能手机配备 8 核麒麟 990 5G 处理器（2.86GHz，马里 G76 MP16 GPU），以及 6.5 英寸的弯曲边缘显示屏，分辨率为 3160 × 1440 像素，像素密度为 518 ppi，电池容量为 4200mA 时，支持 40W 的快速充电和 27W 的无线充电。移动通信网络支持 5G、4G FDD LTE、4G TDD LTE、3G WCDMA、2G GSM；无线局域网支持 802.11a/b/g/n/ac/ax；卫星定位支持 GPS（L1+L5 双频）、AGPS、Glonass、北斗（B1I+B1C+B2a 三频）、伽利略（E1+E5a 双频）、QZSS（L1+L5 双频）、NavIC。本智能手机支持手势传感器、重力传感器、红外传感器、指纹传感器、霍尔传感器、陀螺仪、指南针、环境光传感器、接近传感器、色温传感器，可以完成智能手机本身及周边环境的实时数据采集、处理与传输，是制作移动环境监控网关的首选。

图 18-8　华为 P40 Pro 5G 智能手机

第 19 章 工控机网关

学习要点

☐ 了解工控机网关基本功能和用法。
☐ 掌握工控机数据收集方法。
☐ 掌握工控机网关设备控制原理。
☐ 了解工控机网关数据上传机理。

19.1 工控机简介

一般说来，工控机是专门为工业现场设计的计算机，而工业现场一般具有强振动、粉尘特别是强电磁场力干扰等特点，而一般工厂是连续运行的，即通用电气，一年之内基本没有休息。因此，与普通计算机相比，工控机必须具有高抗磁性、防尘、防震的特点。利用工业计算机制作物联网网关，可以满足工业物联网应用的需要。

在物联网的工业应用中，常用的工业通信网关包括数据采集接口网关、单向物理隔离网关和工业网络安全网关，它们都是以工业计算机为基础制作的。工控机（Industrial Personal Computer，IPC）是工业控制计算机，是对总线结构的生产过程、机电设备和工艺设备进行检测和控制的通用术语。工控机具有重要的计算机属性和特点，如计算机 CPU、硬盘、内存、外围设备和接口、操作系统、控制网络和协议、计算能力和友好的人机界面。工业控制行业的产品和技术非常特殊，属于中间产品，是为其他行业提供可靠、嵌入式、智能化的工业计算机。

19.2 工控机网关硬件介绍

一般情况下，适合制作工控机网关的硬件包括总线工控机、可编程控制器（PLC）、分布式控制设备和现场总线设备。如图 19-1 所示，工控机是一种基于 PC 总线的工业计算机。其主要部件是工业机箱、基板和各种可插在上面的板卡，如 CPU 卡、I/O 卡等，采用全钢外壳、过滤网、双正压风机和电磁兼容技术来解决静电问题。

图 19-1 工控机网关

　　工控机网关可对工业生产过程进行实时在线检测和控制，对工作条件的变化做出快速响应，及时采集数据和调整输出信号，以及完成紧急情况下的自动复位，能够保证工业基本信息化系统的正常运行。工控机网关可与轨道控制器、视频监控系统、车辆检测器等工业领域的各种外围设备和板卡连接，完成各种任务。工控机网关能够同时利用工业标准结构总线（Industrial Standard Architecture，ISA）、外设部件互连标准（Peripheral Component Interconnect，PCI）标准和外设部件互连工业计算机制造商集团（PCI Industry Computer Manufacture Group，PICMG）资源，支持多种操作系统、多语言汇编和多任务操作系统。如图 19-2 所示，PLC 是一种可编程存储器，用于其内部存储程序，执行面向用户的指令，如逻辑操作、顺序控制、定时、计数和算术操作，并控制各种类型的机械或生产过程。

　　如图 19-3 所示，Konnad 分布式控制设备是一个工控机网关。它是一系列高性能、高质量、低成本、灵活配置的分散控制系统，可以构成各种独立的控制系统、分散控制系统（Distributed Control System，DCS）、监控和数据采集系统（Supervisory Control And Data Acquisition，SCADA），并能满足工业过程控制的要求。

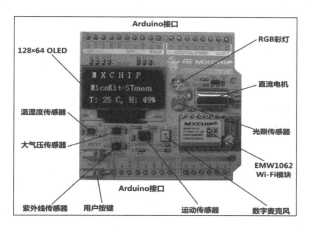

图 19-2　MiCO 可编程逻辑控制器

图 19-3　Konnad 分布式控制设备

　　这个分散控制设备采用模块化设计，可广泛应用于各大、中、小电厂分散控制、电厂自动化系统改造、钢铁、石化、造纸、水泥等工业生产过程控制。如图 19-4 所示，通过分布式控制设备的总控制室，管理人员可以监控整个企业的生产过程。

　　另外一种工业工控机为现场总线控制系统，它是一个全数字串行双向通信系统。该系统包含测量和控制装置，如探头、励磁机和控制器，可以进行连接、监视和控制。在工厂网络分类中，它不仅作为过程控制（如 PLC、LC 等）的本地网络和智能仪表（如变频器、阀门、条形码阅读器等）的应用，还具有分布式控制应用的嵌入式功能。目前，世界上已知的现场总线类型有 40 多种，典型的现场总线类型有 FF、PROFIBUS、LONWORKS、CAN、HART、CC-Link 等。

图 19-4　分布式控制设备总控室

19.3　工控机网关软件开发环境

要开发不同功能的工控机网关，工业控制软件将成为工业物联网不可分割的一部分，但在实际应用中控制软件并不是孤立的，而是要与其他软件集成发挥其应有的作用。工控机网关开发软件要满足数据采集、人机对话等开发需求。工业控制软件是工业物联网网关的重要组成部分，它涉及接口、软件应用、过程控制、数据库、数据通信等，其覆盖范围也不断随着工业物联网技术的发展而丰富，从简单数据采集到控制和管理一体化的工厂信息。

工业控制软件的发展经过二进制编码、汇编语言、高级语言编程，然后发展成配置软件，工控机物联网网关的配置软件，可直接采用标准的过程控制流程图和电气原理系统图与 Auto-CAD。利用 Auto-CAD 软件控制直接在屏幕上设计流程图的过程控制和电气原理图，然后由工业物联网工程师自动生成可执行程序，使其不需要控制工程师具有大量的计算机知识和技能。虽然很多工控机物联网网关的控制软件仍然采用文本或特殊的图形配置模式，但无疑使用 Auto CAD 的工业控制软件将成为工业物联网控制软件的主流。

另一方面，目前的工业物联网控制软件大多是由设备制造商在其生产的工业物联网设备的硬件和软件环境中开发的，工控机网关设备与软件开发环境捆绑在一起。在一个工厂有各种不同的生产工艺和设备，根据不同的工业需求，需要开发不同功能的工控机物联网网关。

本节以 PLC 编程为例，说明工控机网关的编程环境。根据 IEC61131-3，PLC 中有各种类型的变量、结构/阵列、多任务、程序、算法、功能模块和类似的概念。PLC 编程不是使用 C/C++这种高级语言，而是使用更多的可视化功能框图和梯形图编程语言。如图 19-5 所示，Multiprog 5.5 sp1 Professional 是 Kway 软件有限公司开发的 PLC 编程软件，广泛应用于机械制造、汽车和过程自动化行业。多道程序提供丰富的操作命令和良好的人机交互界面，支持拖放和全键盘操作，提供在线监控、强制和变量覆盖功能，允许设置断点和程序步进调试，并具有一个良好的人机交互界面。

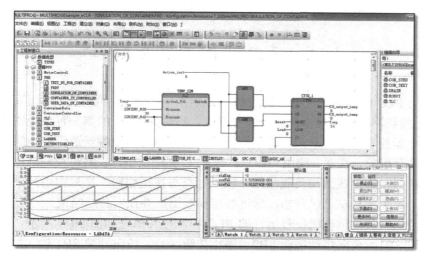

图 19-5　Multiprog 5.5 sp1 Professional 软件截图

　　如图 19-6 所示，另外一种类似高级语言的结构化文本编程语言（Structure Text，ST）也用于 PLC 编程。

　　如图 19-7 所示，另外一种类似汇编的指令表编程语言（Instruction List，IL）也可用于 PLC 编程。

```
1    (**)
2    IF Intake THEN
3        TEXT:=CONCAT(TEXT_1,' Intake: OPEN ');
4    ELSE
5        TEXT:=CONCAT(TEXT_1,' Intake: CLOSE ');
6    END_IF;
7
8    (**)
9    IF Heater THEN
10       TEXT:=CONCAT(TEXT,' Heater: ON ');
11   ELSE
12       TEXT:=CONCAT(TEXT,' Heater: OFF ');
13   END_IF;
14
15   (**)
16   IF Drain THEN
17       TEXT:=CONCAT(TEXT,'Drain: OPEN ');
18   ELSE
19       TEXT:=CONCAT(TEXT,'Drain: CLOSE ');
20   END_IF;
```

```
1    LD      Input1
2    AND     Input2
3    OR      Action_INIT
4    ST      IL_VAR
5
6    LD      Input_IX0_0
7    JMPC    MANUAL
8
9    (**)
10   LD      Timer_start
11   ST      TON_IL.IN
12   LD      PT_TON_IL
13   ST      TON_IL.PT
14   CAL     TON_IL
15   LD      TON_IL.Q
16   ST      Action_INIT
17   STN     Timer_start
18   LD      TON_IL.ET
19   ST      Timer_value
```

图 19-6　可用于 PLC 编程的结构化文本编程语言　　　　图 19-7　可用于 PLC 编程的指令表编程语言

19.4　工控机网关数据收集

　　这里用 C#.NET 编程来说明 PLC 工业网关数据采集过程。C#.NET 是当今世界上使用最广泛的编程语言之一，它也是公认的最有效的编程方法之一。PLC 工控机网关数据采集源代码包括头文件、对相关参数进行设置、创建相关变量、读取相关数据参数、给相关变量进行赋值、读取 PLC 地址相关参数、计算每次读取需要多少个 PLC 地址、计算存储数据地址、读取 PLC 设备状态信息参数、连接 PLC 与断开 PLC 连接函数、设置 PLC Bit 位函数、读取 bit、读取大量数据函数等。

19.5　工控机网关设备控制

本节利用 PLC 梯形图对继电器的控制，来说明工控机网关的设备控制过程。PLC 梯形图是 PLC 工控机网关使用最多的图形编程语言，被称为 PLC 的第一种编程语言。梯形图语言遵循继电器控制电路的形式，梯形图是在普通继电器和接触器逻辑控制的基础上简化符号演变，具有形象、直观、实用等特点。在 PLC 程序图中，左右母线与继电器、接触器控制电源线相似，输出线圈与负载相似，输入触点与按钮相似。梯形图由几个类组成，自上而下排列，每个类从左总线开始，通过触点和线圈，并在右总线结束。

通过工控机网关控制电机反转运行的 PLC 控制硬件原理如图 19-8 所示。输入信号为正向启动按钮 SB1、反向启动按钮 SB2、停止按钮 SB3。按钮开关 SB1 输入端口 I0.0，为正向启动按钮；SB2 接收输入端口 I0.1，为反向启动按钮；SB3 接收输入端口 I0.2，为停止按钮。输出信号为正向接触器 KM1 和反向接触器 KM2。KM1 连接到 Q0.0，KM2 连接到 Q0.1。绘制继电器控制 PLC 程序的梯形图，如图 19-9 所示。

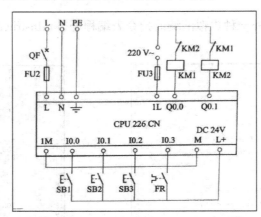

图 19-8　电动机正反转运行 PLC 控制的硬件原理图

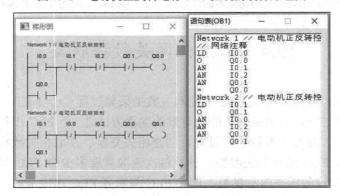

图 19-9　绘制继电器控制 PLC 程序的梯形图

输出口 Q0.0 接正转接触器 KM1，输出口 Q0.1 接反转接触器 KM2。I0.1 常闭触点、I0.2 常闭触点和 Q0.1 常闭触点分别串联在梯形图中 I0.0 常开触点和输出继电器 Q0.0 之间。三个常闭触点中的一个是停止按钮 I0.2 的常闭触点，另两个都是互锁触点，相当于一个复合联锁电路。按 SB1 线连接，输出线圈 Q0.0 为 1 电状态，有输出，非接触式 KM1 线圈主触点闭合，电机向前电旋转启动。

19.6　工控机网关数据上传

如图 19-10 所示，嵌入式工业网关 DATA-7401 可以采集仪表流量、温度、压力传感器数据，以及设备状态、视频等数据。另外，工控机网关基本上不存在数据连接的稳定性问题，可以通过 2G/3G/4G 连接直接操作，实现自动监控程序的远程更新和维护功能。工控机的数据可以通过以太网 2G/3G/4G 传输到云服务器。

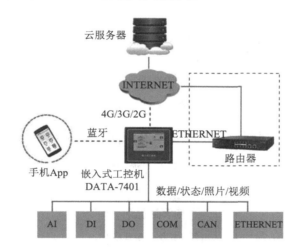

图 19-10　工业网关 DATA-7401 通过以太网及移动网络上传数据

19.7　小　　结

本章主要介绍了基于工控机的物联网网关，首先介绍了工控机，然后对基于工控机物联网网关的软件开发环境、数据收集、设备控制及数据上传等进行了阐述。

思　考　题

1. 简述工业物联网网关的三个主要类型。
2. 简述 4 类主要的工控机网关硬件。

3. 简述工控机网关的作用。

4. 简介 PLC 梯形图。

案　　例

基于工控机网关的数控机床监测系统如图 19-11 所示。使用该系统可以对机床设备的状态进行远程的监控，对于机床的状况做出记录，并且能够在设备异常时发出报警。

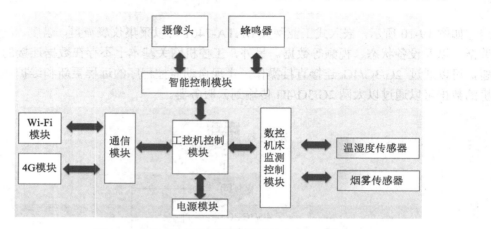

图 19-11　基于工控机网关的数控机床监测系统

第 19 章　源代码

第 20 章 X86 工控机网关实验

学习要点

❑ 了解 X86 工控机网关基本功能和用法。

❑ 掌握 X86 工控机串口实验原理。

❑ 掌握 X86 工控机网关数据收集 Wi-Fi 传输与控制机理。

❑ 了解数据收集 Wi-Fi 传输运行验证结果。

20.1 X86 工控机 Wi-Fi 网关概述

本章主要介绍 X86 工控机 Wi-Fi 网关相关的实验案例。通过本章的学习，可以加强对 X86 工控机网关数据收集及设备控制的理解。

20.1.1 X86 工控机介绍

如图 20-1 所示，X86 工控机是一款工业级无风扇整机，计算机采用最新的无风扇设计，机器主要特色：支持无风扇，可达到无尘、无噪声；CPU 采用英特尔低功耗的赛扬 1037U，双核 1.8G 处理器，主机支持 6COM 多串口，支持 RS422/485 模式。同时，该 X86 工控机支持工业通信，可长时间无人值守，主板支持上电开机、网络唤醒、远程控制管理，显示支持双显。该工控机配备 Wi-Fi 功能，可以实现无线上网。该 X86 工控机适用于制备工业物联网网关等。

图 20-1　1037U X86 工控机

20.1.2　硬件资源说明

　　X86 工控机 1037F 是一款低功耗、高速度嵌入式计算机。基于 Intel Celeron 1037U 平台，可以开发金融、零售、一体机、广告机、工业自动化等领域的物联网网关。X86 工控机 1037F 主要特性包括：① 低功耗处理器 1037U 双核 1.8G；② 支持 DDR3 代 1333/1600 内存；③ 支持 1920×1080 分辨率，支持双屏显示；④ 板载 2xMini-PCIE，支持 Wi-Fi 数据通信；⑤ 支持 7×24H 全天候运行；⑥ 6COM 串口，支持 RS485/422 通信；⑦ 板载 HDMI 接口，支持 1920×1080 高清播放，板载 5W 功放。X86 工控机板载硬件接口如图 20-2 及图 20-3 所示。

图 20-2　X86 工控机侧面接口

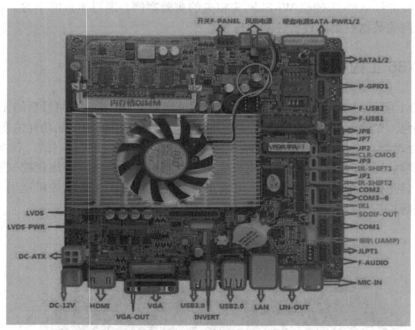

图 20-3　X86 工控机板载硬件接口

20.2　X86 工控机 Wi-Fi 网关环境搭建

　　本节将介绍在 X86 工控机上安装及配置 Debian 系统以及如何利用 QT 开发环境新建一个工程。通过本节的学习，X86 工控机实验案例可以实现在 Debian 上新建一个 QT 工程。

20.2.1　Debian 操作系统安装及配置

本节来学习如何在工控机上安装及配置 Debian 系统。从 Debian 官网（https://www.debian.org/）下载 debian 镜像文件 debian-9.6.0-amd64-DVD-1.iso。如图 20-4，计算机上插入 U 盘，用 UltraISO 打开下载好的镜像文件，点击启动→写入硬盘影像→写入，做成 U 盘启动盘，插入工控机，即可开机。

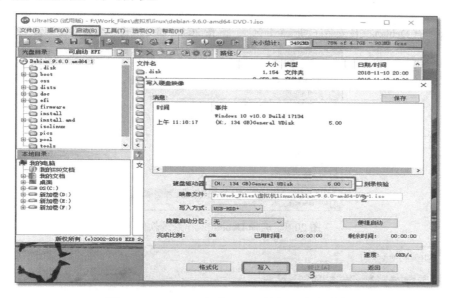

图 20-4　UltraISO 生成 X86 工控机 U 盘启动盘

如图 20-5 所示，在引导界面选择 Graphical install（图形化安装），进入安装过程。

图 20-5　X86 工控机 Debian 图形化安装界面

进行键盘、选择语言、地区，按"Enter"确定；设置登录账户密码和 root 账户密码；如图 20-6 所示，选择磁盘分区，并将分区设定结果修改写入磁盘（见图 20-7）。

如图 20-8 所示，可以选择安装相关软件来满足项目的要求。

如图 20-9 所示，选择默认的显示管理器就好，也可以选其他两个。

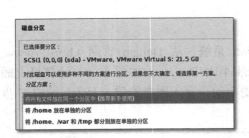

图 20-6　将所有 Debian 文件安装在同一个分区　　　图 20-7　将分区设定结果修改并写入磁盘

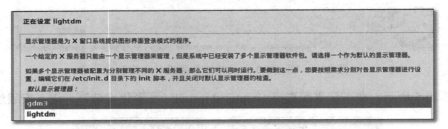

图 20-8　选择 Debian 操作系统软件

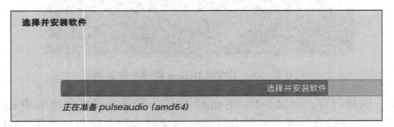

图 20-9　设定显示管理器

如图 20-10 所示，等待软件安装，等待的时间比较长。安装时间同网关性能及网速有关。

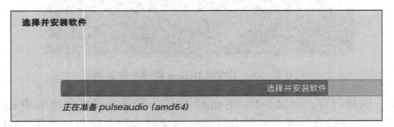

图 20-10　选择并安装软件

如图 20-11 所示，选择将启动引导器 Grub 安装至硬盘。

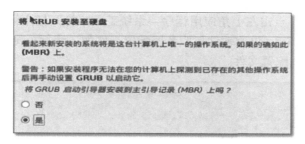

图 20-11　选择将启动引导器 Grub 安装至硬盘

如图 20-12 所示，选择之前分区的磁盘进行操作系统安装。

图 20-12　选择之前分区的磁盘进行操作系统安装

如图 20-13 所示，拔掉启动 U 盘，等待系统加载，登录页面输入密码登录。

图 20-13　系统加载登录页面

如图 20-14 所示，进入 Debian 系统。

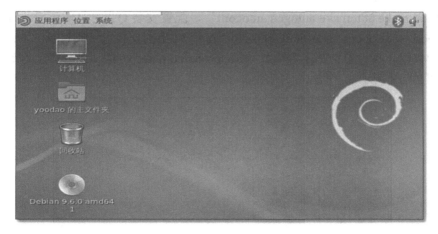

图 20-14　进入 Debian 系统

如图 20-15 所示，点击左上角应用程序→系统工具，打开任意终端输入命令打开源软件包配置文件 sources.list，更改软件包服务器配置。例如，运行 vi/etc/apt/sources.list 命令可用来修改开源软件包配置文件。

图 20-15　打开源软件包配置文件

如图 20-16 所示，按 i 键进入插入模式，更换为国内开源软件包服务器，这里更换为163 服务器。

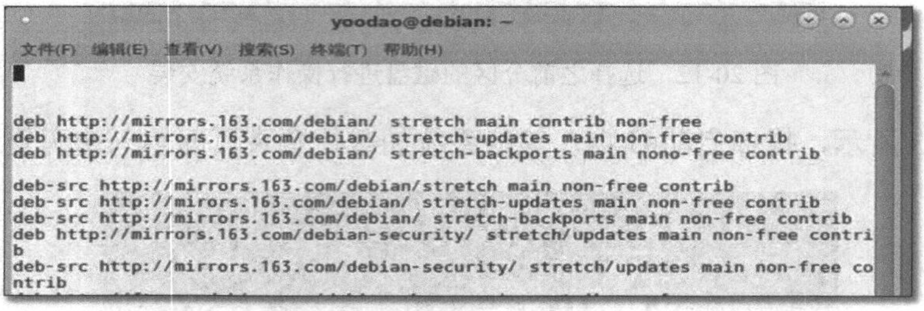

图 20-16　更换为 163 服务器

按 Esc 键，输入"：wq!"，按 Enter 键保存并退出。随后在终端里输入 apt-get update 命令完成开源软件包服务器的配置。至此，X86 工控机 Debian 操作系统安装及配置就已完成。

20.2.2　QT 项目环境搭建

如图 20-17 所示，下载 QT 安装包到 Debian 文件夹。打开终端输入命令"gcc g++ build-essential make automake autogen autoconf"，配置安装 QT 的编译环境。终端用命令"sudo chmod +x qt-opensource-linux-x64-5.6.3.run"切换到安装包所在目录，下载下来的文件添加执行权限。执行 QT 安装文件"./qt-opensource-linux-x64-5.6.3.run"，出现 QT 安装弹框，如图 20-18 所示。

图 20-17　下载 QT 安装包到 Debian 文件夹

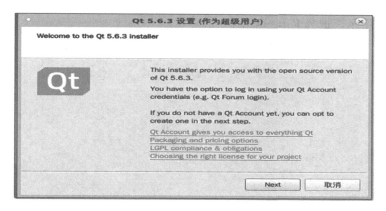

图 20-18　X86 工控机网关安装 QT 软件

进入 QT 安装界面，选择安装目录、全选组件，按照提示点击下一步，直至 QT 安装完成。

20.2.3　建立 X86 工控机 QT 项目

在前一节中，本实验案例介绍了如何安装 QT。在本节中，本实验案例将学习如何设置 QT 项目。如图 20-19 所示，在 Debian 系统的左上角找到应用程序→编程，打开 QT，选择新项目。

图 20-19　打开 QT 选择新项目

如图 20-20 所示，选择工程模板建立 QT 桌面应用项目。

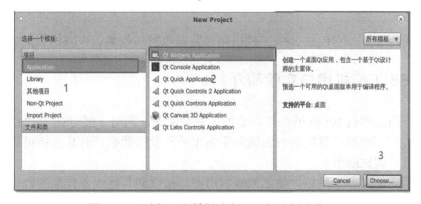

图 20-20　选择工程模板建立 QT 桌面应用项目

如图 20-21 所示，选择 Kit，点击下一步。

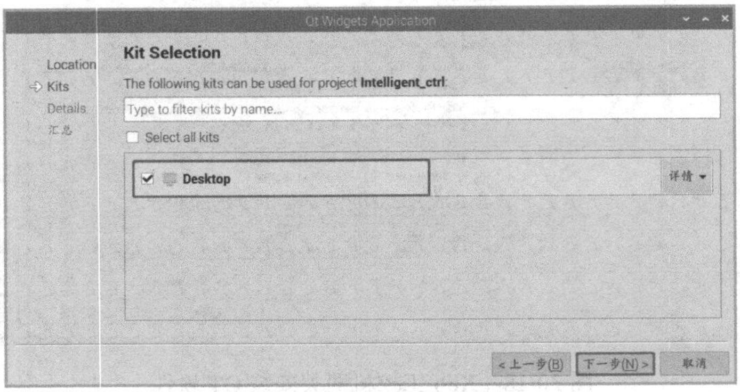

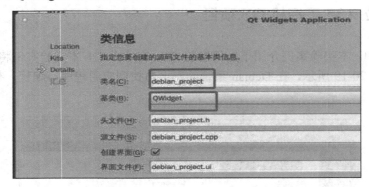

图 20-21   选择 Kit，点击下一步

填写"项目名称"和"创建路径"。如图 20-22 所示，修改"类名"为 debian_project，选择"基类"为 QWidget。点击完成，一个新的 QT 工程就建好了。

图 20-22   修改"类名"为 debian_project，选择"基类"为 QWidget

20.3   X86 工控机串口实验

本节分为两部分，它包括 X86 工控机串口数据收发与收集、Wi-Fi 传输与控制。

20.3.1   X86 工控机串口实验简介

本节将介绍工控机 Wi-Fi 网关串口数据读取与发送，利用 2 根 USB 转 232 串口线（一公头、一母头），实现计算机串口调试助手向工控机发送数据，并且工控机可以将接收到的数据发回串口调试助手。

首先，需要定义一个串口，使之能够利用串口接收到其他设备传来的数据；其次，串口接收到的数据放到串口缓存区，从串口缓存区获取数据的方式有很多种，这里采用定时器的方式周期性从串口缓存区读取数据，读取到数据后立刻把数据发送出去。要使 X86 网关与传感器设备两个端口之间进行通信，串口参数比特率、数据位、停止位和奇偶校验必须匹配。

20.3.2　X86 工控机-串口程序设计

用 QT Creator 打开工程，打开工程有两种方式（见图 20-23）：① 可以直接打开工程；② 通过打开文件所在路径，找到.pro 文件并打开。

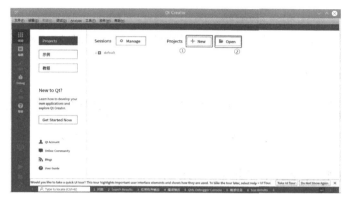

图 20-23　打开 QT 工程的两种方式

在"debian_priject.hpp"文件中本实验案例调用了"#include<QtSeriaoport/QSerialPort>"头文件，需要在"debian_project.pro"文件中添加 QT += serialport，如图 20-24 所示。

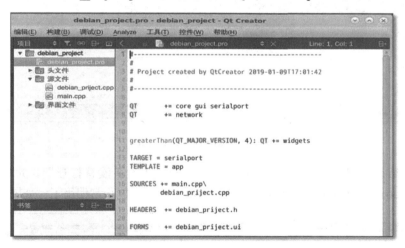

图 20-24　文件中添加 QT += serialport

在源文件 debian_peoject.cpp 中编写 X86 工控机-串口收发程序，读取串口数据通过"QByteArry debian_project::Read(){QByteArry read ComData = serialport->readAll(); return readComData;} " 来 实 现 。 通 过 " writeQByteArry(QByteArry dataDriver){Serialport->write(dataDriver);}"写入串口数据（QByteArry 类型）。OnTimer()函数用于实现定时读取数

据功能。在"debian_projec"头文件中添加头文件，因为要用到定时器"<QTimer>"、串口"<QtSeriaoport/QSerialPort>"、输出调试信息"<QDebug>"，所以需要以下几个头文件。

```
QTimer.h
QtSerialport.h
QSerialPort.h
QDebug.h
```

至此，代码编写已经完成。如图 20-25 所示，点击桌面中"构建项目"图标，程序编译没有问题。

图 20-25　点击桌面中"构建项目"图标编译程序

20.3.3　X86 工控机串口实验运行验证

把 USB 转 232 串口线公母头对插，另一头分别插到工控机的 USB 口和计算机的 USB 口，点击"运行"按钮，运行整个项目，运行结果如图 20-26 所示。

图 20-26　QT 项目运行结果

QT 运行结果输出"device not open serial"，提示"设备没有打开"。此时，打开任意终端执行"sudo chmod 666 /dev/ttyS0"命令，然后，串口就能正常使用了，如图 20-27 所示。

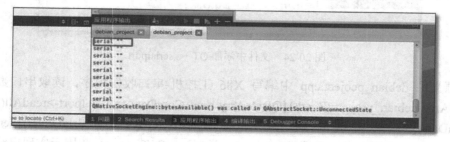

图 20-27　QT 应用运行及调试

打开计算机上的串口调试助手,在数据发送区随便填写一些数据,这里写的是 16 进制的"11 22 33 44",如图 20-28 所示。

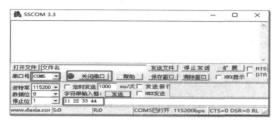

图 20-28　串口调试助手在数据发送区发送数据

点击串口调试助手的发送,则在网关的运行程序的信息输出窗口会显示出串口得到的数据(见图 20-29),同时串口调试助手的接收窗口接收到网关返回的数据。

图 20-29　QT 程序的信息输出窗口显示出串口得到的数据

20.4　X86 工控机网关数据收集 Wi-Fi 传输与控制

本节介绍 X86 工控机把串口接收到的光照数据通过 Wi-Fi 无线网络传输给服务端,同时接收服务端发送的命令再通过串口发送命令控制继电器,X86 工控机作为服务器,计算机上的网络调试助手作为服务端。

20.4.1　数据收集 Wi-Fi 传输实验简介

工控机通过 USB 转 485 模块与光照传感器模块和继电器模块实现串口通信,光照模块把采集到的光照数据通过 485 接口周期性(1.5s)地上传给工控机,工控机通过网络把数据传输给 TCP 服务端。同时,TCP 服务端把继电器命令通过网络发送给工控机,工控机通过 USB 转 485 模块给继电器模块下发命令控制继电器吸合。需要的硬件包括 X86 工控机一台、USB 转 485 模块一个、光照传感器模块一个、继电器模块一个。

20.4.2　数据收集 Wi-Fi 传输程序设计

打开 20.1 节所建的工程,在 network.pro 里面添加代码:QT += network,如图 20-30 所示。

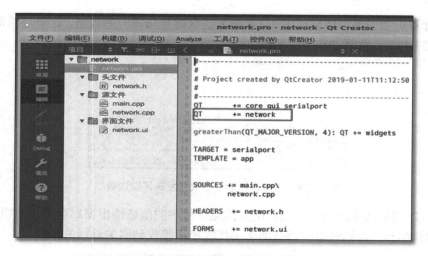

图 20-30 在 network.pro 里面添加代码: QT += network

在源文件 network.cpp 里面添加串口设置函数代码。发送数据到服务器的代码关联定时器与相应的 SLOT(onTimer())槽函数。当定时器 pTimera 打开后，将会以恒定的时间，周期性地发出 timeout()信号。打开定时器，每隔 TIMER_INTERVAL 毫秒的时间发出 timeout()信号，触发 onTimer()函数来进行数据的收集与发送。其他函数还包括读取串口数据与写入串口数据函数、串口接收/发送网络数据的函数。

20.4.3 数据收集 Wi-Fi 传输运行验证

如图 20-31 所示，在笔记本电脑上面打开 TCP 调试助手，新建一个 TCP Server 服务端，点击启动。如图 20-32 所示，在笔记本上运行 SSH 终端连接 X86 工控机网关，打开终端执行 sudo chmod 666 /dev/ttyUSB0 命令改变串口权限。

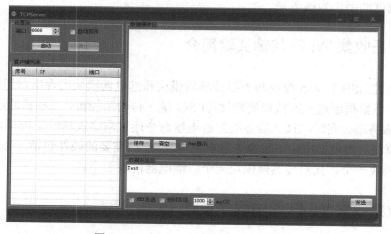

图 20-31 新建一个 TCP Server 服务端

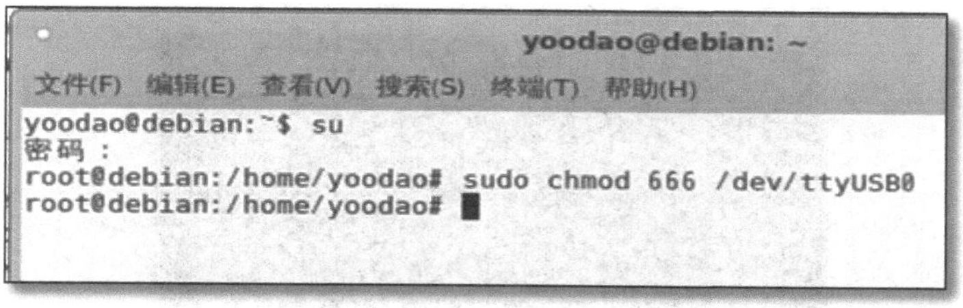

图 20-32　输入命令改变串口权限

　　打开终端输入命令查看工控机 IP 地址，如图 20-33 所示。选中 TCP 调试助手"客户端列表"出现的工控机 IP，如图 20-34 所示。按 Windows+R 键打开"运行窗口"，然后输入 cmd 进入命令提示窗口，输入 ipconfig 命令，按 Enter 键，可查看计算机 IP 地址，如图 20-35 所示。

　　如图 20-36 所示，此时 TCP 数据接收区可以收到 X86 工控机网关收集的光照传感器数据。

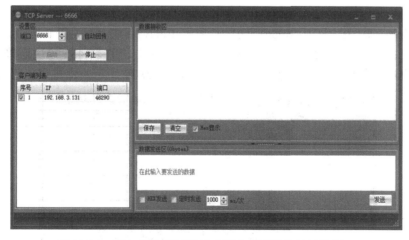

图 20-33　打开终端输入命令查看工控机 IP 地址

图 20-34　选中 TCP 调试助手"客户端列表"的工控机 IP

图 20-35 查看笔记本电脑 IP 地址

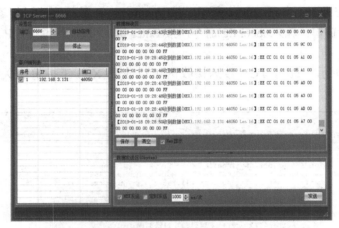

图 20-36 TCP 数据接收区收到光照传感器数据

在 TCP 调试助手的数据发送区填写继电器控制命令，如图 20-37 所示。继电器控制命令格式为：cc ee 01 02 01 02 00 00 00 00 00 00 00 00 00 ff。系统有 2 个继电器，其中标黄色部分是控制命令，01 01 打开 Relay1，01 02 打开 Relay2；02 01 关闭 Relay1，02 02 关闭 Relay2。如图 20-38 所示，X86 工控机与继电器模块通过 USB 转 485 模块连接。点击发送按钮，发送继电器控制命令，查看继电器动作。如图 20-39 所示，继电器把灯打开。

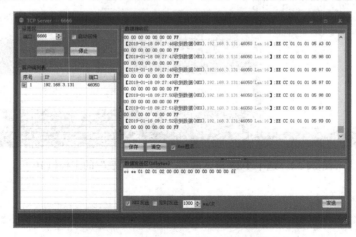

图 20-37 发送区填写继电器控制命令

图 20-38　X86 工控机与 USB 转 485 模块连接

图 20-39　发送继电器控制命令打开继电器模块

20.5　小　　结

　　本章首先介绍了 X86 工控机 Wi-Fi 网关的硬件及软件开发环境。X86 工控机使用 Debian
操作系统，安装 QT 开发工具后，可以进行 QT 项目的开发。同时，还介绍了 X86 工控机串
口实验、X86 工控机网关数据收集。同时，阐述了 X86 工控机网关如何通过 Wi-Fi 无线通信
将光照传感器数据传输给服务端，还进一步阐述了远程服务器如何发送继电器控制命令到
X86 工控机网关。

思　考　题

1. 介绍本章的主要内容。
2. 简介 X86 工控机安装 Debian 操作系统的步骤。

3. 简介 X86 工控机编程实现串口收集传感器数据的步骤。

4. 介绍工控机通过 USB 转 485 模块实现传感器数据收集及继电器控制的步骤。

案　　例

　　一款 V2406C X86 工控机如图 20-40 所示,其可以制作功能丰富的物联网网关。V2406C X86 工控机具有英特尔 i7/i5/i3 或 Intel®Celeron®高性能处理器,配备高达 32 GB RAM、一个 mSATA 插槽和两个可热插拔 HDD/SSD 用于存储扩展。V2406C X86 工控机适用于铁路车载和地面应用。为了与车载、轨旁系统、设备连接,V2406CX86 工控机配备了一套丰富的接口,包括 2 个千兆以太网端口、4 个 RS-232/422/485 串行端口、6 个 DIs、2 个 DOs 和 4 个 USB 3.0 端口。此外,V2406C 电脑提供 1 个 VGA 视频输出和 1 个 HDMI 输出,支持 4K 分辨率。为了在车地(T2G)应用中实现可靠的连接,V2406CX86 工控机配备了 2 个 mPCIe 无线扩展插槽和 4 个 SIM 卡插槽,这有助于建立冗余的 LTE/Wi-Fi 连接,确保快速行驶的列车和轨旁应用程序之间的可靠双向通信。

图 20-40　V2406C X86 工控机

第 20 章　源代码

第 21 章　X86 工控机养猪场监控网关

学习要点

- ❑　了解 X86 工控机养猪场监控网关基本功能和用法。
- ❑　掌握养猪监控网关数据收集及控制方法。
- ❑　掌握养猪监控 Web 服务实现方法。
- ❑　了解养猪监控 App 客户端功能。

21.1　X86 工控机养猪场监控网关简介

面对传统养猪场人工养殖导致的效率低下和成本资源浪费的难题，以及环境因素对于养猪场的影响，可以利用物联网相关技术，针对养猪过程的各个环节进行监控和管理，从而来解决这些问题。本章针对这些问题，利用传感器技术、网络通信技术、Android 开发技术、物联网网关技术和 Linux C 编程技术，着重描述了一个与养猪场智能化管理平台密切相关的物联网网关及手机客户端的开发。

使用本平台，可利用传感器收集环境数据并将数据传送到网关，进而传送到 Web 服务器进行解析、存储和处理。根据得到的环境参数，通过使用远程命令传输和继电器，可智能化管理及控制养猪场设备。管理人员不仅可以利用 Web 端对养猪场设备进行监控和管理，还可以使用手机客户端查看摄像头监控影像，实时观察整个养猪场的状况。该系统的推广将能够最大限度地发挥物联网智能化管理的作用，增加养猪场的养殖效率，提高猪肉质量和减少成本资源浪费。目前在国家极力扶持下，普通的猪只养殖业模式早已无法迎合时代的发展需求。而规模化养猪不仅存在工人难雇佣、人工成本大幅上涨问题，还存在各种养殖问题，如由于人工不同步饲喂妊娠母猪产生的应激、慢食猪无法完成每日采食量等问题，这些问题无不会造成经济上的损失。本项目把相关环控设备智能化地整合到一个系统，统一利用物联网技术来管理大型养猪场的生产环境及相关设备。

本系统相关网络拓扑图如图 21-1 和图 21-2 所示，本项目所需要的硬件包括：1 台服务器、2 台 PC 端计算机、若干个传感器、1 台嵌入式计算机、1 个无线管理器、1 台风扇、1 个十路继电器、2 个灯泡、1 个水帘、2 个摄像头及其他各种串口线和网络线等。

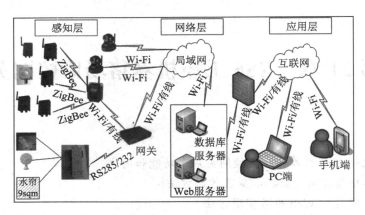

图 21-1　　大型养猪场智能化管理平台网络拓扑图（一个养殖区域）

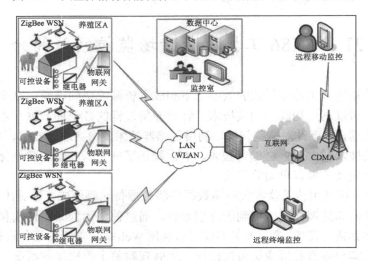

图 21-2　　大型养猪场智能化管理平台网络拓扑图（多个养殖区域）

21.2　养猪监控系统整体设计

　　系统通过运用各类传感器来获取养猪场环境中的大量数据，传感器数据会汇集到网关。网关连接互联网将数据传送给服务器，服务器需要将控制信息发送给网关进行控制。因此，可以说网关功能包括数据收集功能、控制调节功能。

　　程序在网关电源开启后自动运行，本程序一共使用了三个线程，以下是每个线程的功能。① 传感器的添加和删除。添加或删除 Sqlite3 中存储的传感器设备的信息；代码中展示了网关程序接收到传感器设备信息时对其进行判断，判断是应该增加传感器还是删除传感器，经过判断之后进而对 Sqlite3 中的传感器设备信息进行增加和删除。② 收集传感器数据。使用 Socket 的方式向无线管理器请求传感器数据，对 Socket 设置延时，避免没有返回数据时 Socket 进入无线等待。③ 将未发送给 Web 服务器的传感器数据再次发送给 Web

服务器。根据网关和服务器的连接状况，判断是否将数据发送到 Web 服务器。如果连接状态良好，则直接将数据发送到服务器，并删除本地的数据；如果网络是断开状态，就将数据存储在本地 Sqlite3 数据库并定时尝试重新连接、发送数据到服务器。

　　控制调节功能：程序在网关电源开启后自动运行，本程序一共使用了接收控制信息和执行控制信息两个线程，以下是每个线程的功能。① 接收控制信息。将控制信息存在 Sqlite3 数据库；将未发送给 Web 服务器的传感器数据发送给 Web 服务器。在这个线程中使用 Socket 连接服务器接收来自服务器的控制命令，网关接收来自服务器的控制命令。命令是一个固定格式的字符串，字符串中可能包含了多个控制信息，所以要解析控制命令。控制命令解析之后得到的控制信息存储在 Sqlite3 数据库中等待另一个线程查询数据库的控制信息。② 执行 Sqlite3 数据库的控制信息。在这个线程中不断查询命令表中存在的未执行的命令数据信息，查询未执行的命令的集合，打开串口执行未执行的命令。

21.3　养猪监控网关数据收集及控制

　　要实现 X86 工控机网关主要功能，所需要的步骤包括搭建程序开发框架、模块划分、建立 Sqlite3 数据库、数据收集、设备控制、传感器设备信息同步、传感器数据断线存储、程序自启动、程序断开重启及断线重连等。

1. 搭建程序开发框架

　　网关程序开发需要在网关设备中搭建相应的开发框架。由于程序使用的语言是 Linux C 语言，所以网关设备中使用的是 Linux 系统，首先选择安装 Debian 系统。其次是在 Debian 系统中搭建 Linux C 编译环境，并测试环境是否可用。最后是在 Debian 系统中安装 Sqlite3 程序。因为网关是没有图形界面的，需要使用安全外壳协议（Secure Shell，SSH）客户端连接网关系统，所以需要在网关中安装 SSH 服务端。在笔记本电脑上运行 SSH 客户端连接 X86 工控机网关 SSH 服务端的界面如图 21-3 所示。

图 21-3　SSH 客户端连接 X86 工控机网关

2. 模块划分

　　将网关功能划分为不同的模块，并通过编写不同代码来实现其功能。实现服务器和网关的通信功能，服务器程序采用 Java 编写，网关程序采用 Linux C 编写，使用 Socket 实现服务器与网关的交互。同时使用多线程技术实现网关程序运行的持久性。

3. 建立 Sqlite3 数据库

在网关上搭建 Sqlite3 数据库，设计表、建表、初始化数据；其中建表和初始化数据可以由网关程序第一次启动时完成。

4. 数据收集

编写数据收集的程序，完成每个传感器基本的数据收集，将每条数据收集到网关，数据收集必须不可间断、有规律地进行。

5. 设备控制

编写设备控制的程序，对每一个设备进行标识。在 Web 端和手机客户端可以对设备进行远程控制，并可查看设备当前的状态。

6. 传感器设备信息同步

完成网关和服务器的数据同步，使得在网关的传感器设备信息和服务端的传感器设备信息同步，保证数据的准确性、有效性和实时性。

7. 传感器数据断线存储

实现在网关和服务器网络连接断开的时候，网关可以将收集到的数据存储在 Sqlite3 数据库中，等到网络接通时再将这些数据发送到服务器。网关部分所使用的开发环境和运行环境如表 21-1 所示。Debian 系统作为 Linux 中较为强大的操作系统版本，利用 Linux 系统开源的特点可以得到各方面有力的帮助。在 Linux 系统中使用 GCC 作为 Linux C 语言的编译器是非常方便的，Sqlite3 是强大的免费数据库。

表 21-1　开发环境和运行环境

分　类	名　　称	版　　本	语　　种
操作系统	Linux	Debian 7	英文
编译器	GCC	4.4.0	英文
数据库	Sqlite3	3.7.15.2	英文

8. 网关 Sqlite3 数据库设计

本网关采用的数据库为 Sqlite3，网关软件开发主要涉及 4 个数据表格，它们分别是传感器设备表、传感器数据表、命令表、服务器信息表。传感器设备表用于传感器设备管理，管理网关传感器设备信息使得网关的传感器设备信息和服务端的传感器设备信息达到同步。传感器数据表存储一些滞留数据，它们是在网关和服务端没有通信连接的时候网关所收集的数据。命令表记录着每条继电器口令信息和口令的执行状态。服务器信息表记录着服务端的 IP 和接口。

表 21-2 记录着所有传感器设备的信息，传感器设备的信息包括传感器设备 ID、传感器设备地址、传感器设备请求命令、管理器 IP、管理器端口。其中传感器设备 ID 作为唯一主键。

表 21-2　传感器设备表（sensor）

字　段　名	数据类型	长　度	是否为空	含　义	备　注
id	INT	11	NO	传感器设备 ID	主键
sensoraddress	VARCHAR	255	NO	传感器设备地址	
sensorcmd	VARCHAR	255	NO	传感器设备请求命令	
managerip	VARCHAR	255	NO	管理器 IP	
managerport	VARCHAR	255	NO	管理器端口	

表 21-3 记录着没有传送到服务端的所有传感器数据信息，传感器数据的信息包括传感器数据 ID、传感器数据。其中传感器数据 ID 作为唯一主键。

表 21-3　传感器数据表（sensordata）

字　段　名	数据类型	长　度	是否为空	含　义	备　注
id	INT	11	NO	传感器数据 ID	主键
sensorstring	VARCHAR	255	NO	传感器数据	

表 21-4 记录着所有继电器控制命令的信息，只有该表中记录的继电器设备命令对应的端口才会被控制，命令表的信息包括命令 ID、命令信息、命令执行时间和命令执行标记。其中命令 ID 作为唯一主键。

表 21-4　继电器命令表（cmddata）

字　段　名	数据类型	长　度	是否为空	含　义	备　注
id	INT	11	NO	命令 ID	主键
cmd	VARCHAR	255	NO	命令信息	
datetime	VARCHAR	255	NO	命令执行时间	
flag	VARCHAR	255	NO	命令执行标记	

表 21-5 记录着服务端的网络信息，服务器信息包括服务器信息 ID、服务器 IP、服务器端口。其中服务器信息 ID 作为唯一主键。

表 21-5　服务器信息表（serverinfo）

字　段　名	数据类型	长　度	是否为空	含　义	备　注
id	INT	11	NO	服务器信息 ID	主键
serverip	VARCHAR	255	NO	服务器 IP	
serverport	VARCHAR	255	NO	服务器端口	

9. 程序自启动

程序随着网关的启动一起运行。Shell 脚本如图 21-4 所示。

```
cd /root/getdata
./Com_WSN 192.168.1.200 4196 192.168.1.101 6789 00101001 &
cd /root/control
./Com_Control 192.168.1.101 6798 00101001 &
```

图 21-4　程序自启动 Shell 脚本

图 21-4 所示的 Shell 脚本是用来启动数据收集程序和设备控制程序的，它被放在
init_5.sh 脚本文件的后面。这段脚本在 Debian 系统启动的时候就会运行，因此在系统启动
的时候会自动启动程序。

10. 程序断开重启

网关程序在运行过程中断开时，使用 Shell 脚本监听程序并重新启动程序。

11. 断线重连

网关程序和服务端的网络断开时，网关程序会不断尝试和服务端重新连接。在数据收
集程序和设备控制程序中设置网关与服务器的连接检查，当检查到连接断开的时候就会重
新连接服务器。

21.4　养猪监控 Web 服务实现

本系统利用模块化设计，对问题进行不断分解进而减少系统开发的复杂性。经过这种
方式的分解，最后形成了一层层清晰的模块结构。模块可以单独测试和最后集成，从而提
高程序的可读性和可修改性。如图 21-5 所示，大型养猪场智能化管理平台系统的功能模块
包括登录管理、系统首页、公告中心、信息总览、地理位置、特殊操作和用户注册。其
中，信息总览是本系统的核心模块，包括用户管理、配置管理、监控管理、文章管理和
智能管理。

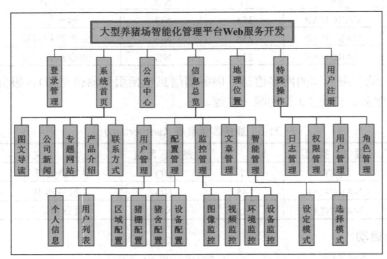

图 21-5　系统功能模块图

1. Web 服务器数据库设计

如图 21-6 所示，本系统的开发主要涉及 25 个数据表格，它们分别是用户表、区域表、
角色-区域表、猪棚表、猪棚类型表、智能模式表、猪舍表、猪舍类型表、摄像头表、网关

表、传感器表、角色表、传感器类型表、传感器数据表、角色-权限表、传感器警告数据表、网关配置表、继电器表、水电气设备表、水电气设备类型表、用户-角色表、命令表、文章表、权限表、日志表。各个表的具体信息见表 21-6～表 21-30。

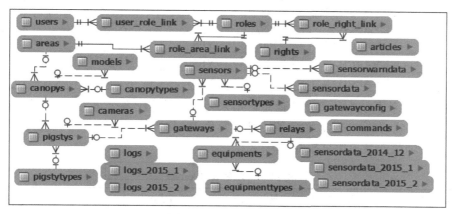

图 21-6　数据库 ER 图

表 21-6 保存着系统中所有管理员的信息，只有在该表中的用户才能通过管理端后台对系统进行相关管理操作，管理员的信息包括管理员 ID、用户名、用户密码、登录名、移动电话、固定电话、电子邮箱、账户创建时间、最后一次密码输入错误时间、输入密码的错误次数、家庭住址、现住址、备注、个人资料路径、个人头像路径、个人资料名称、账户状态、密码状态，其中管理员 ID 作为唯一主键。另外，如果账户状态值为"1"表示账户被冻结，密码状态值为"1"说明密码被冻结。

表 21-6　用户表（users）

字 段 名	数 据 类 型	长度	是否可为空	含 义	备 注
id	INT	11	NO	管理员 ID	主键
username	VARCHAR	50	YES	用户名	
passwd	VARCHAR	50	NO	用户密码	
loginname	VARCHAR	50	NO	登录名	
mobiletel	VARCHAR	15	YES	移动电话	
fixedtel	VARCHAR	15	YES	固定电话	
email	VARCHAR	30	NO	电子邮箱	
createtime	DATETIME		NO	账户创建时间	
lastpswmistaketime	DATETIME		YES	最后一次密码输入错误时间	
loginerrortimes	INT	11	YES	输入密码的错误次数	
homeaddress	VARCHAR	200	YES	家庭住址	
nowaddress	VARCHAR	200	YES	现住址	

字　段　名	数 据 类 型	长度	是否可为空	含　　义	备　注
Remark	VARCHAR	3000	YES	备注	
filepath	VARCHAR	500	YES	个人资料路径	
imagepath	VARCHAR	500	YES	个人头像路径	
filename	VARCHAR	100	YES	个人资料名称	
state	VARCHAR	4	YES	账户状态	
pswstate	VARCHAR	4	YES	密码状态	

　　表 21-7 保存着系统中所有角色信息，用来为管理员分配各个角色，角色的信息包括：角色 ID、角色名、角色描述、角色值，其中角色 ID 作为唯一主键。角色值为"-1"表明当前为超级管理员，具备所有权限。

表 21-7　角色表（roles）

字　段　名	数 据 类 型	长　　度	是否可为空	含　义	备　注
id	INT	11	NO	角色 ID	主键
rolename	VARCHAR	50	NO	角色名	
roledesc	VARCHAR	200	YES	角色描述	
rolevalue	VARCHAR	20	YES	角色值	

　　表 21-8 保存着用户与角色之间多对多的关联信息。用户-角色表的信息包括：用户 ID、角色 ID，其中用户 ID 与角色 ID 作为联合主键。

表 21-8　用户-角色表（user_role_link）

字　段　名	数 据 类 型	长　　度	是否可为空	含　义	备　注
userid	INT	11	NO	用户 ID	主键
roleid	INT	11	NO	角色 ID	主键

　　表 21-9 保存着系统所有访问权限的信息，为不同角色分配相应的访问权限。权限的信息包括：权限 ID、权限名、权限统一资源定位符（Uniform Resource Locator，URL）、权限描述、权限码、权限位、是否为公共资源，其中权限 ID 作为唯一主键。公共资源值为"true"时表明该权限为公共资源，值为"false"时表明该权限为非公共资源。

表 21-9　权限表（rights）

字　段　名	数 据 类 型	长　　度	是否可为空	含　义	备　注
id	INT	11	NO	权限 ID	主键
rightname	VARCHAR	200	NO	权限名	
righturl	VARCHAR	100	NO	权限 URL	
rightdesc	VARCHAR	200	YES	权限描述	
rightcode	BIGINT	20	NO	权限码	
rightpos	INT	11	NO	权限位	
common	BIT	1	NO	是否为公共资源	

表 21-10 保存着角色与权限多对多的关联关系信息。角色-权限表的信息包括角色 ID 和权限 ID，其中角色 ID 与权限 ID 作为联合主键。

表 21-10　角色-权限表（role_right_link）

字　段　名	数 据 类 型	长　　度	是否可为空	含　　义	备　　注
roleid	INT	11	NO	角色 ID	主键
rightid	INT	11	NO	权限 ID	主键

表 21-11 保存着养殖场区域的所有信息。区域的信息包括区域 ID、区域名、区域长度、区域宽度、区域经度、区域纬度、经度汉字表示、纬度汉字表示、区域图片路径、区域描述，其中区域 ID 作为唯一主键。区域经度和区域纬度作为养殖场区域在手机地图（Baidu Map）上的定位使用，区域图片路径保存着当前养殖场区域的相关照片。

表 21-11　区域表（areas）

字　段　名	数 据 类 型	长　　度	是否可为空	含　　义	备　　注
id	INT	11	NO	区域 ID	主键
areaname	VARCHAR	20	NO	区域名	
arealength	FLOAT		YES	区域长度	
areawidth	FLOAT		YES	区域宽度	
longitude	FLOAT		NO	区域经度	
latitude	FLOAT		NO	区域纬度	
longitude_china	VARCHAR	50	NO	经度汉字表示	
latitude_china	VARCHAR	50	NO	纬度汉字表示	
areaimapath	VARCHAR	50	YES	区域图片路径	
declares	VARCHAR	200	YES	区域描述	

表 21-12 保存着角色表与区域表多对多的关联关系信息。角色-区域表的信息包括角色 ID、区域 ID，其中角色 ID 和区域 ID 作为联合主键。

表 21-12　角色-区域表（role_area_link）

字　段　名	数 据 类 型	长　　度	是否可为空	含　　义	备　　注
roleid	INT	11	NO	角色 ID	主键
areaid	INT	11	NO	区域 ID	主键

表 21-13 保存着所有养殖场区域中猪棚的所有信息。猪棚的信息包括猪棚 ID、猪棚名称、猪棚长度、猪棚宽度、猪棚编号、是否有病史、猪棚描述、区域 ID、猪棚类型 ID，其中猪棚 ID 作为唯一主键，区域 ID 和猪棚类型 ID 作为外键。

表 21-13　猪棚表（canopys）

字　段　名	数 据 类 型	长　　度	是否可为空	含　　义	备　　注
id	INT	11	NO	猪棚 ID	主键
canopyname	VARCHAR	20	NO	猪棚名称	
canopylength	FLOAT		YES	猪棚长度	

字　段　名	数 据 类 型	长　　度	是否可为空	含　　义	备　注
canopywidth	FLOAT		YES	猪棚宽度	
canopynumber	INT	11	NO	猪棚编号	
isillness	VARCHAR	5	NO	是否有病史	
declares	VARCHAR	200	YES	猪棚描述	
areaid	INT	11	NO	区域 ID	外键
canopytypeid	INT	11	NO	猪棚类型 ID	外键

表 21-14 保存着所有猪棚类型的信息。猪棚类型的信息包括猪棚类型 ID、猪棚类型名、猪棚类型描述、区域 ID，其中猪棚类型 ID 作为唯一主键。区域 ID 为冗余字段，用于根据区域 ID 查询相应猪棚类型使用。

表 21-14　猪棚类型表（canopytypes）

字　段　名	数 据 类 型	长　　度	是否可为空	含　　义	备　注
id	INT	11	NO	猪棚类型 ID	主键
canopytypename	VARCHAR	20	NO	猪棚类型名	
declares	VARCHAR	200	YES	猪棚类型描述	
areaid	INT	11	NO	区域 ID	

表 21-15 保存着所有猪棚类型的信息，为系统的智能化控制提供相应的数据基础。猪棚类型的信息包括智能模式 ID、智能模式名、智能模式是否启用、安全值范围、是否为温度或湿度、值上升设备类型、值下降设备类型、区域 ID、传感器类型 ID、猪棚 ID，其中智能模式 ID 作为唯一主键，猪棚 ID 作为外键，传感器类型 ID 和区域 ID 为冗余字段。

表 21-15　智能模式表（models）

字　段　名	数 据 类 型	长　　度	是否可为空	含　　义	备　注
id	INT	11	NO	智能模式 ID	主键
modelname	VARCHAR	20	NO	智能模式名	
isstartusing	INT	11	NO	智能模式是否启用	
value	VARCHAR	20	YES	安全值范围	
istorh	VARCHAR	4	NO	是否为温度或湿度	
valueriseequtypes	VARCHAR	200	YES	值上升设备类型	
valuedownequtypes	VARCHAR	200	YES	值下降设备类型	
areaid	INT	11	NO	区域 ID	
sensortypeid	INT	11	NO	传感器类型 ID	
canopyid	INT	11	NO	猪棚 ID	外键

表 21-16 保存着所有养殖场区域下的所有猪棚中猪舍的信息。猪舍的信息包括猪舍 ID、猪舍名、猪舍长度、猪舍宽度、猪舍编号、是否有病史、猪舍描述、区域 ID、猪舍类型 ID、猪棚 ID，其中猪舍 ID 作为唯一主键，猪舍类型 ID 和猪棚 ID 作为外键，区域 ID 为冗余字段。

表 21-16 猪舍表（pigstys）

字 段 名	数 据 类 型	长 度	是否可为空	含 义	备 注
id	INT	11	NO	猪舍 ID	主键
pigstyname	VARCHAR	20	NO	猪舍名	
pigstylength	FLOAT		YES	猪舍长度	
pigstywidth	FLOAT		YES	猪舍宽度	
pigstynumber	INT	11	YES	猪舍编号	
isillness	VARCHAR	5	NO	是否有病史	
declares	VARCHAR	200	YES	猪舍描述	
areaid	INT	11	NO	区域 ID	
pigstytypeid	INT	11	NO	猪舍类型 ID	外键
canopyid	INT	11	NO	猪棚 ID	外键

表 21-17 保存着所有猪舍类型的信息。猪舍类型的信息包括猪舍类型 ID、猪舍类型名、猪舍类型描述、区域 ID、猪棚 ID，其中猪舍类型 ID 作为唯一主键，区域 ID、猪棚 ID 为冗余字段。

表 21-17 猪舍类型表（pigstytypes）

字 段 名	数 据 类 型	长 度	是否可为空	含 义	备 注
id	INT	11	NO	猪舍类型 ID	主键
canopytypename	VARCHAR	20	NO	猪舍类型名	
declares	VARCHAR	200	YES	猪舍类型描述	
areaid	INT	11	NO	区域 ID	
canopyid	INT	11	NO	猪棚 ID	

表 21-18 保存着摄像头的所有信息。摄像头的信息包括摄像头 ID、摄像头 IP 及端口、摄像头名、摄像头用户名、摄像头密码、是否正常、安装时间、摄像头描述、图片保存的路径、相册封面、区域 ID、猪棚 ID、猪舍 ID，其中摄像头 ID 作为唯一主键，猪舍 ID 作为外键，区域 ID 和猪棚 ID 为冗余字段，图片保存的路径作用是用于摄像头捕获到的图片所存放的图片路径。

表 21-18 摄像头表（cameras）

字 段 名	数 据 类 型	长 度	是否可为空	含 义	备 注
id	INT	11	NO	摄像头 ID	主键
cameraiport	VARCHAR	20	NO	摄像头 IP 及端口	
cameraname	VARCHAR	20	NO	摄像头名	
camerausername	VARCHAR	20	NO	摄像头用户名	
camerapwd	VARCHAR	20	NO	摄像头密码	
isnormal	VARCHAR	6	NO	是否正常	
installtime	DATETIME		NO	安装时间	
declares	VARCHAR	200	YES	摄像头描述	

续表

字　段　名	数据类型	长　度	是否可为空	含　义	备　注
picturesavepath	VARCHAR	150	YES	图片保存的路径	
albumcover	VARCHAR	150	YES	相册封面	
areaid	INT	11	NO	区域ID	
canopyid	INT	11	NO	猪棚ID	
pigstyid	INT	11	NO	猪舍ID	外键

表 21-19 保存着所有网关的信息。网关的信息包括网关 ID、网关名、网关 IP、是否正常、网关标识、网关描述、区域 ID、猪棚 ID、猪舍 ID，其中网关 ID 作为唯一主键，猪舍 ID 作为外键，区域 ID 和猪棚 ID 为冗余字段。

表 21-19　网关表（gateways）

字　段　名	数据类型	长　度	是否可为空	含　义	备　注
id	INT	11	NO	网关ID	主键
gatewayname	VARCHAR	20	NO	网关名	
gatewayip	VARCHAR	20	NO	网关IP	
isnormal	VARCHAR	6	NO	是否正常	
gatewayflag	VARCHAR	20	NO	网关标识	
declares	VARCHAR	200	YES	网关描述	
areaid	INT	11	NO	区域ID	
canopyid	INT	11	NO	猪棚ID	
pigstyid	INT	11	NO	猪舍ID	外键

表 21-20 保存着所有网关配置的信息。网关配置的信息包括网关配置 ID、配置值、是传感器还是水电气设备、是否已发送、传感器地址身份标识，其中网关配置 ID 作为唯一主键。是传感器还是水电气设备，其中值为"0"表明为传感器，值为"1"表明为水电气设备；是否已发送，用于标记当前网关的相关配置数据信息是否已放给网关，其中值为"1"表明已经发送给网关，值为"0"表明未发送。

表 21-20　网关配置表（gatewayconfig）

字　段　名	数据类型	长度	是否可为空	含　义	备　注
id	INT	11	NO	网关配置ID	主键
value	VARCHAR	200	NO	配置值	
issensororequipment	INT	11	NO	是传感器还是水电气设备	
issend	INT	11	NO	是否已发送	
identityflag	INT	11	NO	传感器地址身份标识	

表 21-21 保存着所有继电器的信息。继电器的信息包括继电器 ID、继电器名、是否正常、继电器的地址、安装时间、是否损坏、继电器状态、继电器描述、区域 ID、猪棚 ID、猪舍 ID、网关 ID，其中继电器 ID 作为唯一主键，网关 ID 为外键，区域 ID、猪棚 ID 及猪舍 ID 为冗余字段。

表 21-21　继电器表（relays）

字 段 名	数 据 类 型	长 度	是否可为空	含 义	备 注
id	INT	11	NO	继电器 ID	主键
relayname	VARCHAR	20	NO	继电器名	
isnormal	VARCHAR	20	NO	是否正常	
relayaddress	VARCHAR	20	NO	继电器的地址	
installtime	DATETIME		NO	安装时间	
isbreak	VARCHAR	6	NO	是否损坏	
state	VARCHAR	6	NO	继电器状态	
declares	VARCHAR	200	YES	继电器描述	
areaid	INT	11	NO	区域 ID	
canopyid	INT	11	NO	猪棚 ID	
pigstyid	INT	11	NO	猪舍 ID	
gatewayid	INT	11	NO	网关 ID	外键

表 21-22 保存着所有水电气设备的信息。水电气设备的信息包括水电气设备 ID、水电气设备名、安装时间、是否正常、开指令、关指令、水电气设备状态、所在继电器的路数、水电气设备描述、区域 ID、猪棚 ID、猪舍 ID、网关 ID、水电气设备类型 ID、继电器 ID，其中水电气设备 ID 作为唯一主键，水电气设备类型 ID 和继电器 ID 为外键，区域 ID、猪棚 ID、猪舍 ID 和网关 ID 为冗余字段。

表 21-22　水电气设备表（equipments）

字 段 名	数 据 类 型	长 度	是否可为空	含 义	备 注
id	INT	11	NO	水电气设备 ID	主键
equipmentname	VARCHAR	20	NO	水电气设备名	
installtime	DATETIME		NO	安装时间	
isnormal	VARCHAR	4	NO	是否正常	
openorder	VARCHAR	20	NO	开指令	
closeorder	VARCHAR	20	NO	关指令	
state	BIT	1	NO	水电气设备状态	
relayroad	VARCHAR	5	NO	所在继电器的路数	
declares	VARCHAR	200	YES	水电气设备描述	
areaid	INT	11	NO	区域 ID	
canopyid	INT	11	NO	猪棚 ID	
pigstyid	INT	11	NO	猪舍 ID	
gatewayid	INT	11	NO	网关 ID	
equipmenttypeid	INT	11	NO	水电气设备类型 ID	外键
relayid	INT	11	NO	继电器 ID	外键

表 21-23 记录着所有水电气设备类型的信息。水电气设备类型的信息包括水电气设备类型 ID、水电气设备类型名、水电气设备类型描述、区域 ID、猪棚 ID、猪舍 ID、网关 ID、

继电器 ID，其中水电气设备类型 ID 作为唯一主键，区域 ID、猪棚 ID、猪舍 ID、网关 ID、继电器 ID 作为冗余字段。

表 21-23　水电气设备类型表（equipmenttypes）

字　段　名	数 据 类 型	长　　度	是否可为空	含　　义	备　　注
id	INT	11	NO	水电气设备类型 ID	主键
equipmenttypename	VARCHAR	20	NO	水电气设备类型名	
declares	VARCHAR	200	YES	水电气设备类型描述	
areaid	INT	11	NO	区域 ID	
canopyid	INT	11	NO	猪棚 ID	
pigstyid	INT	11	NO	猪舍 ID	
gatewayid	INT	11	NO	网关 ID	
relayid	INT	11	NO	继电器 ID	

表 21-24 保存着全部传感器的信息。传感器的信息包括传感器 ID、传感器名、传感器是否正常、传感器地址、安装时间、是否损坏、传感器状态、传感器口令、控制设备 IP、控制设备端口、传感器描述、区域 ID、猪棚 ID、猪舍 ID、网关 ID、传感器类型 ID，其中传感器 ID 作为唯一主键，网关 ID、传感器类型 ID 为外键，区域 ID、猪棚 ID、猪舍 ID 为冗余字段。

表 21-24　传感器表（sensors）

字　段　名	数 据 类 型	长　　度	是否可为空	含　　义	备　　注
id	INT	11	NO	传感器 ID	主键
sensorname	VARCHAR	20	NO	传感器名	
isnormal	VARCHAR	20	NO	传感器是否正常	
sensoraddress	VARCHAR	20	NO	传感器地址	
installtime	DATETIME		NO	安装时间	
isbreak	VARCHAR	6	NO	是否损坏	
state	INT	11	NO	传感器状态	
sensorcmd	VARCHAR	20	NO	传感器口令	
managerip	VARCHAR	65	NO	控制设备 IP	
managerport	VARCHAR	20	NO	控制设备端口	
declares	VARCHAR	200	YES	传感器描述	
areaid	INT	11	NO	区域 ID	
canopyid	INT	11	NO	猪棚 ID	
pigstyid	INT	11	NO	猪舍 ID	
gatewayid	INT	11	NO	网关 ID	外键
sensortypeid	INT	11	NO	传感器类型 ID	外键

表 21-25 记录着所有传感器类型的信息。传感器类型的信息包括传感器类型 ID、传感器类型名、传感器类型描述、是温度或是湿度、解析方式、区域 ID、猪棚 ID、猪舍 ID、

网关 ID，其中传感器类型 ID 作为唯一主键，网关 ID 为外键，区域 ID、猪棚 ID、猪舍 ID 为冗余字段。

表 21-25　传感器类型表（sensortypes）

字　段　名	数　据　类　型	长　度	是否可为空	含　义	备　注
id	INT	11	NO	传感器类型 ID	主键
sensortypename	VARCHAR	20	NO	传感器类型名	
declares	VARCHAR	200	YES	传感器类型描述	
istorh	VARCHAR	4	NO	是温度或是湿度	
analyzetype	INT	11	NO	解析方式	
areaid	INT	11	NO	区域 ID	
canopyid	INT	11	NO	猪棚 ID	
pigstyid	INT	11	NO	猪舍 ID	
gatewayid	INT	11	NO	网关 ID	外键

表 21-26 保存着全部传感器数据信息。传感器数据的信息包括传感器数据 ID、传感器数据值、传感器数据生成时间、传感器地址、是温度或是湿度、区域 ID、猪棚 ID、猪舍 ID、网关 ID、传感器类型 ID、传感器 ID，其中传感器数据 ID 作为唯一主键，传感器 ID 为外键，区域 ID、猪棚 ID、猪舍 ID、网关 ID、传感器类型 ID 为冗余字段。

表 21-26　传感器数据表（sensordata）

字　段　名	数　据　类　型	长　度	是否可为空	含　义	备　注
id	VARCHAR	200	NO	传感器数据 ID	主键
data	VARCHAR	100	NO	传感器数据值	
createtime	VARCHAR	50	NO	传感器数据生成时间	
sensoraddress	VARCHAR	20	NO	传感器地址	
istorh	VARCHAR	4	NO	是温度或是湿度	
areaid	INT	11	NO	区域 ID	
canopyid	INT	11	NO	猪棚 ID	
pigstyid	INT	11	NO	猪舍 ID	
gatewayid	INT	11	NO	网关 ID	
sensortypeid	INT	11	NO	传感器类型 ID	
sensorid	INT	11	NO	传感器 ID	外键

表 21-27 记录着所有传感器警告数据的信息。传感器警告数据的信息包括传感器警告数据 ID、传感器警告数据值、传感器警告数据生成时间、传感器地址、是温度或是湿度、是否已读、区域 ID、猪棚 ID、猪舍 ID、网关 ID、传感器类型 ID、传感器 ID，其中传感器警告数据 ID 作为唯一主键，传感器 ID 为外键，区域 ID、猪棚 ID、猪舍 ID、网关 ID、传感器类型 ID 为冗余字段。是否已读值为"1"表示已读，值为"0"表示未读。

表 21-27　传感器警告数据表（sensorwarndata）

字　段　名	数 据 类 型	长　　度	是否可为空	含　　义	备　　注
id	VARCHAR	200	NO	传感器警告数据 ID	主键
data	VARCHAR	100	NO	传感器警告数据值	
createtime	VARCHAR	50	NO	传感器警告数据生成时间	
sensoraddress	VARCHAR	20	NO	传感器地址	
istorh	VARCHAR	4	NO	是温度或是湿度	
isread	INT	11	NO	是否已读	
areaid	INT	11	NO	区域 ID	
canopyid	INT	11	NO	猪棚 ID	
pigstyid	INT	11	NO	猪舍 ID	
gatewayid	INT	11	NO	网关 ID	
sensortypeid	INT	11	NO	传感器类型 ID	
sensorid	INT	11	NO	传感器 ID	外键

表 21-28 记录着所有发往网关的命令信息。命令的信息包括命令 ID、命令内容、传感器警告数据生成时间、命令是否已执行、命令控制的继电器第几路、命令执行时间、网关标识、区域 ID、猪棚 ID、猪舍 ID、网关 ID、继电器 ID、水电气设备 ID，其中命令 ID 作为唯一主键，区域 ID、猪棚 ID、猪舍 ID、网关 ID、继电器 ID、水电气设备 ID 为冗余字段。命令是否已执行值为"1"表示已执行，值为"0"表示未执行。

表 21-28　命令表（commands）

字　段　名	数 据 类 型	长　　度	是否可为空	含　　义	备　　注
id	INT	11	NO	命令 ID	主键
commandcontent	VARCHAR	20	NO	命令内容	
createtime	VARCHAR	50	NO	传感器警告数据生成时间	
isexecute	INT	11	NO	命令是否已执行	
relayroad	VARCHAR	20	NO	命令控制的继电器第几路	
executetime	DATETIME		NO	命令执行时间	
gatewayflag	VARCHAR	20	NO	网关标识	
areaid	INT	11	NO	区域 ID	
canopyid	INT	11	NO	猪棚 ID	
pigstyid	INT	11	NO	猪舍 ID	
gatewayid	INT	11	NO	网关 ID	
relayid	INT	11	NO	继电器 ID	
equipmentid	INT	11	NO	水电气设备 ID	

表 21-29 保存着全部文章的信息，文章的信息包括文章 ID、文章标题、文章作者、文章发表时间、文章所在位置、文章内容、是否发布、浏览次数、发布者的登录名、文章代表图片路径、图片名，其中文章 ID 作为唯一主键。是否发布值为"1"表示已发布，值为"0"表示未发布。

表 21-29　文章表（articles）

字　段　名	数　据　类　型	长　　度	是否可为空	含　　义	备　　注
id	INT	11	NO	文章 ID	主键
title	VARCHAR	100	NO	文章标题	
author	VARCHAR	50	NO	文章作者	
creatime	DATETIME		NO	文章发表时间	
position	VARCHAR	4	NO	文章所在位置	
articlecont	MEDIUMBLOB		NO	文章内容	
isrelease	INT	11	NO	是否发布	
browseTimes	VARCHAR	10	NO	浏览次数	
loginname	VARCHAR	50	NO	发布者的登录名	
path	VARCHAR	500	YES	文章代表图片路径	
filename	VARCHAR	100	YES	图片名	

　　表 21-30 以日志的形式记录着管理员所有的写操作，用于后期对管理员的监督及检查和经验总结服务，如对各个设备的增删改操作。日志的信息包括日志 ID、操作者、操作时间、操作名、操作参数、操作结果、操作信息、操作 IP，其中日志 ID 作为唯一主键。

表 21-30　日志表（logs）

字　段　名	数　据　类　型	长　　度	是否可为空	含　　义	备　　注
id	VARCHAR	255	NO	日志 ID	主键
operator	VARCHAR	100	NO	操作者	
opertime	DATETIME		NO	操作时间	
opername	VARCHAR	100	NO	操作名	
operparams	VARCHAR	1000	NO	操作参数	
operresult	VARCHAR	50	NO	操作结果	
resultmsg	VARCHAR	1000	NO	操作信息	
operip	VARCHAR	66	NO	操作 IP	

2. Web 服务器功能实现

　　管理员需要输入账号、密码及验证码，经后台验证通过后才能进行登录。登录成功后，系统会自动给管理员发送邮件提示。通过地图可显示养猪场不同地点养殖区的分布，可选择局部区域或者大范围区域进行查看。用户点击红点可看到该养殖区的基本信息，并可进入该养殖区域进行监控管理。如图 21-7 所示，区域管理模块可实现对用户、养殖区、设备等静态信息的基本管理，包括增加、删除、修改和查询等操作。

　　如图 21-8 所示，实时数据处理模块对收集的各种传感器数据进行处理，通过报表的方式显示实时环境监控信息以及网关下属传感器组成比例等信息。报表方式有折线图、时序分布图和饼状图等。同时，用户通过查看报表可更直观地了解养猪场实时环境信息。

图 21-7　静态信息管理界面

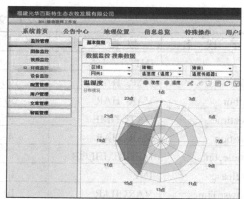

图 21-8　实时数据监控页面

视频监控如图 21-9 所示，用户进入养殖区域管理界面后，点击 Web 页面的相关链接，可以通过控制摄像头查看猪舍现场视频，观察猪的生长情况。同时，还可以对远程摄像头做出一些控制，比如上下左右的移动和拍摄存储等。

图 21-9　养猪场视频监控界面

养猪场设备的手动控制如图 21-10 所示。用户通过查看养猪场不同区域的数据分析后，当发现养殖区环境因素不在合适的范围内时，可主动对远端的相应设备进行控制。

图 21-10　监控系统智能模式选择页面

　　通过管理界面，可实现温湿度调节、光照调节及加强空气流通性等。例如，当温度过高的时候，对风扇、水帘（电磁阀）进行控制，实现对猪舍的降温处理；当空气中的有害气体成分过高时，对门窗、风扇等进行控制，加强空气的流通性，等等。

　　同时，为了避免对猪舍环境调节的不精确性，以及人工监控的不足，还可以通过设置"智能模式"实现对养猪场环境的智能化调节。通过设置传感器的参数，并启用该模式，服务器将会传输相关的配置参数到不同的网关，并将智能化控制参数存储到网关的嵌入式数据库中。网关根据嵌入式数据库控制命令管理表格中的参数，对各自收集的数据做出分析处理，在无须人工干涉的情况下，就可实现对设备的智能控制，达到养猪场生长环境自动调节的目的。

21.5　养猪监控 App 客户端功能实现

　　手机客户端主要功能包括登录、场区地图显示、数据动态、控制调节、图像监控及警报分析等。手机端功能框架如图 21-11 所示。

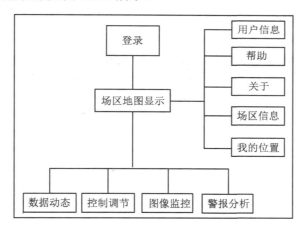

图 21-11　手机客户端功能框架图

　　为了实现手机客户端的主要功能，所需要的步骤包括搭建软件开发框架、收集程序开发资料、手机客户端和服务端交互、手机客户端显示数据、手机客户端控制设备、播放实时视频、警报分析等，分别叙述如下。

　　（1）搭建软件开发框架：搭建 Android 开发环境，安装 Java 语言软件开发工具包（Java Development Kit，JDK），在系统中运行 Java 程序，使用虚拟机进行简单测试环境是否搭建成功。

　　（2）收集程序开发资料：收集跟需求相关的开发资料，了解每个流程使用的组件，将熟悉每个组件，并在此期间搭建手机客户端的基本框架。

　　（3）手机客户端和服务端交互：实现收集客户端和服务端的交互，使用 JS 对象符号（JavaScript Object Notation，JSON）字符串为手机客户端和服务端交互，并对字符串进行相关的解析。

（4）手机客户端显示数据：接收来自服务端的传感器数据，并解析后显示在手机客户端中。

（5）手机客户端控制设备：使用手机客户端对设备进行控制，实现设备的开关功能。

（6）播放实时视频：连接网络上的摄像头，实现连接摄像头查看当前摄像头所拍摄到的实时摄像信息。在手机客户端通过网络访问网络摄像头以流的形式获取影像数据，通过网络不断传输到手机上，手机接收输入流，经过转化将影像数据呈现在手机上。

（7）警报分析：根据养猪场区的各种信息对场区的各种警报因素进行警报分析，并使用图表的方式进行显示。

手机客户端的用法主要是根据使用者的习惯来设计的，所开发的手机客户端页面有欢迎页面、登录页面、区域显示页面、个人信息页面、数据动态页面、控制调节页面、图像监控页面、警报分析页面等。在显示地图之前从服务器数据库请求每个数据所有的场区的坐标，并将每个坐标转化为 GeoPoint 设置到 OverlayItem 覆盖物中，并加入显示的列表显示这个覆盖物标示场区的位置。

数据动态页面如图 21-12 所示，控制调节页面如图 21-13 所示。控制调节的实现是根据手机到服务器之间的交互，通过网络访问服务器控制调节的模块；手机客户端将控制命令发送给服务器，网关接收服务器转发的命令实现对设备的控制，从而控制猪舍的环境。

图 21-12　数据动态页面　　　　　　图 21-13　控制调节页面

通过数据动态技术，手机客户端异步线程每隔一段时间请求服务器获取每个传感器当前最新的数据，并且使用 ListView 的方式将数据直观地显示在页面中。图像监控页面如图 21-14 所示，点击所列摄像头，可以进入如图 21-15 所示的监控界面。

图 21-14　图像监控页面

图 21-15　猪舍监控实时视频界面

21.6　小　　结

本章基于 X86 工控机物联网网关，运用 C 编程技术、Java 编程技术、物联网信息化技术及数据融合技术，开发了大型养猪场健康养殖监控系统。本监控系统包括 X86 工控机物联网网关的软硬件实现、Web 服务器端及智能手机客户端软件实现。基于 X86 工控机网关所开发的智能养猪场管理系统可实现猪舍环境数据实时显示、视频监控、自动水帘降温、自动风机换气、恒温热风及信息化管理功能。该大型养猪场监控管理系统的开发及推广应用，对提高猪场的猪产品质量及经济效益具有显著的作用。

思　考　题

1. 简介养猪监控物联网网关传感器的添加和删除线程的功能。
2. 简介养猪监控物联网网关收集传感器数据线程的功能。
3. 简介养猪监控物联网网关搭建软件开发环境的步骤。
4. 列出养猪监控 Web 服务器所涉及的 25 个数据表格。

案　　例

一个基于 X86 网关的畜禽养殖智能监测系统如图 21-16 所示。该系统实现了以下的功能：① 利用各种传感器对养殖场的空气温湿度、光照强度、CO_2 浓度、硫化氢、氨气等各项环境数据进行实时采集，并通过无线通信将数据传输到服务器。② 用户可随时通过 PC 端或 App 端了解养殖场的实时状况。同时，用户可以通过客户端控制风机、除湿机、取暖机等设备，保证养殖场处于一个良好适宜的环境。

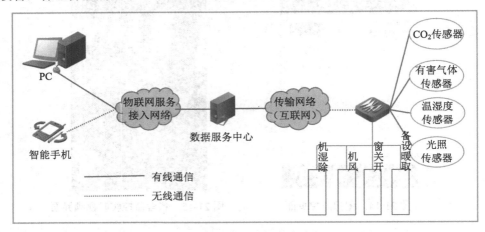

图 21-16 基于 X86 网关的畜禽养殖智能监测系统

第4篇　复合型物联网网关及设计趋势

第 22 章　复合型网关

学习要点

- ❑　了解复合型网关基本功能和用法。
- ❑　掌握复合型网关数据收集方法。
- ❑　掌握复合型网关设备控制原理。
- ❑　了解复合型网关数据上传机理。

22.1　复合型网关简介

随着传感器技术、RFID 技术、M2M 技术、计算机技术、互联网技术以及信息处理技术的飞速发展，人们获取实时信息变得更加方便快捷，可以随时对实时数据进行观察处理，以便做出相应的决策。但是随着经济和社会发展要求的提高，从单一的 RFID 信息系统、传感器信息系统或 M2M 信息系统中获取的资源信息已经不能满足人们的需求，人们希望可以随时随地获取自己需要的各种环境资源实时信息，即实现人与环境之间的交互。物联网应用系统功能的强大也使物联网实时信息系统变得更为复杂。为了满足获取复杂信息的需要，很多物联网应用建立了复杂数据信息系统。在复杂数据实时信息系统中，数据来自各种物联网节点，如 RFID 标签、传感器、仪表等，这也涉及复杂数据的收集、传输、处理及智能决策等，用来处理这些不同类型物联网节点的网关统称复合型网关。

复合型网关是物联网将来发展的趋势，它把任何人或物品，通过 RFID、传感器、传感网、M2M、全球定位系统、激光扫描器等信息设备，按约定的协议与传统的通信网络连接起来，进行信息交换和共享，以实现远程数据采集和测量、智能化识别、定位、跟踪、监控和管理，最终建立一个基于复合型网关的功能完备的复杂实时数据信息系统。

大型物联网应用中涉及基于复合型网关的实时信息系统的建立。物联网使物体与互联网等各类通信网络相连，获取无处不在的现实世界的信息。从本质上看，复杂的实时信息系统的架构由三个层次组成，它们分别是感知延伸层、网络及平台支撑层和物联网应用层，具体关系如图 22-1 所示。

复杂信息系统的感知延伸层是由物联网节点和复合型网关组成的，实现对物理世界的全面感知，是物联网发展和应用的基础。感知延伸层所涉及的主要技术包括嵌入式 Linux 系统、嵌入式数据库、嵌入式编程技术、RFID 技术、传感与控制技术和短距离无线通信技术。网络及平台支撑层也叫传输网络层，它是在现有通信网和互联网的基础上建立起来的，综合使用各种 3G/4G/5G 无线及固定宽带接入技术，实现有线与无线的结合、宽带与窄带的结合、传感网与通信网的结合，达到感知数据和控制信息可靠传递的目的。平台支撑子层使用网络通信能力，通过向各种应用隐藏网络的具体技术，以简化和优化应用开发和部署，为物联网业务层提供支撑能力，通过统一的接口向各种应用开放其业务能力。由运营商部署的业务平台、管理平台、认证授权记账 AAA（Authentication Authorization Accounting，AAA）系统、存放用户签约数据库的归属位置寄存器（Home Location Register，HLR）/归属用户服务器（Home Subscriber Server，HSS）、域名解析服务器（Domain Name Server，DNS）等物联网运营管理系统都属于平台支撑子层的范畴。物联网应用层对应的物理设施位于物联网的数据服务中心，所使用的设备包括大型交换机、路由器、防火墙和服务器。数据服务中心使用高速网络宽带实现数据交换和数据接收及存储，高性能的服务器实现数据的查询、分析和挖掘，并进行基于多数据融合的智能决策。物联网应用层对数据处理的结果进行显示、产生报表和警报。

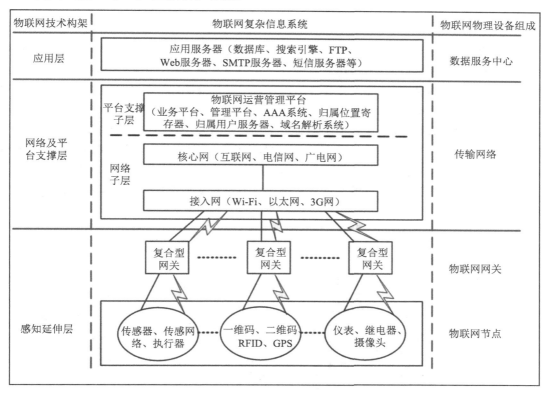

图 22-1　物联网复杂信息系统框架结构

　　复合型物联网网关是建设复杂实时信息系统所需的关键设备，该设备可以和物联网节点一起完成各种环境数据的实时采集，并将采集的数据在初步处理后传输到数据服务中心。对于复杂的物联网应用，需要设计具有高性能的复合型物联网网关，满足数据采集和设备控制的需求。

　　复合型网关的基本组成结构如图 22-2 所示，它涵盖很多功能及接口模块。主要的物联网网关功能模块包括广域网通信接口模块、核心控制功能模块、来自不同节点的数据包协议转换模块和物联网网关-节点数据通信接口模块。

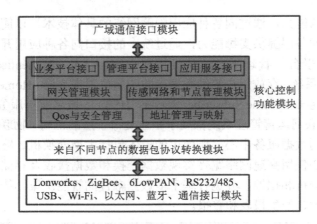

图 22-2　复合型网关的基本组成结构

复合型网关具有较强的管理能力。首先，网关可对物联网节点进行管理，如节点注册管理、节点配置参数管理、节点访问权限管理和节点状态监控。其次，网关还具有本身配置和管理的功能，包括网络接入参数管理、访问控制参数管理、平台/应用服务器的访问参数管理和固件/软件升级管理等。最后，对于复杂物联网实时信息系统，一般要求所有的设备（包括感知控制器、终端设备控制器等）主动将自身及所属设备的状态进行反馈，反馈流程的终点为最终节点。状态反馈流程如图 22-3 所示。例如，家电设备可以通过家庭网络将本身的运行状态发给家庭网关，它可以继续将反馈信息传输给数据服务中心及手机终端。这可以使人们及时获知家庭设备运行异常情况，并及早采取措施进行异常处理，可避免重大损失的发生。

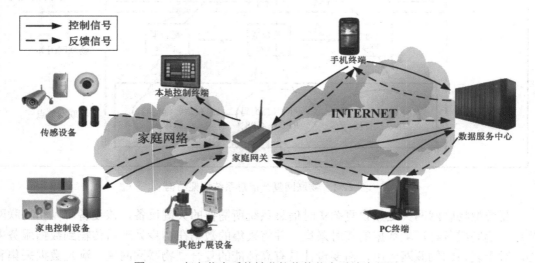

图 22-3　复杂信息系统被监控物体状态反馈流程图

如图 22-4 所示，复合型网关功能模块包括 4 个层次，分别是感知延伸层、协议适配层、标准消息构成层和业务服务层。

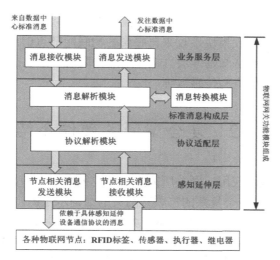

图 22-4　复合型网关的层次结构

复合型网关的层次结构及各层次功能很好地解决了不同物联网节点无法统一控制和管理的问题，屏蔽了底层通信的差异。这可使最终用户不需要知道底层的通信设备的具体细节，就可以实现各种物联网节点的数据采集、配置及设备控制操作。物联网网关各层次间的相互作用过程分析如下。

1. 业务服务层

在复合型网关的层次结构中，业务服务层的功能通过消息接收模块和消息发送模块来实现。消息接收模块负责从物联网数据服务中心接收标准消息，并将消息传递给标准消息构成层。消息发送模块负责向数据服务中心发送网关采集过来的数据。一般而言，接收和发送消息的报文格式是一致的。

2. 标准消息构成层

网关的标准消息构成层是由一个消息解析模块和一个消息转换模块构成。消息解析模块一方面解析来自数据服务中心的设备反向控制命令或传感器节点数据收集相关的配置命令，并将解析后的命令发给协议适配层的协议解析模块；另一方面，消息解析模块将来自协议适配层的消息进行包装处理后发给业务服务层。消息解析模块的实现是通过调用消息转换模块的功能来实现的，消息转换模块将信息格式变换为业务服务层可以接收的标准格式。

3. 协议适配层

复合型网关协议适配层的功能主要是通过协议解析模块来实现的。一方面，协议解析模块可以将来自标准消息构成层的消息变为感知延伸层可以接收的标准格式；另一方面，它还可以将来自感知延伸层的消息变为标准消息构成层可以处理的标准格式。

4. 感知延伸层

网关感知延伸层包括节点相关消息发送和节点相关消息接收两个模块。消息发送模块负责将来自数据服务中心的相关控制命令发送到特定的物联网节点，实施节点数据采集配置或节点设备控制。消息接收模块接收来自底层的物联网节点信息，并将信息转换为标准格式发送到协议适配层。和感知延伸层直接作用的物联网节点包括 RFID 标签、GPS 接收仪、视频采集设备、各类仪表和传感器等。

22.2　复合型网关硬件介绍

对于一些复杂的物联网应用，网关所需的功能也很复杂。例如网关需要管理蓝牙节点和 ZigBee 节点。图 22-5 是一个复杂的物联网网关的结构示意图，它主要由先进的 RISC 机（ARM）处理器、蓝牙和 ZigBee 数据采集模块、3G 通信模块、存储模块和复位模块组成。

如图 22-6 所示，华为 AR502 系列复合型网关可广泛应用于智能电网、智能城市、智能建筑等物联网的各个领域，华为 AR502 系列内置 GSM、3G、4G LTE 模块、千兆以太网接口、RS422/RS485、RS232、RFID、ZigBee，提供大带宽、低带宽延迟无线接入，提供丰富的本地接口。该复合型网关可连接各种以太网、串行口和射频设备，其可在恶劣的温湿度和电磁干扰环境下工作。

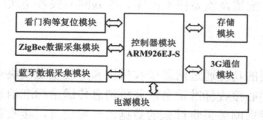

图 22-5　复合型物联网网关的结构示意图

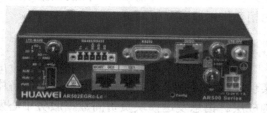

图 22-6　华为 AR502 复合型物联网网关

22.3　复合型网关软件开发环境

复合型网关开发环境随着具体的物联网应用的不同而不同。总而言之，复合型网关涉及 RFID 数据的收集与不同传感器数据的收集。例如，基于 Arduino 的铁路道口安全控制管理系统其使用的物联网网关为 Arduino+RFID+传感器+Wi-Fi 模块组成（见图 22-7）。由 Arduino UNO+Wi-Fi 模块组成的网关，连接 RFID、超声波距离传感器，接收各节点的实时数据，并将该数据通过 Wi-Fi 模块发送到数据服务中心。当有火车经过远方 RFID 检测的网关时，道口处的栏杆放下，LED 灯闪烁，报警响起；当火车通过道口的超声波距离检测网关时，栏杆升起，LED 灯停止闪烁，报警停止。

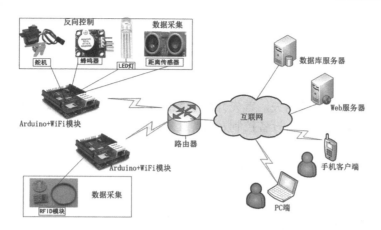

图 22-7　基于 Arduino 复合型网关的铁路道口安全控制管理系统拓扑图

22.4　复合型网关数据收集

这里以铁路道口安全控制物联网网关的 RFID 及超声波测距传感器的数据收集，来说明复合型网关数据收集的过程。基于 Arduino 的复合网关源代码主要包括 RFID 标签的数据收集源代码、超声波测距传感器数据收集主要源代码。

22.5　复合型网关设备控制

这里以基于 Arduino+Wi-Fi+舵机+LED 灯+蜂鸣器来说明复合型网关设备的控制方法。基于 Arduino 的复合型网关舵机+LED 控制源代码包括头文件、引脚模式设置函数、开灯与关灯控制源代码 autoMode()、舵机制动控制源代码 servopulse(int servopin, int myangle)。

22.6　复合型网关数据上传

这里以 Arduino+ESP8266 Wi-Fi 设备来说明复合型网关数据上传过程。复合型网关通过串口与 ESP8266 模块（见图 22-8）通信，实现数据传输功能。ESP8266 是一款支持 AT 指令的 Wi-Fi 模块，单片机可通过串口修改模块的工作参数。该模块工作在 IEEE 802.11b/g/n 模式下，兼容现在大多数的路由器。模块提供了较为完整的 TCP/UDP 操作功能，单片机可借助模块与服务器进行数据传输。

图 22-8　ESP8266 Wi-Fi 模块

Arduino+ESP8266 Wi-Fi 复合型网关数据上传源代码包括头文件、loop 函数、Wi-Fi 设置主函数、RFID 数据收集及上传服务器源代码。

22.7　小　　结

本章主要介绍了复合型网关，首先介绍了复合型网关的基本知识，然后对复合型网关的软件开发环境、数据收集、设备控制及数据上传等进行了阐述。

思　考　题

1. 简单介绍复杂信息系统。
2. 简介复合型网关。
3. 简介复合型网关的基本组成。
4. 简介标准消息构成层的主要功能。

案　　例

图 22-9 是一个基于 Arduino 的复合型网关农业监控网关。从古至今，农业都是靠人工来完成的。随着世界正走向新技术的发展趋势，物联网在智能农业中扮演着非常重要的角色。物联网传感器能够提供农业领域的信息。这里是一个使用自动化的物联网和智能农业系统。这个基于物联网的农业监测系统利用无线传感器网络，从部署在不同节点的不同传感器收集数据，并通过无线协议发送。该智能农业物联网系统由温度传感器、湿度传感器、水位传感器、直流电机和 GPRS 模块组成。当基于物联网的农业监测系统启动时，它会检查水位、温度和湿度水平。传感器如果感应到水位下降，它会自动启动水泵。如果温度高于正常水平，风扇就会启动。

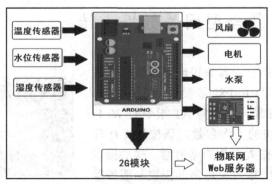

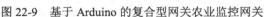

图 22-9　基于 Arduino 的复合型网关农业监控网关

第 23 章 复合型智能家居网关

学习要点

- ☐ 了解复合型智能家居网关基本功能和用法。
- ☐ 掌握网关设计技术方案。
- ☐ 掌握网关具体硬件实现方法。
- ☐ 了解复合型智能家居网关服务。

23.1 复合型智能家居网关的开发背景

针对当前存在的家庭网关种类过多且功能单一的问题，本章基于机顶盒开发智能家庭物联网网关，它不但具有原来机顶盒的功能，而且还具有电信猫、无线路由器和智能家居网关的功能。所开发的网关解决了难以统一高效管理家庭中的娱乐网络、通信网络、安全网络及生活网络的难题。该智能化产品的研发、制作和推广将会产生较好的经济效益和社会效益。

随着信息化技术的深入发展和人们对生活环境要求的不断提高，家庭中出现了各种各样的娱乐服务（有线电视、录像机）、通信服务（互联网）、家庭安防（防火、防盗）及生活电器（冰箱、洗衣机、微波炉、空调）等相关设备；也基于不同类型的网关，形成了娱乐网络、通信网络、安全网络及生活网络4个子网（见图23-1）。

图 23-1 当前家庭信息孤岛网络

目前的家庭网关功能简单，难以统一高效管理家庭中的娱乐网络、通信网络、安全网络及生活网络 4 个子网。由于现阶段的家庭网络中的 4 类子网分别处于孤岛状态，出现了设备冗余及难以管理状态，进一步造成了水、电、气的浪费，严重的时候还会造成漏气、漏电及火灾等严重的经济和生命损失。目前，由于没有高质量的家庭网关，从世界范围来看，家庭物联网应用仍然处于初级阶段，要实现高效益、规模化的发展，面临着很多挑战。

另外，当前的家庭网关还存在一些急需解决的问题，这些问题的解决也依赖于开发新型智能家庭物联网网关。第一，当前家庭网关缺乏高性能的数据传输管理。家庭网关的广域接入涉及 TD-LTE、FDD-LTE、TD-SCDMA、GSM、GPRS、CDMA、Wi-Fi、802.3 等多种数据传输方式，当前家庭网关还不能高效管理这些数据传输方式。当数据传输失败时，它还不能自动切换为另外一种数据传输方式。第二，当前网关在收集节点数据及将其传送到数据服务中心之前，必须事先通过复杂耗时的人工手段将各个节点在网关及数据服务中心注册，如今的家庭网关还不具有自动注册物联网节点的功能。第三，当前家庭网关缺乏统一标准接口来收集异构节点的数据。家庭网关有时需要收集来自不同技术标准（RFID、ZigBee、6LoWPAN、Bluetooth、Wi-Fi、USB、RS232、RS485、802.3 等）的物联网节点数据，目前网关软件还没有足够的功能及标准接口收集来自这些异构节点的数据。如今，急需一个新型智能家庭物联网网关来解决上述难题，并取代现有的数字机顶盒、电信猫及智能家居网关，这将产生良好的经济和社会效益。

23.2　网关设计技术方案

如图 23-2 所示，我们设计并制作一种基于机顶盒的智能家庭物联网网关硬件，该硬件含有数字机顶盒模块、广域网数据通信模块、家庭电器管理模块、智能家居数据收集及控制模块等。该硬件可将家庭安全网络、家庭通信网络、家庭娱乐网络和家庭生活网络整合成统一管理的家庭物联网。同时，通过网关硬件及所开发的相关软件，可实现家庭中安全监控设备、电器、数据通信设备和娱乐设备相关的数据收集及智能控制，并可使用广域网数据通信模块将家庭物联网所收集的实时数据发到远程数据服务中心。

如图 23-2 所示，基于机顶盒的智能家庭物联网网关一个独特的创新之处是，它具有四种广域网数据通信接口、家庭电器管理接口和智能家居设备管理接口。通过这些接口，可以统一管理娱乐网络、通信网络、安全网络及生活网络 4 个子网。 四种广域网数据通信接口中的任一接口，都可以为家庭提供互联网上网和家庭娱乐功能，它们分别是 Wi-Fi 无线路由器硬件模块所具有的以太网接口、3G/4G 通信模块所提供的移动网络接口、社区公共电视天线系统（Community Antenna Television，CATV）模块所提供的上网接口和电信猫模块所提供的上网接口。

如果一个家庭只有传统的电话线接口，可以通过电信猫模块和 Wi-Fi 无线路由器模块提供家庭通信设备的上网功能，同时与 IPTV 模块结合提供高清电视功能。如果一个家庭只有有线电视 CATV 接口，而且该接口除了提供电视信号外，还可以提供网络通信，可以通过与 Wi-Fi 无线路由器模块协作提供家庭通信设备的上网功能及 IP 电话功能。如果一个家庭只有以太网接口，可以通过与 Wi-Fi 无线路由器模块协作提供家庭通信设备的上网功能、网络电视（Internet Protocol Television，IPTV）及 IP 电话功能。对于一个处于偏远之地的家庭，如果它没有 CATV 接口、没有电话线接口，也没有以太网接口，可以通过 3G/4G 通信模块及 Wi-Fi 无线路由器模块提供家庭通信设备的上网功能、IPTV 电视及 IP 电话功能。另外，通过家庭电器管理模块的无线或有线接口，可以将各种重要的家庭电器连接到网上，可实现远程管理空调、冰箱、洗衣机、微波炉、高压锅、电饭煲、电磁炉、热水器和咖啡炉等家用电器。再者，通过智能家居数据交换模块的相关接口，可以将监控摄像头、门磁探测器、火焰传感器、烟雾传感器和红外传感器等接入家庭管理网络，从而可以实现家庭安全的远程监控。

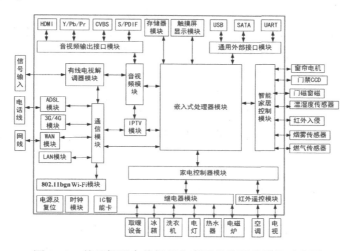

图 23-2　基于机顶盒的智能家庭网关的硬件模块示意图

同时，为基于机顶盒的智能家庭物联网网关硬件开发了相关的管理软件，软件架构如图 23-3 所示。所实现的功能模块包括 Web 服务模块、数据传输模块、嵌入式数据库模块、数据收集检验模块、网关/节点安全管理模块、感知接入协议适配模块和机顶盒数字电视功能模块。通过这些软件及硬件结合的功能模块，可以解决物联网网关所面临的另外 3 个难题：物联网网关缺乏高性能的数据传输管理、物联网节点缺乏自动注册管理、物联网网关缺乏统一标准接口来收集异构节点的数据。

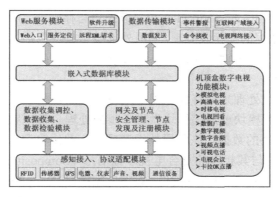

图 23-3　基于机顶盒的复合型网关的软件架构示意图

要解决物联网节点缺乏自动注册管理问题，可利用网关/节点安全及管理软件模块来实现；网关具有自动发现及注册接入网关的不同物联网节点的能力；该模块可监测网关及节点所受到的安全攻击；可根据来自数据服务中心的控制命令对网关及节点实施控制。

要解决缺乏统一标准接口来收集异构节点数据的问题，网关软件的数据收集及检验模块，提供了不同类型物联网节点所具有的共性建立标准软件接口，可快速收集异构化物联网节点的数据。这些异构化物联网节点包括监控摄像头、门磁探测器、火焰传感器、烟雾传感器、红外探测器、调光器、Wi-Fi 语音设备、Wi-Fi 视频设备及 Wi-Fi 传感器、视频设备、音频设备、冰箱、洗衣机、微波炉、空调、电灯、热水器、咖啡炉及仪表等。结合感知接入协议适配软件模块，可以使物联网网关收集来自不同技术标准（RFID、ZigBee、6LoWPAN、Bluetooth、Wi-Fi、USB、RS232、RS485、802.3 等）的物联网节点的数据。

要解决缺乏高性能的数据传输管理的问题，数据传输软件模块基于数据传输的动态特性，建立数学模型。一方面，它可对网关的广域接入实行动态管理；另一方面，该模块还用来管理网关的广域接入、事件警报及数据管理。数据管理主要负责将数据及时传送到数据服务中心，并同嵌入式数据库模块一起将滞后传输的数据进行暂时存储。同时，该模块还可以对暂时存储数据的多少、存储时间的长短及存储数据被重新传送的时机进行配置。

23.3　网关具体硬件实现

基于机顶盒的复合型网关的硬件平台框图如图 23-2 所示。图 23-2 表明，所制作的智能家庭物联网网关具有的主要硬件模块包括嵌入式处理器模块、有线电视解调器模块、音视频模块、音视频输出接口模块、IPTV 模块、非对称数字用户线路 ADSL 模块、通信模块、广域网（Wide Area Network，WAN）模块、局域网（Local Area Network，LAN）模块、802.11bgn Wi-Fi 模块、3G/4G 通信模块、家电控制模块、通用外部接口模块和智能家居控制模块等，这些模块的硬件实现及功能分别介绍如下。

嵌入式计算机集成模块是智能家庭物联网网关的心脏，它与存储器模块用来存储和运行软件系统，并对各个硬件模块进行控制。比如，CPU 可以为 700MHz 博通出产的 ARM 架构 BCM2835 处理器，内存为 512MB，操作系统可采用开源的 Linux 系统，比如 Debian、Fedora，Arch Linux、XBMC 或 Android 系统。该模块与存储器、触摸屏显示模块和通用外部接口模块相连，完成数据的交换及处理。通用外部接口模块包括 USB、SATA（Serial ATA）硬盘接口、和通用异步收发传输器（Universal Asynchronous Receiver/Transmitter，UART）接口。

有线电视解调器模块处理来自有线电视电缆或光缆的数据、声音及视频信号，经过处理的信号被输送到音视频模块或通信模块做进一步的处理。音视频模块处理来自有线电视解调器模块及 IPTV 模块的数据，恢复原始视音频流，并传输到音视频输出接口模块。音视频输出接口模块，通过与其相连的复合电视广播信号（Composite Video Broadcast Signal，CVBS）接口、数字色差分量（Y/Pb/Pr）接口、数字音频接口（Sony/Philips Digital Interconnect Format：S/PDIF）或 HDMI 接口，使音视频能够在电视上播放。IPTV 模块接收及处理来自网络的数字、语音和视频信号，并将处理后的信息输送到音视频模块做进一步的处理。

非对称数字用户线路 ADSL 模块，也称为电信猫模块，它可以实现在电话线上进行数据传输，从而可以提供互联网上网功能。3G/4G 模块可以提供基于移动网络的数据通信功能。当其他通信方式失败时，可以启动该模块功能。目前，常见的 3G 模块为联通 WCDMA、电信 EVDO 和移动的 TD-SCDMA，以及 FDD LTE 4G 模块和 TDD-LTE 4G 模块。WAN模块，可以对同楼宇的以太网网线进行连接，为家庭提供互联网服务。LAN 模块，一般为4 个 100/1000Mb/s 以太网接口，可以为家电的台式计算机、笔记本电脑、交换机和路由器等通信设备提供有线上网服务。802.11bgn Wi-Fi 无线路由器模块，可以为家庭内部的手机、平板电脑及笔记本电脑等设备提供无线上网服务，所支持的无线通信协议包括 IEEE 802.11b、IEEE 802.11g 和 IEEE 802.11n。

家电控制模块可以将家庭电器通过继电器模块或红外遥控模块管理起来。智能家居控制模块可以通过蓝牙、ZigBee、RFID、近场通信（Near Field Communication，NFC）、IR、HomePlug、X-10 及 LonWorks 等接口同智能家居设备相连，实现数据的收集及设备的控制。ZigBee 技术主要应用在短距离范围各种电子设备之间的数据传输，速率不高。蓝牙（Bluetooth）是用于无线数据与语音通信的一个开放的全球化标准，是一种短距离无线传输技术。蓝牙在本质上是一种具有蓝牙无线通信接口的固定设备或装置与移动蓝牙设备之间的无线短距离数据通信技术。RFID 无线射频识别技术的基本原理是利用射频信号和电磁耦合或雷达反射的传输特性，实现物体的自动识别。NFC 技术作为全新的近距离无线通信技术，具有独特的安全优势、能快速连接、成本低廉等特点。红外通信技术实现网关与电视、空调、机顶盒和音响等设备之间的数据交换及控制。HomePlug 是电力线通信相关的协议，它可提供高带宽并且保证带宽传输效率，可以保障网关与重要家庭设备之间的数据通信。X-10 是一种国际通用的电力载波协议，这种协议可以使家庭电器设备通过电力线传递控制信号，接收开关就可以通过电力线接收指令并产生相应的动作。Lonworks 是美国 Echelon 公司于 90 年代初推出的一种现场总线技术，负责介质访问控制、网络处理和应用处理。使用 Lonworks 接口，网关可以实现与楼宇自动化设备之间的数据交换及设备控制。

23.4　复合型智能家居网关服务

如图 23-4 所示，使用物联网网关硬件及软件可以实现娱乐网络、通信网络、安全网络及生活网络的智能化管理，并提供家庭监控服务、防盗防火报警服务、通信服务、家电控制服务、照明控制服务、窗帘自控服务和实时信息交换服务等。具体家庭物联网应用服务内容可以从以下四个方面进行描述。

（1）为家庭的各种设备提供统一的高清电视服务及互联网服务。基于机顶盒的智能家庭物联网网关具有四种广域网数据通信接口，通过其中的任一接口，都可以为家庭提供互联网上网和家庭娱乐功能。这四种接口分别是有线电视接口、电话线 ADSL 接口、WAN以太网接口和 3G/4G 接口。

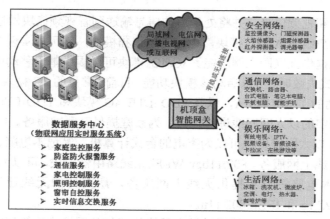

图 23-4　家庭物联网应用服务系统

（2）实现对家庭电器的联网及远程控制服务。通过家电控制模块，可以将各种重要的家庭电器连接到网上，可实现远程管理家庭的空调、冰箱、洗衣机、微波炉、高压锅、电饭煲、电磁炉、热水器和咖啡炉等家用电器。智能手机客户端应用程序，通过 Wi-Fi、Bluetooth及 NFC 短距离数据通信技术与家庭物联网网关装置进行数据交换，不但可以查询家庭内部所有设备的状态信息，而且还可以发送命令来控制家庭娱乐设备、安全监控设备、数据通信设备和电器设备。

（3）实现家庭监控及防盗防火报警服务。通过智能家居控制模块的相关接口，将监控摄像头、门磁探测器、火焰传感器、烟雾传感器和红外传感器等接入家庭管理网络，从而可以远程实现家庭安全的远程监控。网关可以自动发现及注册接入网关的不同物联网节点，使用标准软件接口，可快速收集异构化物联网节点的数据，并发送到数据服务中心。很多家庭物联网网关主动同 Web 服务器建立 TCP 连接，定时（每 1 秒 1 次、每 2 秒 1 次、每 5秒 1 次、每 10 秒 1 次、每 20 秒 1 次、每 30 秒 1 次或每 60 秒 1 次）向 Web 服务器发送其所收集的家庭内部的各种设备的状态数据。不同的家庭物联网网关可以采用不同的时间频率发送数据，而且网关发送数据的频率可以通过 Web 服务器的设备管理界面进行配置。智能手机远程管理应用程序，通过 Wi-Fi、3G/4G 无线通信技术与物联网网关信息化管理 Web服务器进行数据交换，达到查询本家庭的各种设备的状态数据及通过设备管理界面对家庭中的各种设备进行远程控制的目的。PC 远程客户端，通过登录物联网网关信息化管理 Web服务器，家庭用户可以查询本家庭的各种设备的状态数据及通过设备管理界面对家庭中的各种设备进行远程控制。

（4）数据服务中心提供远程家庭物联网信息化服务。架设于互联网上的物联网网关信息化管理 Web 服务器，用于接收并存储来自很多家庭的物联网网关的数据。数据服务中心Web 服务器通过 JavaEE、PHP、.Net 等 Web 服务器编程技术对来自所有家庭网关的数据进行智能化处理、展示及警报。每个家庭用户通过在 Web 服务器上所注册的账户，可以登录到服务器查询本家庭的各种设备的状态数据及通过设备管理界面对家庭中的各种设备进行远程控制。如果 Web 服务器长时间不能按照配置的频率从某个特定的家庭物联网网关接收到数据，这将被该系统判定为家庭物联网网关未开机、不在线或通信线路出现问题，相关警报信息将发送到该家庭用户的智能手机客户端或 PC 客户端。

23.5　小　　结

现有的家庭网关各自为政，只能提供一些简单的家庭信息化服务。这导致家庭网络中的 4 类子网分别处于孤岛状态，出现了设备冗余及难以管理的问题，还可能进一步造成水、电、气的浪费，甚至带来严重的经济和生命损失。基于机顶盒所开发的复合型网关可以将家庭的各种孤立网络统一管理起来，不但可保障家庭的安全居住环境，还为各种能源支出节约资金，一旦大规模推广应用，将产生显著的经济效益和社会效益。

思　考　题

1. 简介现代家庭主要使用的 4 个电子信息相关网络。
2. 简介当前家庭网关主要的数据传输方式。
3. 简介家庭网关所管理的物联网节点使用哪些技术标准。
4. 简介智能家庭物联网网关的功能模块。

案　　例

图 23-5 为一个基于复合型智能家居网关的物联网应用。复合型智能家居设备可实现对家庭中的安全监控设备、电器、数据通信设备、娱乐设备的监控，当数据发生异常时，发送警告信息给用户，以供用户及时做出处理。通过温湿度传感器、人体红外传感器、烟雾传感器、CO_2 传感器等节点采集数据发送到小区监控 PC 端和住户的 App 端，起到防火、防盗、煤气泄漏报警的作用，并且可以使用 App 实现对家用电器远程控制的功能。

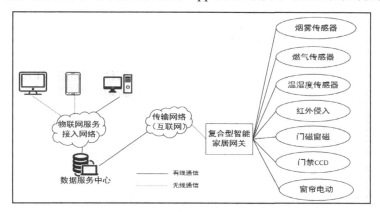

图 23-5　基于复合型智能家居网关的物联网应用

第 24 章　物联网网关设计趋势

学习要点

❑　了解物联网网关设计趋势。

❑　了解物联网网关面临的挑战。

❑　掌握物联网网关面临问题的解决方案。

❑　掌握物联网网关中间件设计原理。

24.1　物联网网关面临的挑战

物联网是在现有互联网、广电网及电信网的基础上，进一步把软硬件信息化技术应用到人类所关心的各种物体上，实现人与物、物与物之间的数据交换和智能化控制。目前，从世界范围来看，物联网应用仍然处于初级阶段，要实现高效益、规模化的发展，面临着很多挑战。物联网应用所涉及的硬件包括大型服务器、嵌入式计算机、RFID 标签、传感器及各种 M2M 仪表，这些硬件技术在国内外已基本成熟，其产品价格也大为降低。目前，国内外物联网应用的推广面临着几个方面的挑战，这些问题的解决有助于物联网应用的健康发展。

24.1.1　网关的广域接入网多协议难题

网关的广域接入涉及以太网、Wi-Fi、2G/3G/4G/5G、NB-IoT、802.3 等多种协议。如何保证这些协议间的自动切换和安全、高效的数据传输仍是网关软件所面临的一个难题。

24.1.2　网关数据收集标准接口难以统一

网关软件还没有足够的功能及标准接口收集来自不同技术标准（RFID、ZigBee、LoRa、Bluetooth、Wi-Fi、USB、RS232、RS485 等）的节点的数据。

24.1.3　网关数据有效性判断难题

由于受到环境及节点机械故障等因素的影响，来自物联网节点的数据有时会偏离真实值。 对于物联网应用，数据的真实性非常重要。如何精确判定来自异构节点的大量数据的有效性仍是一个有待解决的问题。网关还不具有可行的机理来快速判定来自不同节点数据的有效性。

24.1.4 网关滞后数据传输问题

物联网的应用往往涉及各种自然环境，比如远程高压环境下自动抄表、水库远程监控、煤矿安全监控、肉类远程运输监控等。这种情况下，网关与数据服务中心间数据传输所依赖的无线及移动通信网络并不可靠。网络时断时续，造成来自网关的数据不能及时传送到数据服务中心。目前还没有可靠的算法及软件来处理滞后传输的数据。

24.1.5 网关节点注册问题

在网关收集节点数据及将其传送到数据服务中心之前，各个节点必须事先在网关及数据服务中心注册。注册信息包括节点的名字、生产商、类型、数据特征及位置等。目前物联网节点的注册大多是靠手工输入来完成的。人工注册只适合涉及少数节点的物联网应用。对于涉及大量节点的物联网应用，网关需要快速发现其所管理的节点并将其注册。目前还没有有效的算法及网关软件自动发现节点并将其注册。

24.1.6 网关安全问题

在很多情况下，物联网网关及节点被安置在一些人类不易接近的地方，很容易遭到破坏及安全攻击。物联网应用的 M2M 节点大多为重要的涉及民生的高端机器设备或重要的家庭电器，在将它们联网后，若遭到黑客的攻击，将对国计民生造成巨大的损失。同时，物联网应用也涉及无人看管的无线传感器网络（Wireless Sensor Network，WSN），其可能受到不同的安全攻击：克隆或冒名顶替末端无线节点、拒绝服务（Denial of Service，DoS）攻击、伪造数据造成设备阻塞不可用、用机械手段屏蔽电信号让末端无法连接。目前还没有有效手段来阻止这些攻击。

24.2 网关面临问题的解决方案

对于基于网关的各种挑战，其解决方案涉及新型网关软件的开发。目前国内外各种网关软件的开发往往只基于某种特定的硬件产品及操作系统平台而开发。这些软件不但难以移植到其他的物联网应用，而且功能有限，大大增加了开发成本。

物联网网关的智能中间件可以用来解决这些问题。中间件是操作系统（包括底层通信协议）和各种应用程序之间的软件层。它的作用是建立软件模块之间的互操作机制，屏蔽底层环境的复杂性和异质性，为上层应用软件提供操作和开发环境，帮助用户开发和集成复杂的应用程序，操作软件灵活高效。中间件使开发的应用软件能够在不同的平台上顺利运行。

随着物联网应用的推广，针对当前物联网领域所存在的各种挑战，人们研发了各种新型的物联网网关及相关软件来满足实时了解与实时控制的需求。在硬件重复利用方面，如图 24-1 所示，PC/104-Plus 嵌入式主板叠加可以制作如图 24-2 所示的高性能智能物联网网关。

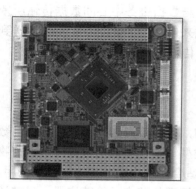

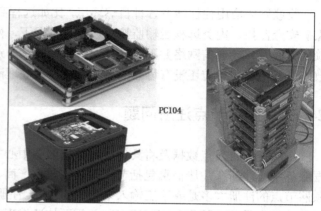

PC104

图 24-1　PC/104-Plus 嵌入式主板　　　　图 24-2　基于 PC/104 的高性能智能物联网网关

一个开源的物联网中间件平台应该具有容错性和高可用性。它具有以下特点：无须供应商锁定，它保证了企业范围内由不同组织和供应商开发和部署的工具、应用程序、产品和系统的无缝集成。开源中间件提高了生产率，加快了上市时间，降低了风险，提高了质量。由于能够重用推荐的软件栈、库和组件，采用开源中间件增强了与其他企业应用程序的互操作性。物联网中间件平台应支持开放 API、云部署模型，并具有高可用性。物联网中间件平台应支持主要的通信协议，如 MQTT、CoAP、HTTP、WebSockets 等。物联网中间件平台应支持不同的安全特性，如加密、认证、授权和审计。它应该支持 M2M 应用、实时分析、机器学习、人工智能、分析、可视化和事件报告等技术。

在物联网实施的各个阶段选择合适的中间件取决于多种因素，如企业规模、业务性质、发展和运营前景等。以下是一些基于物联网应用的开源中间件平台。

Kaa 是以平台为中心的中间件。它通过跨设备互操作性管理无限数量的连接设备。它执行实时设备监控、远程设备配置和配置、传感器数据的收集和分析。它具有基于微服务的可移植性、横向可扩展性和高可用性的物联网平台。它支持内部部署、公共云和混合部署模型。Kaa 是基于 Kafka、Cassandra、MongoDB、Redis、NATS、Spring、React 等开放组件构建的。

SiteWhere 也是以平台为中心的中间件。它提供设备数据的接收、存储、处理和集成，支持多租户、多协议。它与 Android、iOS 和多个 SDK 无缝集成。它是建立在开源技术栈之上的，比如 MongoDB、Eclipse-Californium、InfluxDB、HBase 等。

IoTSyS 是以平台为中心的行业专用中间件。它将 IPv6 用于非 IP 物联网设备和系统。它被用于智能城市和智能电网项目，使自动化基础设施智能化。IoTSyS 为传感器和执行器网络提供可互操作的 Web 技术。

DeviceHive 是一种云无关、基于微服务、以平台为中心的中间件，用于设备连接和管理。它能够通过 MQTT、REST 或 WebSockets 连接到任何设备。它支持大数据解决方案，如 ElasticSearch、ApacheSpark、Cassandra 和 Kafka，用于实时和批处理。

MainFlux 是以应用程序为中心的中间件，提供基于云的解决方案。它被开发为微服务，由 Docker 集装箱化，并与 Kubernetes 合作。该体系结构非常灵活，允许与企业系统（如 ERP、BI 和 CRM）无缝集成。它还可以轻松地与数据库、分析、后端系统和云服务集成。此外，它还支持 REST、MQTT、WebSocket 和 CoAP。

OpenRemote 是一种以应用程序为中心的中间件，用于连接任何设备，而不考虑供应商或协议，通过将数据点转换为智能应用程序来创建有意义的连接。它在家庭自动化、商业建筑、公共空间和医疗保健领域得到了广泛的应用。数据可视化与设备和传感器集成，并将数据转化为智能应用程序。

OpenIoT 是以应用程序为中心的开源中间件，用于从传感器获取信息。它结合了感知即服务（Sensing-as-a-Service），用于在云环境中部署和提供服务。

ThingsBoard 是一个开源的物联网平台，用于数据收集、处理、数据可视化和设备管理。它支持物联网协议，如 MQTT、CoA 和 HTTP，并支持内部部署和云部署。它具有水平扩展性，数据存储在 Cassandra 数据库、HSQLDB 和 PostgreSQL 中。

针对复杂的网关数据收集及传输问题，研发了一些基于 4G/Wi-Fi 的森林郁闭度检测设备。如图 24-3 所示，郁闭度检测设备是一款能让用户实时了解森林郁闭度的设备。该设备由树莓派、鱼眼摄像头、4G 无线路由器、太阳能板、移动电源和支架组成。将设备定点放置在森林中，由太阳能板以及移动电源进行供电，通过鱼眼摄像头进行实时拍照并使用 4G 移动通信将拍摄的图片上传到服务器。同时，该设备监测的具体指标是郁闭度、温湿度、光照、烟雾，提供给查看人员当前设备所在的位置，当前森林是否有人靠近。

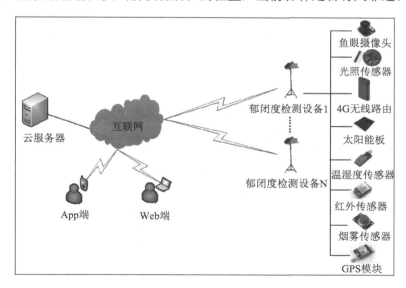

图 24-3　郁闭度检测设备网络拓扑图

如图 24-4 所示，用户能够绑定多台设备，并远程通过 Web 端或 Andriod 端进行查看绑定设备的拍摄图片。郁闭度检查智能网关，可实时对拍摄的林木图片进行识别。网关通过灰度化、二值化等算法对图片进行处理，进一步计算出所拍图片代表的森林郁闭度，从而直观了解森林树冠的闭锁程度和树木利用生活空间的程度。

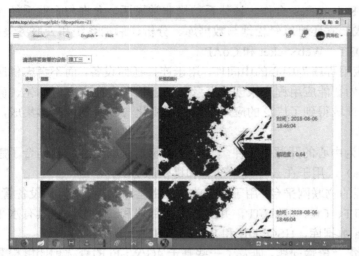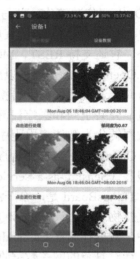

图 24-4　PC 端网页及手机 App 客户端监控界面

为解决复杂数据节点接口及数据传输方式的多样性及稳定性问题，出现了一些多数据收集接口及多传输接口的物联网网关产品。如图 24-5 所示，AMLink 平台是 ARM 物联网网关，是为智能终端设计的 Android 物联网基础平台。平台提供丰富的软硬件接口资源、完善的基础操作系统、稳定可靠的移动通信服务。在此基础上，用户可以快速方便地开发定制终端产品。

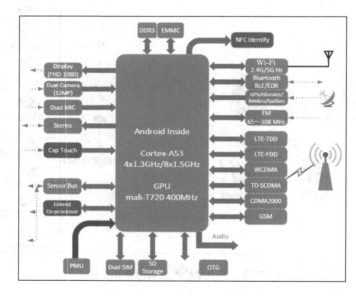

图 24-5　AMLink M100 物联网网关模块组成图

WebOP-2000G 是一个工业数据网关，内置 WebAccess/HMI 软件和 1GB 工业级数据存储 SD 卡。网关采用双电源输入，缩短停机时间，提高运行稳定性。WebOP-2000G 具有多功能 I/O 接口，可方便地连接 PLC、控制器、I/O 设备和 PC 或服务器进行数据传输。用户可以使用 WebAccess/HMI 设计器软件编辑程序，并在内置 WebAccess/HMI 运行时执行数据收集、交换和上传。

24.3　物联网网关中间件

目前，国内外物联网的发展面临着两个方面的巨大挑战：① 没有有效手段来完成海量数据的收集、检验、传输、存储、分析、处理及决策；② 没有合理方案来实施对物联网系统的高效维护及安全管理。开发当前还不存在的物联网网关智能化中间件是解决上述两个方面问题的有效手段。

24.3.1　中间件简介

中间件在应用软件开发中有许多优点。中间件提供的程序接口定义了一个相对稳定的高层应用环境，无论底层计算机硬件和系统软件如何升级，只要中间件升级，以及维护中间件的外部接口定义是不变的，就几乎没有任何应用软件的修改，从而保护了企业在应用软件开发和维护方面的重大投资。

中间件屏蔽了底层操作系统的复杂性。应用程序开发人员面对一个简单统一的开发环境，降低了程序设计的复杂性，只需专注于自己的业务，不必对不同的系统进行程序软件移植和重新设计。中间件提供的公共服务是应用程序公共功能的提取。它的好处是减少了系统开发的工作量。另外，应用程序开发人员更注重业务功能，这有助于提高软件质量。同时，中间件可以集成不同时期开发的应用软件和操作系统，使技术不断发展后，以前在应用软件方面的劳动成果仍然有用，节省了大量的人力和财力投入。另外，中间件提供的安全服务从通信、访问控制等多个层面保证了应用系统的安全特性。智能中间件的出现加速了各种网关应用软件的开发，大大降低了软件开发成本，有助于物联网应用的推广和健康发展。

24.3.2　物联网网关中间件模块

物联网网关智能化中间件，其主要功能模块如图 24-6 所示。网关智能化中间件主要的功能模块包括：数据收集模块、数据检验模块、数据传输模块、嵌入式数据库模块、Web 服务模块、网关/节点安全及管理模块、节点发现及注册模块。功能模块间的关系、功能模块所具有的功能及 API 是影响中间件总体效能的重要因素。

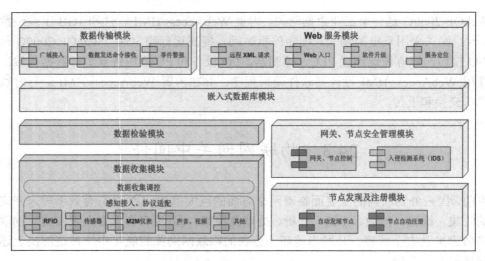

图 24-6　物联网网关智能化中间件主要功能模块

（1）物联网网关可以通过数据收集模块收集来自 RFID、各种接口传感器、M2M 仪表等的数据。

（2）数据检验模块可依靠不同的数学模型来高速判定数据的有效性。

（3）数据传输模块用来管理网关的广域接入、事件警报及数据管理。数据管理主要负责将数据及时传送到数据服务中心，并同嵌入式数据库模块一起将滞后传输的数据暂时存储于数据库中。存储数据的多少、存储时间的长短及存储数据重新被传送的时机将因物联网应用的不同而不同。

（4）嵌入式数据库模块负责建立各种表格来存储网关所涉及的各种类型的数据。此模块与网关中间件的其他所有模块相关联。

（5）Web 服务模块用来管理远程请求、当地及远程 Web 入口、软件升级及服务定位。

（6）网关/节点安全及管理模块，一方面具有对网关及节点控制和安全管理的能力，另一方面可监测网关及节点所受到的安全攻击。同时，此模块可根据来自数据服务中心的控制命令对网关及节点实施控制。

（7）节点发现及注册模块的功能将使网关自动化发现节点并将其注册。高效的自动化发现节点机理将是智能化中间件成功的关键。

24.3.3　Web 服务模块

Web 服务模块用来管理远程数据请求、本地及远程 Web 入口、软件升级及服务定位。Web 服务模块主要是通过嵌入式 Web 服务器来实现的，它是一个在嵌入式系统上实现的 Web 服务器，可以通过浏览器等去访问，对硬件要求稍微低一点。常见的嵌入式 Web 服务器主要包括 Boa、Thttpd、Mini_httpd、Shttpd、Lighttpd、Goahead、AppWeb。

1. Boa

Boa（Web 服务器）是一个开放源码的小规模 Web 服务器，适合于嵌入式应用程序，初始版本发表于 1995 年。最初由保罗·菲利普斯撰写，之前由拉里·杜利特和乔恩·尼尔森维护。Boa 在内部处理所有活动的 HTTP 连接，只为每个 CGI 连接打开新的进程（单独的进程）。因此，在相同的硬件上，Boa 更快。Boa 主要是为速度和安全而设计的，这意味着它不会受到恶意用户的危害，为了保证数据传输的保密性和安全性，可以添加 SSL。

2. Thttpd

Thttpd 是由 Acme 设计的一个复杂的开源 Web 服务器。它最初的目的是提供一个简单、小型、可移植、快速和安全的 HTTP 服务器。① Thttpd 功能简单。它只处理实现 HTTP/1.1 所需的最小值。② Thttpd 资源消耗小。它还有一个非常小的运行资源消耗，因为它不分叉，并且对内存分配非常精确。③ Thttpd 具有可移动性。它可以在大多数类似 Unix 的操作系统上清晰地编译，具体包括 FreeBSD、SunOS 4、Solaris 2、BSD/OS、Linux、OSF。④ Thttpd 运行快速。在典型的使用中，它的速度和最好的全功能服务器（Apache、NCSA、Netscape）差不多。在极限负荷下，速度要快得多。⑤ Thttpd 安全性较好。它能很好地保护 Web 服务器免受来自其他站点的攻击和入侵。⑥ 它还有基于 URL 流量的限制功能，这是目前其他服务器所没有的。此外，它还支持即装即用的 IPv6，不需要修补。

3. Mini_httpd

Mini_httpd 是一个小型的 HTTP 服务器。开源，其性能不强，但非常适合中小流量站点。Mini_httpd 和 Thttpd 都是由 Acme 实验室开发的软件，其功能不如 Thttpd 强大。Mini_httpd 实现了 HTTP 服务器的所有基本功能，包括对公共网关接口（Common Gateway Interface，CGI）功能的支持、对验证的基本功能的支持、对安全性的支持、对上级目录的支持、对一般多用途互联网邮件扩展类型（Multipurpose Internet Mail Extensions，MIME）的支持、对目录列表功能的支持。CGI 作为主页，支持虚拟主机的多个根目录、支持标准日志记录、支持自定义错误页，尾部斜杠重定向，可配置为 ssl/https 和 ipv6。

4. Shttpd

Shttpd 是一个开源的、轻量级的 Web 服务器，具有比 thttpd 更丰富的功能，支持 CGI、安全套接字协议（Secure Sockets Layer，SSL）、cookie、MD5 身份验证，并能嵌入现有软件中。最有趣的是，不需要配置文件。由于 shttpd 可以很容易地嵌入其他程序中，因此 shttpd 是 Web 服务器开发的理想原型。开发人员可以基于 shttpd 开发自己的 Web 服务器。

5. Lighttpd

Lighttpd 是一个具有安全性、速度、遵从性和灵活性的嵌入式 Web 服务器。与其他 Web 服务器相比，Lighttpd 内存占用较小，能够有效地管理 CPU 负载和高级功能集（fastcgi、scgi、auth、输出压缩、URL 重写等），是解决每台出现负载问题的服务器的最佳解决方案。最重要的是，它是在修订版的 BSD 许可下获得开源许可的。Lighttpd 为一些流行的 Web2.0 网站提供支持。它的高速 IO 基础设施使其在同一硬件上的扩展能力是在其他 Web 服务器上的几倍。它的事件驱动架构针对大量并行连接（保持活动）进行了优化，这对于高性能 Ajax 应用程序很重要。

Lighttpd 采用复用技术，代码优化、体积小、资源消耗低、响应时间快。利用 Apache 的重写技术，Lighttpd 被分配完成大量的 CGI/FastCGI 任务，充分利用两者的优势。现在服务器的负载已经减少了一个数量级，响应速度也增加了一个甚至两个数量级。Lighttpd 适用于静态资源服务，如图像、资源文件、静态 HTML 等，也适用于简单的 CGI 应用，Lighttpd 可以通过 FastCGI 轻松支持 PHP。

6. Goahead

Goahead webserver 是为嵌入式实时操作系统（rtos）量身定制的一种 webserver。它是一款适合物联网网关 Web 服务开发的网络服务器。Goahead Web 服务器是在设备管理框架上构建的。用户可以像部署标准 Web 服务一样部署其应用程序，而无须额外编程。Goahead web 服务器支持简单对象访问协议（Simple Object Access Protocol，SOAP）客户机、XML RPC 客户机、各种 Web 浏览器和单独的 Flash 客户机。Goahead webserver 支持一种活动服务器网页（Active Server Page，ASP）服务器端脚本语言，其语法形式与 Microsoft ASP 语法基本相同。Goahead webserver 是一种跨平台的服务器软件，可以在 Windows、Linux 和 MacOSX 操作系统上稳定运行。Goahead webserver 是开源的，这意味着可以随意修改 webserver 的功能。Goahead Web 服务器很小，编译时 WinCE 版本的大小小于 60KB，其输出通常面向小屏幕设备。

7. AppWeb

AppWeb 是下一代嵌入式 Web 服务器。它最初是为嵌入式开发而设计的。AppWeb 是一个快速、低内存使用、标准库、方便的服务器。与其他嵌入式 Web 服务器相比，AppWeb 具有功能多、安全性高的特点。AppWeb 简单、方便、开源。

24.3.4　数据收集模块

研究不同类型节点的共性，建立标准的数据采集模块。目前，国内外在标准硬件接口的建立方面做了大量的工作，如 IEEE 1451、智能仪器、智能传感器等，但在实际应用中，有许多具有各种非标准接口的物联网节点。

接口是对象之间交互的通道，协议是双方通信方式的契约，也属于接口定义的范畴。从功能层面看，传感器主要有两种接口，分别承担不同的任务。一种接口将物理层的传感器、执行器连接到网络层，定义为传感器接口标准，主要由 IEEE 1451 协议系列表示；另一种接口在网络层面工作，甚至在整个网络（如互联网）上处理传感器信息，为特定应用服务，定义为传感器网络框架协议，主要由 ogc-swe 表示。

面对传感器市场上总线接口不兼容、互操作性差的问题，国际电工电子工程师协会（IEEE 1451）成立了专门的专家组来制定 IEEE 1451 协议系列，以解决传感器的标准化问题。IEEE 1451 协议系列分为六个标准，该标准提供了连接到数字系统的发送器、传感器和执行器，尤其是网络，简化了发送器到微处理器和互联网的连接，为所有 KI 提供了行业标准接口。网络的 NDS，实现了有效领域多种智能传感器网络的互联、即插即用，最终实现了各传感器或执行器制造商的产品相互兼容。编写标准数据采集软件就可以采集不同传感器的数据，降低了传感器的数据采集总成本。

传感器网络支持（Sensor Web Enablement，SWE）已由开放地理空间信息联盟（Open Geospatial Consortium，OGC）正式提出，为上述问题提供了一个切实可行的解决方案。传感器网络是在一个通用的网络平台上，基于标准的网络服务协议和应用程序接口，实现这些独立的传感器网络的发现、访问和应用。实现协同、一致和集成的传感器数据采集、融合和分布式系统。SWE 将能够实时监测物理世界中正在发生的事情，从简单的固定位置温度计到精密的地球轨道卫星高光谱探测传感器，这些传感器将在不久的将来在一个统一的全球平台上实施。

24.3.5　数据检验模块

如果传感器数据采集过程中受到外在因素影响，将会造成数据的缺失或者失真。在物联网网关中，需要开发数据检验模块，使网关具备自诊断、自校验功能，当发生传感器硬件故障时，自动报警；数据传输过程中自动进行 CRC 数据校验。

一个传感器出现信息错误，数据检验模块自行采取如下措施：① 自动报警。② 自动综合分析其他传感器数据进行数据补偿，保证数据连续。例如，传感器的数据出现瞬间异常抖动、数据跃变、数据空白时，在设定的扫描周期内自行恢复，并综合相关传感器信息进行自动识别并屏蔽异常信息。

24.3.6　数据传输模块

对于具有多个不同广域接入协议的物联网网关，根据数据传输的特性及数学模型，对网关的广域接入实行动态管理。同时在网关软件开发经验的基础上，进一步研究处理物联网网关滞后传输数据的规律，同嵌入式数据库模块一起将滞后传输的数据暂时存储于数据库中。根据数据的特性建立动态的数学模型，来决定存储数据的多少、存储时间的长短及存储数据重新被传送的时机。

24.3.7　嵌入式数据库模块

嵌入式数据库是物联网网关的重要组成部分，也成为对越来越多的个性化物联网应用开发和管理而采用的一种必不可少的有效手段。嵌入式数据库的名称来自其独特的运行模式。这种数据库嵌入应用程序进程中，消除了与客户机服务器配置相关的开销。嵌入式数据库实际上是轻量级的，在运行时，它们需要较少的内存。它们是使用精简代码编写的，对于嵌入式设备，其速度更快，效果更理想。嵌入式运行模式允许嵌入式数据库通过结构化查询语言（Structured Query Language，SQL）来轻松管理应用程序数据，而不依靠原始的文本文件。嵌入式数据库还提供零配置运行模式，这样可以启用其中一个并运行一个快照。常用的嵌入式数据库包括 Progress、SQLite、eXtremeDB、mSQL。

Progress 在嵌入式数据库方面拥有世界上最大的市场份额，全球有超过 200 万人使用 Progress 应用程序，目前有超过 100000 个站点部署 Progress 产品。利用 Progress 嵌入式数据库，软件开发人员可以将 5000 多个业务应用程序移植到流行的操作系统。

轻量级数据库 Sqlite 主要包括 4 个功能。① 支持事件、无配置、无安装、无管理员；② 支持大多数 SQL92；③ 完整的数据库存储在磁盘上方的文件中，同一数据库文件可以在不同的计算机上使用；④ 整个系统的代码行少于 30000 行，内存占用不足 250KB（gcc），而且大多数应用程序比没有其他依赖关系的通用客户机/服务器数据库更快。

嵌入式数据库 ExtremeDB 内核以链接库的形式包含在应用程序中，其开销仅为 50～130KB。在嵌入式系统和实时系统中，ExtremeDB 自然地嵌入应用程序中，并且在终端用户不知情的情况下工作。ExtremeDB 的这种自然嵌入性对于实时数据管理至关重要。所有进程都可以直接访问 ExtremeDB 数据库，从而避免了进程间通信，消除了进程间通信的开销和不确定性。同时，ExtremeDB 独特的数据格式有利于程序的直接使用，消除了数据复制和数据转换的开销，从而缩短了应用程序的代码执行路径。

ExtremeDB 将数据以程序直接使用的格式保存在主内存中，这不仅消除了文件 I/O 的开销，而且消除了文件系统数据库所需的缓冲和缓存机制。结果是每个事务限制在一微秒或更少，比类似磁盘的数据库快数百倍。作为内存数据库，ExtremeDB 不仅具有很高的性能，而且具有很高的数据存储效率。为了提高程序的性能，方便程序的应用，ExtremeDB 中的数据不需要进行任何压缩，这是其他数据库无法想象的。

MSQL（mini-SQL）是一个单用户数据库管理系统，免费供个人使用、商业使用。用它开发的应用系统由于其简洁性，特别受到用户的青睐。MSQL 是一个小型的关系型数据库，性能不太好，对 SQL 语言的支持不完全，但可以满足一些网络数据库的应用需求。由于 MSQL 相对简单，运行简单的 SQL 语句比 MySQL 稍快，在线程和索引方面，运行复杂的 SQL 语句比 MSQL、PostgreSQL 等更快。

24.3.8　网关/节点安全及管理模块

1. 网关安全管理

物联网网关在物联网应用系统中具有承上启下的作用。一方面，网关直接通过物联网节点进行数据的收集和设备的控制；另一方面，网关将收集到的实时数据及时发送到物联网数据服务中心，并接收来自数据服务中心的控制命令。网关的安全对于保障物联网实时信息系统的高效稳定运行具有重要的作用。

随着物联网应用建设的全面启动，新安装了大量的网关，很多网关被安置在野外无人值守的地方，网关设备的物理安全成为物联网信息服务运营商关注的问题。可以利用一些特殊设施来保障网关的相对安全。比如，用防盗螺栓和螺母来固定网关设备，可以很好地保护网关的物理安全，为正常的物联网信息服务保驾护航。

物联网网关可能遭受来自物联网节点网络和物联网传输网络的安全威胁，这些威胁包括网络攻击、病毒和木马等。因此，需要增强网关的安全性能。这包括增强操作系统内核功能模块的安全、网关数据收集和数据传输模块的安全，进而提高网关抵御威胁的能力。同样，平时应该在物联网网关的运行方面给以足够的安全维护，包括网关的认证和访问控制、网关日志的管理和加强网关使用管理等。

对网关进行认证和访问控制，只有具有一定权限的用户才可以接入及登录网关。当有用户远程或直接登录网关时，要确定用户的合法性。同时，当有传感器节点接入传感网时，也要判断传感器节点是否是合法的访问节点。对于网关的日志，所需要审核及检查的内容包括业务数据安全检查记录和设备访问控制日志等，如发生安全事故，可以找到恶意行为发生的时间及对网关所造成的各种破坏。网关使用管理要保障网关操作人员只允许访问相应的网关控制和操作。同时，禁止任何人擅自改变网关运行参数，禁止网关使用任何未经授权的数据，禁止网关使用任何未经许可的数据传输接口，以防止外部网关计算机病毒感染。相关人员应对网关的数据进行定期备份，同时定期运行测试工具来检查硬盘的性能，避免硬盘损坏所带来的严重后果。

物联网网关信息安全所面临的主要威胁及对应的解决方案包括 6 个部分，分别叙述如下。第一，泄露网关密码，导致网关被非法占用。对于网关，不要将网关密码设为简单的生日、名字、电话以及相应的组合。第二，对于网关的硬件特别是硬盘，防止非法使用，这是因为如果非法人员得到网关，即使不登录系统也可能会发生硬盘数据被读取的情况，所以加密自己较为隐私的数据是非常有必要的。第三，使用合适的防病毒和防木马软件来监控网关，可避免网关被安装木马程序。第四，经常备份网关重要数据。第五，使用合适的防火墙，防范别人非法远程登录物联网网关。第六，当网关通过网络向数据服务中心发送数据时，采用超文本传输安全协议（Hypertext Transfer Protocol over Secure Socket Layer，HTTPS）、SSH、虚拟专用网络（Virtual Private Network，VPN）等合适的安全加密协议，保障数据的传输安全。

很多物联网网关使用宽带接入网，将数据传输到物联网数据服务中心，并接收来自物联网数据服务中心的各种指令。在很多物联网应用中，网关需要通过网络提供商提供的宽带接入网络进行数据传输，而这些宽带接入网络的管理权限在网络服务提供商的手中，如果网络提供商不能够提供安全的数据传输网络，物联网网关的接入网安全就很难得到保障，也使得网关遭受网络安全攻击的可能性大大增加。一些攻击者很容易从网上获得黑客工具，并利用这些攻击工具对物联网网关进行信息窃取、拒绝服务 DoS 攻击，造成网关设备不能正常工作。为了保证网关的安全运行，要加强同网络服务提供商的合作，采取各种安全措施，以保证物联网网关的正常运行。

2. 节点安全管理

与传统的网络相比，物联网节点往往被安装在无人值守的环境中来进行恶劣环境下的实时数据的采集和传输。由于缺乏对物联网节点的有效监控，使得这些节点变得更脆弱，面临更多的安全威胁。

物联网节点处于物联网的感知层，这些节点设备直接和各种物理环境接触。常见的典型物联网节点包括 RFID 设备、有线和无线传感器、摄像机、GPS 接收仪、激光扫描仪和各种仪表等。对于物联网的无线传感器节点群体传感网，它可以在较大区域内采集各种环境数据。传感网采用的是无线数据传输，传感网被部署在公共场所，如果缺乏有效的电磁波信号物理屏蔽保护措施，数据信息很容易被非法窃听。另外，在很多物联网应用中，大量的传感器和 RFID 装置被用来标记所监控的设备及监测设备的状态。同时，这些被监控的设备大多部署在无人值守的地方来完成任务。这导致攻击者可以很容易地接触这些被监控的设备，极可能对传感器或 RFID 设备进行损坏。节点物理安全管理的目的是保护物联网节点的硬件和通信链路不被自然灾害和人为破坏或窃听。这就需要采取各种手段，如锁、摄像头和电网等，来对物联网节点进行保护。

这里我们通过物联网的传感网节点来讲解一下物联网节点的功能安全问题。在受到攻击的情况下，一些传感网节点会表现出自私的行为，它们为了节省自己的能量，拒绝提供数据包转发服务，使整体传感网网络性能下降。对于基于传感网的物联网应用，传感网大都是由多种类型的传感器组成的，所收集的数据具有多样性、复杂性和实时性等特点，非常容易受到各种安全攻击。对于正常的传感网，很多节点作为中继节点和路由节点需要完成传感网数据接收和转发的任务。攻击者所使用的伪装节点可拒绝特定的数据转发，并将这些消息丢弃，使这些数据包无法传播。利用这种攻击，可以使传感网所收集的信息只能进行部分转发，很多时候这些攻击可以在没有被发现的情况下，来影响传感网的整体功能。一般来说，攻击者使用伪装的传感网节点加入传感网中，控制传感网的一个或多个节点，窃听传感网数据并对传感网实行 Sinkhole 攻击、女巫攻击和洪水攻击等。

物联网节点可遭受到的威胁包括信息传输威胁和信息篡改威胁。加强物联网节点的信息安全，可采取多种保护技术，这包括防火墙技术、病毒防治技术、访问控制技术和容侵容错技术。物联网感知层节点和设备部署在开放的环境和开放的电力供应环境下，并且由于节点及设备的处理能力和通信范围是有限的，而没有对节点的数据传输进行高强度的加密操作，导致物联网节点的数据传输缺乏复杂的安全保护能力，也会导致传感网中数据传输的中断，传输的信息被窃听、被伪造或篡改。攻击者将被修改的信息（如删除、替换信息的全部或部分）传输到物联网网关，以达到攻击的目的。对物联网节点数据传输的保护包括被传输数据的加密和节点接入传感网网络的认证密钥管理等手段。这些手段一方面可以确认合法性的数据交换过程，有效的交换信息，另一方面也不会给传感网的资源造成太大的负担。

24.3.9　自动发现节点模块

建立自动发现不同物联网节点的有效机制。对于涉及大量节点的物联网应用，网关需要快速发现其所管理的节点并将它们注册。开发网关软件模块可自动发现网络节点（交换机、路由器、服务器、计算机、PDA 等）、传感器（USB、RS232、TCP/IP 接口）及 M2M 仪表的经验，进一步研究目前各种物联网节点的接口数据输入及输出特性，开发出高效的自动发现节点的算法及机理。

24.4　小　　结

本章首先介绍了物联网网关面临的挑战，它包括网关的广域接入网多协议难题、网关数据收集标准接口难以统一、网关数据有效性判断难题、网关滞后数据传输问题、网关节点注册问题及网关安全问题。解决网关所面临的上述问题，需要开发物联网网关中间件，它主要包括 Web 服务模块、数据收集模块、数据检验模块、数据传输模块、嵌入式数据库模块、网关/节点安全及管理模块与自动发现节点模块的开发。

思　考　题

1. 简述网关的广域接入网多协议难题。
2. 简述网关数据收集标准接口难以统一的问题。
3. 简述网关数据有效性判断难题。
4. 简述网关滞后数据传输问题。
5. 简述物联网网关中间件的优点。
6. 简述网关智能化中间件的主要功能模块。
7. 简述常见的嵌入式 Web 服务器。
8. 简述常用的嵌入式数据库。

案　　例

图 24-7 为一个 Cisco IR1101 工业综合服务物联网网关。在这个动态的环境中，确保物联网部署的可预见性、安全性和灵活性至关重要。Cisco IR1101 为新一代物联网加固网关的模块化的案例。一个模块化和安全的网关提供了许多好处。① 坚固耐用：Cisco IR1101 设计坚固耐用，可在极端温度、湿度、振动和不稳定电源条件下，在极具挑战性的环境中实现不间断运行。所有物联网网关都要在正式、结构合理的环境中进行严格的温度测试，以模拟极端温度范围。② 安全性：思科物联网网关在所有级别都内置了安全性，从物理安全一直到应用程序级安全。Cisco IR1101 网关具有 Cisco Secure Boot 和 Cisco Trust Anchor 技术。Cisco Secure Boot 建立了从 micro loader 到 bootloader 再到操作系统的"信任链"，建立了软件的真实性。Cisco 提供多个 VPN 选项，如动态多点 VPN（DMVPN）、FlexVPN 等，专注于网络和其他目的地之间的安全数据传输。③ 模块化：一个设备的外形不仅仅是它的物理尺寸。它还包括形状、模块化配置和安装要求。这种设计元素的组合必须以正确的方式组合在一起，以形成未来就绪且易于扩展的物联网解决方案。模块化的外形能够升级到新的通信协议，如 5G、FirstNet 等，当它们可用时，避免了昂贵的撕毁和更换。④ 边

缘计算：Cisco 物联网网关提供了一个被称为 Cisco IOx 的应用基础架构框架，使应用程序能够在边缘运行。边缘计算通过及时提供快速和可操作的分析，为第一响应者和灾难工作者提供了能力。它可以有效地处理时间紧迫的分析，并及时生成报告，而不会在网络的进一步发展中遇到瓶颈。

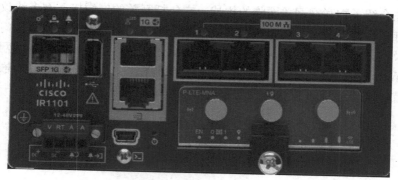

图 24-7　Cisco IR1101 工业综合服务物联网网关

第 25 章　物联网网关中间件开发

学习要点

- ❑ 了解物联网网关中间件的开发用途。
- ❑ 掌握数据的采集与存储方法。
- ❑ 掌握数据传输过程的实现方法。
- ❑ 了解数据显示过程。

25.1　物联网网关中间件简介

物联网网关数据处理中间件的实现，对于来自不同数据源的硬件设备，只要中间件中存在设备的类型，就可以实现设备的即插即用效果，大大减少了代码量，这是很好的解决方案，有利于软件开发的稳定性和可靠性。中间件充当服务提供商和服务消费者之间的代理。它是位于应用程序和对象之间的软件层。它也是一个中介接口，使互联网和"事物"之间的交互成为可能。它隐藏了物联网系统的设备、组件和技术之间的异构性。中间件为经常遇到的问题提供解决方案，如互操作性、安全性和可靠性。以下是中间件的重要特性，它们可以提高设备的性能。

① 灵活性：这个特性有助于建立更好的连接性，从而改善应用程序和事物之间的通信。中间件具有不同种类的灵活性。例如，响应时间、更快的进化和变化。② 透明性：中间件从应用程序和对象两个方面隐藏了许多复杂性和体系结构信息细节，这样两者可以用任何一方最少的知识进行通信。③ 互操作性：此功能允许互连网络上的两组应用程序在协议、数据模型和配置上有意义地交换数据和服务。④ 平台可移植性：物联网平台应该能够随时随地与任何设备进行通信。中间件运行在用户端，可以独立于网络协议、编程语言、操作系统等。⑤ 可重用性：此特性通过修改系统组件和资产以满足特定需求，使设计和开发变得更容易，从而提高成本效益。⑥ 可维护性：可维护性有一个容错近似值。中间件有效地实现了可维护性，扩展了网络。⑦ 安全性：中间件应该为无处不在的应用程序和普遍的环境提供不同的安全措施。身份验证、授权和访问控制有助于验证和问责。

如图 25-1 所示，本章基于 X86 工控机网关，开发了数据处理中间件来即插即用收集来自不同物联网的节点数据，然后通过无线网络传输到数据服务中心。

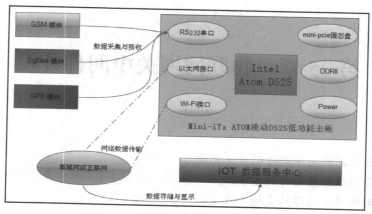

图 25-1　为 X86 工控机网关开发中间件

25.2　开发环境搭建

这里所采用的 Linux 操作系统是 Debian 6。下载 Unetbootin 软件，用来生成 Linux 类软件的 U 盘启动安装盘，下载地址：http://unetbootin.sourceforge.net/。下载 Debian 网络安装工具 boot.img.gz、initrd.gz、vmlinuz。如图 25-2 所示，格式化 U 盘为 FAT32 格式，使用 Unetbootin 软件将 boot.img.gz 直接写入 U 盘中。然后，将 initrd.gz、vmlinuz、debian-6.0.3-i386-netinst.iso 复制到 U 盘中。

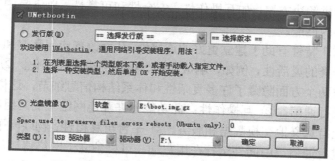

图 25-2　Unetbootin 将 boot.img.gz 写入 U 盘

如图 25-3 与图 25-4 所示，启动安装 Debian 系统界面，选择以图形界面方式安装。

图 25-3　X86 工控机 Debian 操作系统安装引导界面

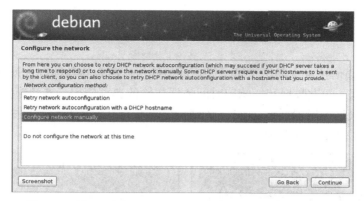

图 25-4　X86 工控机 Debian 操作系统安装手动配置网络界面

如图 25-5 所示，X86 工控机 Debian 操作系统安装选择 China 网络包镜像的配置界面，这一步之后，一直选择默认设置，等待系统安装完成即可。

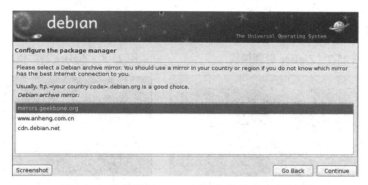

图 25-5　安装选择 China 网络包镜像的配置界面

等待上述系统安装完成之后，安装 wpa_supplicant 可用来配置 Wi-Fi 无线网络，配置命令如图 25-6 所示。

```
#aptitude install wpa_supplicant
    配置无线网络
#vi /etc/network/interfaces
    auto lo
    iface lo inet loopback
# Wireless interfaces
# eth1: wireless interfaces
    auto eth1
    iface eth1 inet dhcp
    wireless_mode managed
    wireless_essid qianrushi
    wpa-driver wext
    wpa-conf /etc/wpa_supplicant.conf
# vi /etc/wap_supplicant.conf
    ctrl_interface=/var/run/wpa_supplicant
    ctrl_interface_group=0
    ap_scan=1
    fast_reauth=1
    eapol_version=1
network={
    ssid="qianrushi"
    psk="aa123456"
    priority=5
}
```

图 25-6　X86 工控机配置 Wi-Fi 无线网络

25.3　物联网节点介绍

ZigBee 无线通信技术主要用于短、低功耗与低传输速率的各种电子设备之间的数据传输，以及周期数据、间歇数据和低响应时间数据传输的典型应用。本章选择的 ZigBee 高度传感器、ZigBee 火焰传感器通过 ZigBee 无线网络将数据传输到物联网网关。本实例所采用的设备如图 25-7～图 25-10 所示。

图 25-7　ZigBee 射频模块

图 25-8　ZigBee 基站模块

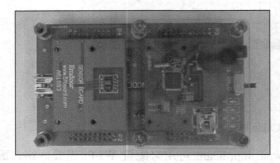

图 25-9　基于 ZigBee 的物联网节点模块

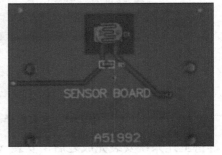

图 25-10　ZigBee 传感器模块

GPS 是全球定位系统的简称。随着 GPS 系统的不断完善和软件的不断更新，目前 20km 范围内的相对静态定位和快速的静态定位测量只需 15～20 分钟。本项目使用的 GPS 设备如图 25-11 所示。

图 25-11　GPS 设备实物图

如图 25-12 所示，本实例采用的 GSM 为 GPRS Modem，它可以收/发短信、接通/断开语音通话等。

图 25-12　GSM 设备实物图

25.4　数据的采集与存储

数据采集端程序运行在物联网网关上，为了能够有效地完成中间件的功能，当设备接入串口时，依据串口对各种设备的不同回应来进行设备的自动识别。在本节中，数据收集实现流程如图 25-13 所示。

本项目中的 3 种数据源分别是 GPS、ZigBee 传感器和 GSM。每种数据源发送到串口的数据包协议不同，例如 ZigBee，当串口读取 ZigBee 数据时，以 16 进制进行显示时，将会得到如下以 372430 开头的数据包，具体的数据包协议如图 25-14 所示。

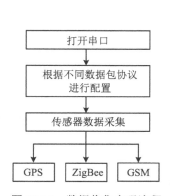

图 25-13　数据收集实现流程

	字段	长度	字节序	备注
包头	包头标志	1 字节		SOP1: 0x37
	硬件类型	2 字节	BE	0x24 0x30
	包负载长度	2 字节	BE	LEN: DATA 段长度
数据	传感器类型	2 字节	BE	定义见表 1.1
	下一跳节点的 ID	2 字节	BE	如果节点是直接和基站通讯的该字段应该同最初发送信息节点的 ID 是一致的，否则说明该节点的数据是被其他节点转发到基站的，并且这个字段的值就是首先转发的节点的 ID
	最初发送信息节点的 ID	2 字节	BE	
	顺序号	2 字节	BE	保留，默认是 0x00 0x00
	跳数	1 字节		
	传感器数据	(包负载长度-9)字节	BE	
校验	校验码	1 字节		PCS: 为前面除包头标志外所有字节异或的结果

图 25-14　ZigBee 基站与网关通信协议

本项目所使用的 GPS 接收器根据 NEMA0183 协议接收 GPS 数据。NEMA-0183 协议定义了许多语句，但只有$gpgga、$gpgsa、$gpgsv、$gprmc、$gpvtg、$gpgll 等是常用的或最兼容的语句。以$gpgga 为例，收到的数据如下：

$GPGGA,175056.000,3402.1525,N,11710.8684,W,1,08,0.9,461.2,M,-32.5,M,0000*65

在上述数据中$GPGGA 为语句 ID，它表明该语句为 GPS 定位信息，各字段说明如下。

（1）"175056.000"为 UTC 时间，格式为 hhmmss.sss，代表时分秒格式；

（2）"3402.1525"为纬度，其格式为 ddmm.mmmm，度分格式（前导位数不足则补 0）；

（3）"N"为纬度，N 为北纬，S 为南纬；

（4）"11710.8684"为经度，其格式为 dddmm.mmmm，度分格式（前导位数不足则补 0）；

（5）"W"为经度方向，E 表示东经，W 代表西经；

（6）"1"代表 GPS 的状态，0=未定位，1=非差分定位，2=差分定位，3=无效 PPS，6=正在估算；

（7）"08"代表正在使用的卫星数量（00～12）（前导位数不足则补 0）；

（8）"0.9"代表 HDOP 水平精度因子（0.5～99.9）；

（9）"461.2"代表海拔高度（-9999.9～99999.9）；

（10）"-32.5"代表地球椭球面相对大地水准面的高度；

（11）差分时间表示从最近一次接收到差分信号开始的秒数，如果不是差分定位将为空。

由上可知，ZigBee 的数据包协议与 GPS 的数据包协议不同，最后还有 GSM 设备，GSM 短信猫不自动进行数据的收发。如何判别 GSM 的数据是串口自动识别技术的关键部分，本文中采用的判别方式流程如图 25-15 所示。

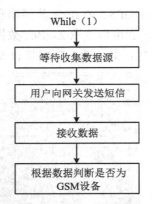

图 25-15　GSM 设备的判别流程图

数据采集主要是通过串口来实现，Linux 下的串口编程往往和终端处理联系在一起，因为串口通常连接主机和终端设备。为了便于数据的采集与解析，经过多次的测试，本节对串口终端的设置如图 25-16 所示。

| ZigBee 数据：$c\_cc[VTIME]=0, c\_cc[VMIN]=17$ |
| GPS 数据：$c\_cc[VTIME]=0, c\_cc[VMIN]=65$ |
| GSM 数据：$c\_cc[VTIME]=0, c\_cc[VMIN]=2$ |

图 25-16　串口终端的设置

本节通过 ZigBee 无线网络对火焰、海拔和温湿度无线传感器进行数据采集。其中，火焰和海拔的数据解析相对简单，只需将十六进制显示的数据转化为十进制即可，温湿度传感器的数据采集相对复杂，主要步骤如下。

（1）将收集到的数据转换为十六进制字符串进行显示，并将温湿度的值转为 10 进制形式；

（2）根据温度计算公式计算温度的值；

（3）根据相对湿度计算公式计算相对湿度的值；

（4）湿度值 = 相对湿度 + 温度补偿值。

举例如下：假设收到的数据包为：372430000D0001000500050000011a8707ec

根据数据解析协议，该串的数据长度为 0D～09 个字节，也就是 4 个字节，据协议可知，数据为 1a8707ec，可推出前两个字节为温度数据值，后 12 位为湿度数据值，然而这并不是真实的温湿度的值。按照上述步骤，首先，将温度的值转换为十六进制 1a87 转为 10进制数值，结果是 6791，湿度的值转换后是 2028。温度的转换系数及计算公式如图 25-17所示。

Temperature $= d_1 + d_2 \bullet SO_T$				SO_T	$d_2[℃]$	d_2 [℉]
VDD	$d_1[℃]$	$d_1[℉]$		**14bit**	0.01	0.018
5V	-40.00	-40.00		**12bit**	0.04	0.072
4V	-39.75	-39.55				
3.5V³	-39.66	-39.39				
3V³	-39.60	-39.28				
2.5V³	-39.55	-39.19				

图 25-17　温度转换系数及计算公式

根据图 25-17 所示的公式，取 4V 的 VDD 进行计算，将值 6791 代入公式得到：−39.75+0.01×6791=28.16，可得到当前的温度为 28.16℃。湿度的值 = 相对湿度 + 温度补偿系数，相对湿度的计算公式如图 25-18 所示。

$RH_{linear} = c_1 + c_2 \bullet SO_{RH} + c_3 \bullet SO_{RH}^2$			
SO_{RH}	c_1	c_2	c_3
12 bit	-4	0.0405	$-2.8 * 10^{-6}$
8 bit	-4	0.648	$-7.2 * 10^{-4}$

图 25-18　相对湿度的计算公式

由上述公式，取 12bit 的系数进行计算，将 2028 代入公式进行计算，可得到相对湿度为 66.62。湿度真实值计算公式如图 25-19 所示。根据公式，可计算出最终湿度的值为 67.16。

$RH_{true} = (T_{℃} - 25) \bullet (t_1 + t_2 \bullet SO_{RH}) + RH_{linear}$		
SO_{RH}	t_1	t_2
12 bit	0.01	0.00008
8 bit	0.01	0.00128

图 25-19　真实湿度值计算公式

GSM 规范对短消息传输定义了三种控制协议：二进制协议（块模式）、基于字符的命令接口协议（文本模式）和基于字符的协议数据单元（Protocol Data Unit，PDU）模式。其中，文本模式是使用 AT 命令传输文本数据的接口协议。该模式适用于非智能终端、终端仿真器等，作为 GSM 模块通信的协议语言，AT 命令负责向串行口发送控制命令。常见的 GSM AT 命令如表 25-1 所示。

表 25-1　常见的 GSM AT 命令

AT 命令	功　　能
AT+CMGC	Send an SMS command（发出一条短消息命令）
AT+CMGD	Delete SMS message（删除 SIM 卡内存的短消息）
AT+CMGF	Select SMS message formate（选择短消息信息格式：0-PDU；1-文本）
AT+CMGL	List SMS message from preferred store（列出 SIM 卡中的短消息 PDU/text: 0/"REC UNREAD"-未读, 1/"REC READ"-已读, 2/"STO UNSENT"-待发, 3/"STO SENT"-已发, 4/"ALL"-全部的)
AT+CMGR	Read SMS message（读短消息）
AT+CMGS	Send SMS message（发送短消息）
AT+CMGW	Write SMS message to memory（向 SIM 内存中写入待发的短消息）
AT+CMSS	Send SMS message from storage（从 SIM 内存中发送短消息）
AT+CNMI	New SMS message indications（显示新收到的短消息）
AT+CPMS	Preferred SMS message storage（选择短消息内存）
AT+CSCA	SMS service center address（短消息中心地址）
AT+CSCB	Select cell broadcast messages（选择蜂窝广播消息）
AT+CSMP	Set SMS text mode parameters（设置短消息文本模式参数）
AT+CSMS	Select Message Service（选择短消息服务）

　　为了能够发送汉语，本章采用了 PDU 模式进行内容发送，PDU 模式发送短信举例如下：假设现在需要发送"你好"字符串给手机号码为 15280555615 的用户，短信猫中手机卡的服务中心号码为 13800598500，要定义的编码串 Msg 初始为空，操作步骤如下。

　　（1）Msg +="089168"：固定串，08 表示后面号码为 8 个字节，9168 是国际形式 "+86"的表示方式；

　　（2）Msg+= "3108508905F0"：编码串加上两两交换后的服务中心号码，第 11 位以 "F"进行替代；

　　（3）Msg+="11000D9168"：固定串，将后面的手机号码设置为国际形式；

　　（4）Msg+="5182505516F5"：将用户手机号码两两交换后，第 11 位以"F"进行替代；

　　（5）Msg+="0008AA"：00 表示 GSM 协议，08 表示 PDU 模式，AA 表示有效期为永久；

　　（6）Msg+="044f60597d"："你好"的 unicode 编码为 4f60697d，之前的 04 代表发送内容的长度；

　　（7）Msg+=0x1A；0x1A 代表的是输入结束的意思。

　　PDU 模式发送短信流程如图 25-20 所示。

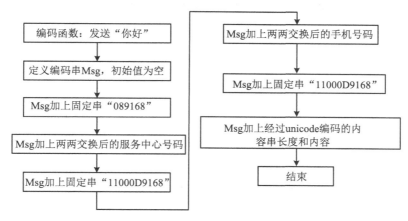

图 25-20　PDU 模式发送短信流程

综上，可得到要发送"你好"内容的字符串编码为：

Msg = 0891683108508905F011000D91685182505516F50008AA044F60597D->

以上要发送内容进行编码后，那么发送的命令如下：首先向短信猫发送"AT+CMGF=0\r"来设置发送内容为 PDU 模式；接着向短信猫发送"AT+CMGS=19\r"，19 是除短信中心号码长度外的所有长度，也可以这么进行计算，固定要发送的长度为 15，发送内容长度为 4，两者相加也可计算出结果；最后，我们将接收到">"这个符号来提示我们需要将编码串进行输入，如果操作超时的话，那么将会产生"Error"的错误，操作成功的话，将会返回 OK。

GSM 短信读取有两种情况：① 读取到的是全英文字符串，那么读取的内容需要使用7bit 解码进行转换；② 读取到的是非全英文字符串，那么读取的内容需要使用 UCS2 解码进行转换。本章中配置的环境为 English，因此主要针对读取英文短信，解码流程示例如下：假设接收到的原语串即 strMsg 为：

"0891683108706105F0040D91685129563107F30000806090806392230 6E8329BFD0E01"。

由于短信原语串的可变内容为短信内容，而短信内容在原语串的最末尾，所以短信原语串中很多数据，例如对方电话号码可以在固定的位置读取出来。短信语句的解析包括以下 4 个步骤。

（1）将短信内容和时间等数据提取出来。所提取的字符串 strData 为 "00008060908063922306E8329BFD0E01"；

（2）将发送短信的电话号码提取出来。所提取的字符串 strnumber 为"5129563107F3"，使用一个 for 循环将 strnumber 转换成正常格式的电话号码为"15926513703"；

（3）进一步从短信内容 strData 中提取时间字符串 strdate 为"806090806392"，使用一个 for 循环将 strdate 转换为正常格式"08-06-09 08:36:29"；

（4）提取短信内容的原语串 strSrc 为"E8329BFD0E01"，获得该短信的编码方式nType 为"00"，并判断为 7 位解码形式，如果不是"00"则使用 PDU 格式解码。使用Bit7 Decode（strSrc）函数转换成正常格式，解码出来即为"hello!"。7bit 解码函数实现代码如图 25-21 所示。

```
int GSMDecode7bit(const unsigned char *pSrc,char *pDst,int nSrcLength)
{
    int nSrc = 0,nDst = 0, nByte = 0;
    unsigned char nLeft = 0;
    while(nSrc<nSrcLength)
    {
        *pDst = ((*pSrc <<nByte) | nLeft) & 0x7f;
        nLeft = *pSrc >> (7-nByte);
        pDst++;   nDst++;   nByte++ ;
        if(nByte == 7)
        {
            *pDst = nLeft;
            pDst++;
            nDst++;
            nByte = 0;
            nLeft = 0;
        }
        pSrc++;
        nSrc++;
    }
    *pDst = 0;
    return nDst;
}
```

图 25-21　7bit 解码函数

短信解码流程如图 25-22 所示。

```
┌──────────┐
│  解码函数  │
└──────────┘
      │
      ▼
┌────────────────────────────────────────┐
│ 获得短语原语串长度，并将其从Qstring格式转成int格式 │
└────────────────────────────────────────┘
      │
      ▼
┌────────────────┐
│   获得短信原语串   │
└────────────────┘
      │
      ▼
┌──────────────────────────────────┐
│ 从短信原语中读出发信人的号码，并转换成正常格式 │
└──────────────────────────────────┘
      │
      ▼
┌──────────────────────────────────┐
│ 从短信原语串中读取发送时间，并转换成正常格式 │
└──────────────────────────────────┘
      │
      ▼
┌──────────────────────────────────┐
│ 从短信原语串中提取编码方式，并由此选择解码成正常格式 │
└──────────────────────────────────┘
      │
      ▼
┌──────────┐
│   结束    │
└──────────┘
```

图 25-22　短信解码流程

SQLite3 是一个 ACID 关系数据库管理系统，它包含在一个相对较小的 C 库中，与常见的客户机/服务器范式不同。SQLite3 引擎不是与程序通信的单独进程，而是与程序连接的主要部分。因此，主要的通信协议是编程语言中的 API 调用。操作主要基于 SQLite3 提供的库函数，主要功能如图 25-23 所示。

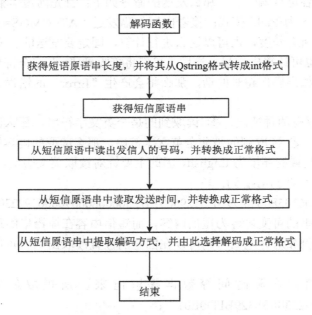

```
sqlite3_open:  打开数据库
sqlite3_exec:  使用 SQL 语句来执行数据库
sqlite3_close:  关闭数据库
向数据库中插入记录示例：
char *Msg = NULL;
strcpy(sql, 插入语句);
sqlite3_exec(db,sql,0,0,&Msg);
```

图 25-23　SQLite 3 数据库主要操作函数

25.5　数据传输过程

　　本数据传输客户端是网关，主要用 C 程序实现，而服务器端，使用的是 Java 的应用程序。为了保证传输的可靠性，本节将网络传输部分在线程中实现，数据传输使用 TCP/IP 协议。在 Linux 中的网络编程是通过 Socket 接口来进行的。套接字（Socket）是一种特殊的 I/O 接口，也是一种文件描述符。Socket 是一种常用的进程之间通信机制，通过它不仅能实现本地机器上的进程之间的通信，而且通过网络能够在不同机器上的进程之间进行通信。

　　每个 Socket 由相关描述协议、本地地址、端口表示；完整的套接字由相关描述协议、本地地址、本地端口、远程地址、远程端口表示。Socket 还有一个类似于打开文件的函数调用，它返回一个整数套接字描述符。通过 Socket 建立连接、数据传输和其他操作。常见的 Socket 有流套接字、数据报套接字和原始套接字。本文采用流式 Socket 传输，主要结构体如图 25-24 所示。

```
struct sockaddr
{
    unsigned short sa_family;  /*地址族*/
    char sa_data[14];   /*14 字节的协议地址，包含该 Socket 的 IP 地址和端口号 */
};
struct sockaddr_in
{
    short int sa_family;  /*地址族*/
    unsigned short int sin_port;  /*端口号*/
    struct in_addr sin_addr;  /* IP 地址 */
    unsigned char sin_zero[8];  /*填充 0 以保持与 struct sockaddr 同样大小 */
};
```

图 25-24　Socket 数据传输主要结构体

数据传输过程实现主要编程流程图如图 25-25 所示。

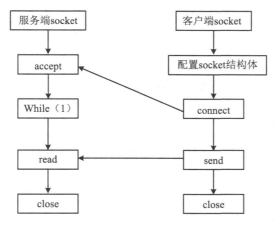

图 25-25　Java 服务端与 C 程序实现客户端之间通信流程图

　　为了保证网关数据传输的高效性，本项目采用线程方式进行编写，当网关请求服务端连接成功时，网关将要发送的内容交给线程进行处理，线程处理的过程如图 25-26 所示。

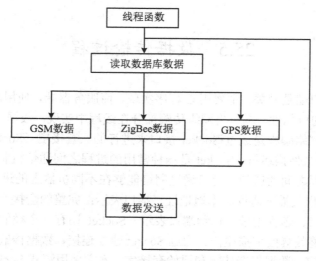

图 25-26　网关线程发送数据流程

　　服务端（Java）处理数据部分将数据库的操作单独使用一个类实现，数据库存储从网络接收过来并进行处理过的数据，关键函数如图 25-27 所示。

　　使用 Socket 编程进行网络数据接收的操作，其中关键的函数操作如图 25-28 所示。

```
public static Connection getConn() {
     //返回数据库的连接实例
}
public static Statement getStatement(Connection conn) {
     //根据连接来创建 SQL 语句执行类对象
}
Public static ResultSet getResultSet(Statement stmt,String sql) {
     //取得结果集实例
}
```

图 25-27　数据处理关键函数

```
while (true) {
    if(recvMessage.startsWith("ZigBee")){
        //进行 ZigBee 数据接收的操作
    }
    else if(recvMessage.startsWith("GPS")){
        //进行 GPS 数据接收的操作
    }
    else if(recvMessage.startsWith("GSM")){
        //进行 GSM 数据接收的操作
    }
};
```

图 25-28　Socket 网络数据接收函数操作

25.6　数据显示过程

　　为了使收集到的数据能够友好地显示在屏幕上，本节采用了 Java Web 的方式对数据服务中心的数据进行显示。该数据服务中心系统主要包括以下几个部分：系统登录界面（见图 25-29）、火焰传感器数据表（见图 25-30）、GPS 海拔传感器数据表（见图 25-31）、传感器日志记录数据表（见图 25-32）、GPS 数据定位信息（见图 25-33）及 GSM 短信息（见图 25-34）。

图 25-29　系统登录界面

图 25-30　火焰传感器数据表

图 25-31　GPS 海拔传感器数据表

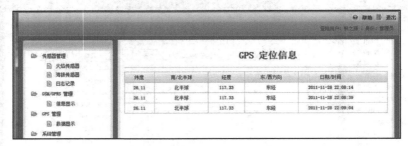

图 25-32　传感器日志记录数据表

图 25-33　GPS 数据定位信息

图 25-34　GSM 短信息

25.7　小　　结

本章以主流语言 C 语言、Java 开发语言、SQLite3 和 MySQL 为网关开发了数据收集中间件，它可自动识别设备，并实现数据收集、存储及传输。为避免传输过程中的传感器数据丢失，不能及时传输的数据可以存储于网关的 **SQLite3** 嵌入式数据库中。

思 考 题

1. 简述 ZigBee 无线通信技术的应用。
2. 简述本章中的 3 种数据源。
3. 简述本章温湿度传感器的数据采集及处理的主要步骤。
4. 简介 SQLite3 数据库及 3 个主要库函数。

案 例

一个开源的物联网应用中间件模型如图 25-35 所示。物联网通过分层架构将信息的虚拟世界与设备的真实世界相结合。据 Statista 预测，到 2025 年全球物联网设备的总安装基数将达到 754.4 亿台。随着数十亿台设备产生数万亿字节的数据，需要异构物联网设备管理和应用程序支持。这需要对现有体系结构进行改造，需要确定与行业无关的应用中间件，以解决物联网解决方案的复杂性、未来的变化、物联网与移动设备的集成、各种机械、设备和平板电脑等设备的复杂性。

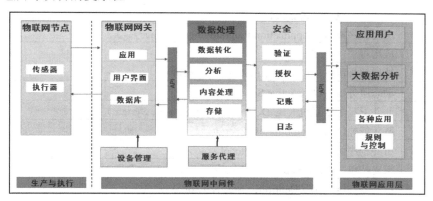

图 25-35　物联网应用中间件模型

第 25 章　源代码

附录　英文简称

英文简称	中、英文全称
μC/OS	微控制器操作系统（Micro-Controller Operating Systems）
3G	第三代（3rd Generation）
3GPP	第三代合作计划（3rd Generation Partnership Project）
4G	第四代（4th Generation）
5G	第五代（5th Generation）
A/D	模数转换器（Analog/Digital）
AAA	认证授权记账（Authentication Authorization Accounting）
ACID	原子性一致性隔离性持久性（Atomicity Consistency Isolation Durability）
ACK	确认（Acknowledge）
ADC	模/数转换器（Analog-to-Digital Converter）
ADSL	非对称数字用户线路（Asymmetric Digital Subscriber Line）
ADSL	非对称数字用户线路（Asymmetric Digital Subscriber Line）
AJAX	异步 JavaScript 和 XML（Asynchronous Javascript And XML）
AP	无线接入点（Access Point）
API	应用程序接口（Application Programming Interface）
App	应用程序（Application）
ARP	地址解析协议（Address Resolution Protocol）
ASP	动态服务器网页（Active Server Page）
BDS	北斗卫星导航系统（BeiDou Navigation Satellite System）
BLE	蓝牙低能耗（Bluetooth Low Energy）
BOOTP	引导程序协议（Bootstrap Protocol）
BSP	板支持包（Board Support Package）
CAN	控制器局域网络（Controller Area Network）
CATV	社区公共电视天线系统（Community Antenna Television）
CCD	电荷耦合器件（Charge Coupled Device）
CCS	代码调试器（Code Composer Studio）
CGI	公共网关接口（Common Gateway Interface）
CMOS	互补金属氧化物半导体（Complementary Metal Oxide Semiconductor）
CPU	中央处理器（Central Processing Unit）
CRC	循环冗余校验（Cyclic Redundancy Check）
CSMA/CA	载波监听多路访问/冲突避免方法（Carrier Sense Multiple Access/Collision Avoidance）
CVBS	复合电视广播信号（Composite Video Broadcast Signal）
DBB	动态低音提升（Dynamic Bass Boost）

英 文 简 称	中、英文全称
DCS	分散控制系统（Distributed Control System）
DDR	双倍速率（Double Data Rate）
DHCP	动态主机分配协议（Dynamic Host Configuration Protocol）
DNS	域名解析服务器（Domain Name Server）
DoS	拒绝服务（Denial of Service）
EEPROM	带电可擦可编程只读存储器（Electrically Erasable Programmable Read only Memory）
EJB	企业 Java Beans（Enterprise Java Beans）
EME	电磁辐射（Electromagnetic Emission）
EMS	电磁抗干扰（Electro Magnetic Susceptibility）
EOS	嵌入式操作系统（Embedded Operating Systems）
ERP	企业资源计划即（Enterprise Resource Planning）
FDD	频分双工（Frequency Division Duplexing）
GCC	GNU 编译器套件（GNU Compiler Collection）
GND	地线（Ground）
GPIO	通用型之输入输出（General-Purpose Input/Output）
GPRS	通用无线分组业务（General Packet Radio Service）
GPS	全球定位系统（Global Positioning System）
GSM	全球移动通信系统（Global System for Mobile Communications）
GUI	图形用户界面（Graphical User Interface）
HAL	硬件抽象层（Hardware Abstract Layer）
HDMI	高清多媒体接口（High Definition Multimedia Interface）
HLR	归属位置寄存器（Home Location Register）
HSS	归属用户服务器（Home Subscriber Server）
HTML	超文本标记语言（HyperText Markup Language）
HTTP	超文本传输协议（HyperText Transfer Protocol）
HTTPS	超文本传输安全协议（Hypertext Transfer Protocol over Secure Socket Layer）
I/O	输入/输出（Input/Output）
ICMP	Internet 控制报文协议（Internet Control Message Protocol）
ICSP	在线串行编程（In-Circuit Serial Programming）
IEEE	电气和电子工程师协会（Institute of Electrical and Electronics Engineers）
IGMP	Internet 组管理协议（Internet Group Management Protocol)
IL	指令表编程语言（Instruction List）
IoT	物联网（Internet of Things）
IP	互联网协议第四版（Internet Protocol）
IPC	工控机（Industrial Personal Computer）
IPTV	网络电视（Internet Protocol Television）
IPv4	互联网协议第四版（Internet Protocol Version 4）

英 文 简 称	中、英文全称
IPv6	互联网协议第六版（Internet Protocol Version 6）
JDBC	Java 数据库连接（Java Database Connectivity）
JDK	Java 语言软件开发工具包（Java Development Kit）
JSP	动态网页技术（JavaServer Pages）
LAN	局域网（Local Area Network）
LCD	液晶显示器（Liquid Crystal Display）
LED	发光二极管（Light Emitting Diode）
LTE	长期演进技术（Long Term Evolution）
M2M	机器到机器（Machine to Machine）
MAC	媒体存取控制位址（Media Access Control Address）
MCU	单片机（Microcontroller Unit）
MES	制造执行系统（Manufacturing Execution Systems）
MIME	多用途互联网邮件扩展类型（Multipurpose Internet Mail Extensions）
MPEG	动态图像专家组（Moving Pictures Experts Group）
MSP430	混合信号处理器 430（Mixed Signal Processor 430）
NB-IoT	窄带物联网（Narrow Band Internet of Things）
NFC	近场通信（Near Field Communication）
NMOS	N 型金属氧化物半导体（N-Metal-Oxide-Semiconductor）
NTC	负温度系数（Negative Temperature Coefficient）
NXP	荷兰恩智浦半导体（NXP Semiconductors）
OEM	原始设备制造商（Original Equipment Manufacturer）
OFDMA	正交频分多址（Orthogonal Frequency Division Multiple Access）
ORM	对象关系映射（Object Relational Mapping）
OSI	开放式系统互联（Open System Interconnect）
PBS	相位缓冲段（Phase Buffer Segment）
PC	个人计算机（Personal Computer）
PCB	印制电路板（Printed Circuit Board）
PCI	外设部件互连（Peripheral Component Interconnect）
PDA	掌上电脑（Personal Digital Assistant）
PDF	可移植文档格式（Portable Document Format）
PIC	可编程接口控制器（Programmable Interface Controllers）
PICMG	外设部件互连工业计算机制造商集团（PCI Industry Computer Manufacture Group）
PLC	可编程逻辑控制器（Programmable Logic Controller）
PPP	点对点协议（Point to Point Protocol）
PPSM	个人便携式系统管理者（Personal Portable Systems Manager）
PPT	演示文稿软件（Powerpoint）
PSoS	硅上便携式软件（Portable Software on Silicon）

英 文 简 称	中、英文全称
PTS	传播时间段（Propagation Time Segment）
PWM	脉冲宽度调制（Pulse Width Modulation）
RFID	射频识别（Radio Frequency Identification）
RISC	精简指令集（Reduced Instruction Set Computer）
ROM	只读存储器（Read-Only Memory）
RS232	推荐标准 232（Recommended Standard 232）
RS485	推荐标准 485（Recommended Standard 485）
RTOS	实时操作系统（Real Time Operating System）
RXD	接收数据（Receive Data）
S/PDIF	数字音频接口（Sony/Philips Digital Interconnect Format）
SCADA	监控和数据采集系统（Supervisory Control And Data Acquisition）
SCM	单片机（Single Chip Microcomputer）
SJW	再同步补偿宽度（reSynchronization Jump Width）
SMS	短消息业务（Short Messaging Service）
SOAP	简单对象访问协议（Simple Object Access Protocol）
SPI	串行外设接口（Serial Peripheral Interface）
SQL	结构化查询语言（Structured Query Language）
SRAM	静态随机存取存储器（Static Random-Access Memory）
SS	同步段（Synchronization Segment）
SSH	安全外壳协议（Secure Shell）
SSID	服务集标识（Service Set Identifier）
SSL	安全套接字协议（Secure Sockets Layer）
ST	结构化文本编程语言（Structure Text，ST）
STM32	意法半导体 32 位处理器（STMicroelectronics 32-Bit Processor）
SWE	传感器网络支持（Sensor Web Enablement）
TCP	传输控制协议（Transmission Control Protocol）
TD	时分（Time-division）
TDMA	时分多址（Time Division Multiple Access）
TD-SCDMA	时分同步码分多址（Time Division-Synchronous Code Division Multiple Access）
TTL	晶体管-晶体管逻辑（Transistor-Transistor Logic）
TXD	发送数据（Transmit Data）
UART	通用异步收发传输器（Universal Asynchronous Receiver/Transmitter)
UDP	用户数据报协议（User Datagram Protocol）
URL	统一资源定位符（Uniform Resource Locator，URL）
USB	通用串行总线（Universal Serial Bus）
VCC	供电电压（Volt Current Condenser）
VPN	虚拟专用网络（Virtual Private Network）

英 文 简 称	中、英文全称
VRTX	多工即时执行系统（Versatile Real-Time Executive）
WAN	广域网（Wide Area Network）
WCDMA	宽带码分多址（Wideband Code Division Multiple Access)
WDT	加权数据发送器（Weight Data Transmitter）
Wi-Fi	无线保真（Wireless Fidelity）
WSN	无线传感器网络（Wireless Sensor Network）

参 考 文 献

[1] 阿呆. Blue Coat：复合型 Web 安全网关提供云安全[J]. 通讯世界，2009（12）：66.

[2] 查宏超，王琪，高进可. 基于树莓派和 OpenCV 的深度学习人脸检测和性别年龄预测方法的研究[J]. 科学技术创新，2020（9）：72-73.

[3] 常留学，黄志成. 基于 Arduino 的车辆防酒驾系统设计[J]. 汽车实用技术，2019（24）：130-132.

[4] 陈博行，马俊，方卫强. 基于 MSP430F149 的智能温度采集系统设计[J]. 自动化与仪器仪表，2020（4）：93-96.

[5] 陈昉. 气象短信接口网关设计[J]. 中国新通信，2016（21）：65.

[6] 陈凯旋，周世恒，陈涛. 基于 Arduino 与 OneNET 云平台的简易智能家居系统设计[J]. 物联网技术，2019（12）：88-90+93.

[7] 陈丽芬，叶迅凯，赵鹏. 一种多协议互操作智能网关的实现[J]. 家电科技，2020（2）：92-97.

[8] 陈瞳. 基于单片机的智能家居照明控制系统设计[J]. 山西大同大学学报（自然科学版），2020（1）：18-21.

[9] 陈玮. 一种基于 ARM 和 Boa 的智能车库网关设计[J]. 无线互联科技，2019（10）：53-54.

[10] 陈岩申，周治虎. 基于 FPGA 和嵌入式工控机的 PC104 主板检测系统[J]. 湖北工业大学学报，2018（5）：17-20.

[11] 陈振东，杨飞帆. 树莓派在物理实验教学中的应用[J]. 物理通报，2020（3）：93-96.

[12] 崔炳辉，薛吉. 基于 ARM 的电机远程运维云网关的设计[J]. 电子测量技术，2019（20）：15-19.

[13] 崔昊明，王艳红. 基于树莓派的无人监控避障船[J]. 国外电子测量技术，2020（3）：139-142.

[14] 崔奇，张金花，佘勃. 基于 STC89C51 单片机的车载酒精含量自检系统设计[J]. 农业装备与车辆工程，2019（12）：44-46.

[15] 单根立，董沛森. 基于工业 PC 和 PLC 的圆形电连接器与多芯电缆自动焊接设备设计[J]. 机床与液压，2020（2）：94-97.

[16] 丁家盛. 大棚黄瓜高产栽培技术要点[J]. 云南农业科技，2020（1）：29-31.

[17] 丁梦遥，魏霞. 基于单片机操作平台的数据采集网关的设计[J]. 现代电子技术，2019（1）：28-32.

[18] 豆海利，陈晓飞，杨寒. 基于 S12X 系列双核单片机的 Flexray-CAN 总线网关的设计与实现[J]. 现代电子技术，2019（18）：22-26+31.

[19]　范皓然. 基于 STM32 的实验室智能安全综合控制系统[J]. 集成电路应用，2019（12）：23-24+27.

[20]　方国康，李俊，王垚儒. 基于深度学习的 ARM 平台实时人脸识别[J]. 计算机应用，2019（8）：2217-2222.

[21]　冯源，豆海利，赵刚. 基于 S12X 系列双核单片机的 CAN 网关设计[J]. 计算机测量与控制，2016（1）：191-195.

[22]　甘礼福，彭博齐，邓金海. 基于 STM32 实验室环境监测系统的研究与设计[J]. 轻工科技，2020（3）：65-68.

[23]　高亚旭，张榕佐，兰西柱. 面向智慧农业的复合型 LoRa 网关[J]. 中国科技信息，2019（Z1）：97-99+12.

[24]　顾硕. 当 5G 技术与工控机相遇[J]. 自动化博览，2019（11）：3.

[25]　顾小祥，周杰，杜景林. 基于气象观测无线传感网多协议网关系统设计[J]. 信息技术，2015（10）：9-13.

[26]　郭宇光. 5G 网络时代工业物联网面临的挑战与对策[J]. 数字通信世界，2020（3）：35+21.

[27]　韩琛晔. 基于 STM32 嵌入式微处理器的农业气象物联网数据采集系统设计[J]. 现代电子技术，2020（5）：10-13+18.

[28]　韩泽坤，赵帆，侯晓健. 基于 AT89c51 开发 PM2.5 监测预警系统设计[J]. 科技展望，2016（13）：160.

[29]　何丹，万美琳，王德志. 一种基于卡尔曼滤波器的智能手机姿态估算算法[J]. 湖北大学学报（自然科学版），2020（1）：98-102+108.

[30]　侯敬熙. 基于树莓派、IoT 平台和 AppInventor 构建职业院校物联网技术实验教学环境研究[J]. 无线互联科技，2020（5）：29-30.

[31]　金袭，林玲，俞扬峰，等. 基于 GIS 的区域小型水库群移动智慧管理系统研发[J]. 人民珠江，2020（4）：108-116.

[32]　金小艳，王忠春，范国林. 基于轻量化安全协议的物联网安全网关技术实现[J]. 通信技术，2020（2）：469-473.

[33]　蓝青，吴培鹏，贝煜星. 基于电阻应变片的电子秤设计与实现[J]. 电子技术，2018（6）：40-42.

[34]　李德勇. 5G 终端业务的发展趋势及技术挑战[J]. 现代工业经济和信息化，2020（2）：11-13+16.

[35]　李驹光. 工业物联网的挑战及柔性工业服务器[J]. 电子产品世界，2020（4）：23.

[36]　李玲，武仁杰，郭晓玲. 基于 ZigBee 及 ARM9 的无线传感器网络实验装置研究[J]. 河北北方学院学报（自然科学版），2018（11）：4-9.

[37]　李茜，姜秀柱，谷新尧. 嵌入式复合型工业总线网关的 CAN 口设计[J]. 微计算机信息，2008（26）：33-35.

[38]　李文，刘庚，杨世全. 基于微信控制的智能家居系统设计[J]. 电子世界，2019（24）：

184-185.

[39] 李小丽. 基于树莓派的吊瓶监测自动报警系统[J]. 电脑与信息技术, 2020（2）：42-44.

[40] 李新梅. 基于 AT89C51 的甲醛污染检测与处理系统[J]. 信息技术与信息化, 2014（2）：76-77.

[41] 李新忠. 大棚黄瓜种植及病虫害防治技术[J]. 河南农业, 2020（5）：31.

[42] 李研, 黄凤辰, 严锡君. 基于 ARM11 的物联网网关设计[J]. 微型电脑应用, 2018（5）：40-43+49.

[43] 李艳丽, 蔡冬玲. 基于 Arduino 平台的物联网网关设计[J]. 单片机与嵌入式系统应用, 2017（9）：73-77.

[44] 李泽山, 郭改枝. 基于树莓派和 Ardunio 的 Wi-Fi 远程控制智能家居系统设计[J]. 现代电子技术, 2019（24）：167-171+175.

[45] 李正国, 林煜, 周国友. 基于物联网的车辆远程监测及预警系统[J]. 电子世界, 2019（8）：126-127.

[46] 林嘉涛, 李玉. 基于云计算的物联网安全问题探讨[J]. 信息安全研究, 2020（4）：373-376.

[47] 林志伟, 徐冠华, 吴森洋. 基于树莓派的三维打印上位机控制系统[J]. 实验技术与管理, 2019（6）：114-118.

[48] 刘持标, 陈泉成, 李栋, 等. 大型养猪场健康养殖智能化监控系统设计与实现[J]. 物联网技术, 2015（8）：57-63+66.

[49] 刘春澍, 王英强, 张文浩. 基于 C51 单片机的智能鞋的设计与实现[J]. 电脑知识与技术, 2020（9）：246-247.

[50] 刘道霞. 大棚温室黄瓜栽培与管理技术[J]. 农业工程技术, 2019（35）：88+91.

[51] 刘贺, 翟云云, 马思梦. 数字表型与精神疾病的研究进展[J]. 神经损伤与功能重建, 2020（4）：221-223.

[52] 刘辉席, 杨祯, 朱珠. 基于 LoRa 物联网技术的实验室安全监测系统的设计与实现[J]. 实验技术与管理, 2019（7）：243-247.

[53] 刘骏. 物联网技术在实验室安全监测系统中的应用[J]. 绍兴文理学院学报（教育版）, 2019（1）：110-114.

[54] 刘胜男, 张英乐. 基于 SHT11 的温湿度控制系统设计[J]. 集成电路应用, 2020（4）：154-156.

[55] 刘彦江. 探讨 AT89C51 单片机在无线数据传输中的应用[J]. 电子元器件与信息技术, 2020（1）：33-34.

[56] 刘玉芬, 郭志雄, 陈裕通. 机场智能驱鸟系统中的网关设计[J]. 计算机测量与控制, 2020（3）：192-196+200.

[57] 龙承念. 区块链赋能可信智能物联网：现状及挑战[J]. 城市轨道交通, 2020（3）：8-10.

[58]　卢宇. PLC 技术在电气工程及其自动化控制中的应用[J]. 电子技术与软件工程，2019（9）：143-144.

[59]　吕吉光，吴杰. 基于智能手机声信号哈密瓜成熟度的快速检测[J]. 食品科学，2019（24）：287-293.

[60]　吕文秀. 大棚黄瓜种植及病虫害防治技术[J]. 农业开发与装备，2019（3）：189+209.

[61]　马荣祥. 一种智能家居系统复合型网关的设计[J]. 电子测量技术，2010（4）：91-93.

[62]　马颖，田野，周翔. 对通用工业物联网网关的设计与评测研究[J]. 信息记录材料，2020（2）：179-181.

[63]　苗传海，潘静，张超. 基于 CMPP 协议的气象灾害预警短信网关接口系统设计与实现[J]. 安徽农业科学，2010（4）：2194-2196.

[64]　潘国飞，王伟超，武凤珍. 基于树莓派的交互式绿植养护系统设计[J]. 南方农机，2020（5）：14-16.

[65]　庞敏. 在工业炉设计中计算机辅助设计的有效应用分析[J]. 工业加热，2019（3）：64-66+73.

[66]　彭天然，张梅. 基于 LoRa 的纺织车间监测系统设计[J]. 电子世界，2020（6）：175-176.

[67]　齐晓辉，吴建飞，李润泽. 基于 MSP430 锂电池管理系统的设计与实现[J]. 电源技术，2020（3）：381-385.

[68]　钱海，贾松江，杨飞. 基于移动互联的继电保护设备智能运维技术研究[J]. 智慧电力，2019（11）：60-66.

[69]　邱锡宏，秦玉利. AMOS-6000 工控机多屏显示的设计及应用[J]. 铁路计算机应用，2019（5）：37-40.

[70]　全斐. 基于 MSP430g2553 的多路温度巡检系统[J]. 中国仪器仪表，2020（3）：56-61.

[71]　任动，倪刚，温宁红. 利用智能手机外接温度传感器改进中和热的测定实验[J]. 广东化工，2019（23）：126-127+135.

[72]　沙益夫. 基于 AT89C51 单片机控制的动态血压监测系统设计[J]. 中国医学装备，2018（6）：7-11.

[73]　沈灿钢. 基于工控机设计的工程车内空气质量检测系统[J]. 内燃机与配件，2018（23）：227-229.

[74]　沈翔. 基于 S3C2440 的智能家居网关设计[J]. 信息通信，2019（12）：69-70.

[75]　盛杨博严. 基于 SPI 总线的 Arduino 显示与控制模块设计[J]. 单片机与嵌入式系统应用，2020（3）：74-76+80.

[76]　史文飞，孙珅，赵冬. 基于智能手机的足底压力监测系统设计[J]. 医疗卫生装备，2019（12）：10-13+21.

[77]　宋孟华，曹金龙，鲍成伟. 基于 ARM 和 FPGA 的远程实验系统研究[J]. 机械与电子，2019（6）：19-21+27.

[78]　宋孟华，王斌，王泽. 基于 ARM 和 FPGA 的嵌入式实验平台设计[J]. 工业仪表与

自动化装置，2019（2）：40-43.

[79] 孙路强，徐小远，高也. 基于 NB-IoT 技术地震台站智能网关安全技术研究[J]. 网络安全技术与应用，2020（2）：126-127.

[80] 孙鑫. 基于树莓派的创新实训课程设计[J]. 科技风，2020（12）：90.

[81] 覃煜焱，李纬良，方鹏飞. 基于 STM32 的实验室空气监测与净化系统设计[J]. 电子设计工程，2019（24）：94-98.

[82] 佟忠正，孙旸子. 基于开源平台的物联网网关电路负载均衡实验设计[J]. 信息技术，2020（3）：95-98+103.

[83] 王辉明，项新建，郑永平. 基于 ZigBee 和组态王软件的养猪场环境监控系统[J]. 浙江科技学院学报，2019（6）：457-463.

[84] 王江波，常璐瑶，杨昆. 基于树莓派的双目测距技术研究[J]. 仪表技术，2020（3）：36-39.

[85] 王锦，起建凌，朱润云. 智能手机对农业技术传播与推广的影响[J]. 河南农业，2019（35）：58-59.

[86] 王瑞莹. Blue Coat 复合型 Web 安全网关为企业提供更低 TCO 的持续威胁防护[J]. 网络安全技术与应用，2009（12）：14.

[87] 王小红. 基于 STM32 的车祸自动报警系统设计[J]. 黑龙江交通科技，2019（12）：142-143+146.

[88] 王毅璇，刘伟. 核控领域工控机网关通信软件的设计与实现[J]. 电子元器件应用，2010（7）：64-66.

[89] 王昭智，梁碧伦，熊章钧. 基于 STM32 单片机的原型车数据采集系统[J]. 科学技术创新，2020（5）：70-71.

[90] 王政皓，王宏甲，王嘉琦. 基于 Arduino 小型激光雕刻机的研究与设计[J]. 制造技术与机床，2020（3）：35-38.

[91] 魏秋兰，翁寅生，代新雷. 基于 STM32 单片机的汽车涉水报警系统的设计[J]. 汽车实用技术，2019（6）：60-63+80.

[92] 吴斌烽. 基于微服务架构的物联网中间件设计[J]. 计算机科学，2019（S1）：580-584+604.

[93] 吴峰，郑海英，李大鹏. 黄瓜大棚环境参数监控系统的设计[J]. 中国设备工程，2018（8）：131-133.

[94] 吴恒，肖恰，廖小健. 基于物联网技术的高校实验室安全监测系统设计[J]. 物联网技术，2019（7）：24-26.

[95] 吴泉源. 网络计算中间件[J]. 软件学报，2013（1）：67-76.

[96] 吴伟坚，陈世国. 基于 ARM-Linux 的多网物联网关的设计与实现[J]. 电子世界，2018（10）：119-120+123.

[97] 向俞鸿，周豪，毕美华. 基于 STM32 和物联网云平台的植物培养设备的设计[J]. 大众科技，2020（1）：14-17.

[98] 谢铄涵，刘煜，王锟. 基于 STM32 的实验室智能插座设计[J]. 电子世界，2020，1（4）：110-111.

[99] 徐雍倡，石学文，王子健. 基于 Zigbee 通信技术的智能家居系统设计[J]. 科学技术创新，2020（5）：55-56.

[100] 许静. 智能手机在高职"互联网+"课堂教学中的实践和探索[J]. 福建茶叶，2020（4）：243.

[101] 薛丹丹，董万鹏，潘群. 基于 Cortex-A8 单片机 ZigBee 无线传感网关设计[J]. 上海工程技术大学学报，2016（2）：155-159.

[102] 杨本玉，朱伟兴，王东宏. 基于 OPC 技术的养猪场实时监控系统设计[J]. 低压电器，2008（7）：30-33.

[103] 杨慧，丁志刚，郑树泉. 一种面向服务的物联网中间件的设计与实现[J]. 计算机应用与软件，2013（5）：65-67+121.

[104] 杨久强. 猪疫病监测与养猪场疫病防控对策[J]. 畜牧兽医科学（电子版），2019（16）：32-33.

[105] 杨倩，林佳纯，李松权. 实验室智能安全监控预警系统设计[J]. 大学物理实验，2019（3）：68-71.

[106] 杨颖慧，黄齐兴，徐建. 基于 MSP430 的智能窗户设计[J]. 信息技术与信息化，2020（1）：23-25.

[107] 姚文俊，杨加东. 基于 STM32 的汽车安全及灯光系统设计[J]. 南方农机，2020（5）：154-156.

[108] 叶长榄. 一种设施农业物联网网关的设计[J]. 机电技术，2020（1）：33-36.

[109] 余巧书. Keil C51 通用精确延时程序设计[J]. 科技风，2020（10）：24-25.

[110] 郁培贤. 规模化养猪场重大疫病监测及综合防控措施[J]. 今日畜牧兽医，2019（9）：12.

[111] 张福生，边杏宾. 物联网中间件技术是物联网产业链的重要环节[J]. 科技创新与生产力，2011（3）：41-43.

[112] 张珂，赵雪悦，骆洲. 基于 MSP430 的本安型矿下显示板设计[J]. 应用技术学报，2020（1）：79-85.

[113] 张丽红，方婷. 基于 Arduino 智能电子钟系统设计与实现[J]. 电子世界，2020（6）：114-115.

[114] 张强. 基于 STM32 的无线激光甲烷检测报警仪的设计[J]. 煤炭技术，2020（2）：173-175.

[115] 张逸群. 基于 PIC 单片机的智能语音网关的研制[J]. 煤矿机械，2016（2）：165-168.

[116] 赵擘. 基于 PLC 和 VB 的监控液压支架试验台系统[J]. 煤炭科技，2018（4）：45-48.

[117] 赵伟，卢涵宇，刘荣娟. 基于 AT89C51 的心率测量系统设计与实现[J]. 电脑知识与技术，2018（15）：281-282+284.

[118] 赵意涛，王维佳，张宇坤. 图像融合在实验室用电安全监测应用研究[J]. 科学技术创新，2019（25）：76-78.

[119] 赵运基，任钰航，刘晓光. 人工智能与嵌入式系统教学人脸识别实验平台搭建[J]. 广东职业技术教育与研究，2019（6）：80-82.

[120] 郑树泉，王倩，丁志刚. 基于 Web 服务以物为中心的物联网中间件的研究与设计[J]. 计算机应用，2013（7）：2022-2025+2045.

[121] 郑延庆. 基于融合网关技术的气象灾害信息推送系统设计研究[J]. 环境科学与管理，2020（1）：49-52.

[122] 周奇才，路凯，熊肖磊. 智能桥式起重机工控机数据交互实现[J]. 机械工程与自动化，2020（1）：177-179+182.

[123] 周翟和，马静敏，陈燕. 一种面向电气类专业的 ARM 实验教学平台开发[J]. 工业和信息化教育，2019（6）：73-79.

[124] 周志坚，颜培荣，冯雪. LabVIEW 和 ARM 虚实结合的模拟电路实验平台[J]. 单片机与嵌入式系统应用，2019（7）：47-50+77.

[125] 朱向庆，何昌毅，朱万鸿. 基于 STM32 单片机的通信技术实验系统设计[J]. 实验技术与管理，2019（8）：81-84.